高等教育面向“四新”服务的信息技术课程系列教材

Python 程序设计与应用

贾小军　骆红波　张素兰◎主　编
张春花　刘子豪◎副主编

中国铁道出版社有限公司
CHINA RAILWAY PUBLISHING HOUSE CO., LTD.

内 容 简 介

本书是高等教育面向“四新”服务的信息技术课程系列教材之一，落实“立德树人”的根本任务，遵循学习认知规律，突出程序设计思维，注重理论知识精讲与典型案例分析，循序渐进并系统地阐述了Python语言的知识体系和程序设计技巧。全书共10章，包括Python语言概述、数据表示与输入输出、程序控制结构、序列与计算、函数、文件、面向对象程序设计、Python第三方库与应用、Python数据库设计与应用、Python图形界面设计与应用等。每章后配有与课程思政相关的拓展知识以及本章习题。

本书知识面广、内容丰富、案例典型，蕴含课程思政元素，其中课程思政元素包含党的二十大精神、社会主义核心价值观、中华优秀传统文化、科学精神以及工匠精神等，有助于学习者掌握核心知识、提升创新能力，培养其新时代社会主义核心价值观和精益求精的大国工匠精神，激发爱国情怀，增强使命担当。本书例题典型，实用性强，附有重要知识点的微视频二维码，配有与教材同步的实验教程以及上机考试系统，并提供MOOC教学资源。

本书适合作为高等院校各专业“Python程序设计”课程的教材，也可作为参加全国计算机等级考试（二级Python语言）的读者或计算机程序设计爱好者的参考书。

图书在版编目（CIP）数据

Python程序设计与应用 / 贾小军，骆红波，张素兰主编. -- 北京 : 中国铁道出版社有限公司，2025. 2（2025. 6 重印）.
(高等教育面向“四新”服务的信息技术课程系列教材).
ISBN 978-7-113-31789-8

Ⅰ. TP312.8

中国国家版本馆CIP数据核字第2025JE7686号

书　　名：Python 程序设计与应用
作　　者：贾小军　骆红波　张素兰

策　　划：刘丽丽　　　　编辑部电话：（010）51873090
责任编辑：刘丽丽
封面设计：刘　颖
责任校对：苗　丹
责任印制：赵星辰

出版发行：中国铁道出版社有限公司（100054，北京市西城区右安门西街8号）
网　　址：https://www.tdpress.com/51eds
印　　刷：北京联兴盛业印刷股份有限公司
版　　次：2025年2月第1版　2025年6月第2次印刷
开　　本：850 mm×1 168 mm 1/16　印张：18.75　字数：508千
书　　号：ISBN 978-7-113-31789-8
定　　价：53.00元

前 言

随着人工智能（artificial intelligence，AI）和数据科学技术的迅猛发展，Python 已成为国内外广泛使用的程序设计语言之一。它具有简洁而高效的语法表达、清晰的程序结构、庞大的应用库和工具包、与 C 和 C++ 兼容等特点，是国内外高等院校计算机程序设计类课程的热门语言之一，是深化“人工智能 +”、赋能“新质生产力”的重要工具。

本书落实“立德树人”的根本任务，遵循学习认知规律，突出程序设计思维，注重理论知识精解与典型案例分析，循序渐进并系统地阐述了 Python 语言的知识体系和程序设计技巧。全书共分 10 章，主要内容如下：

第 1 章 Python 语言概述：包括计算机程序与语言、Python 开发环境、Python 编程规范等。

第 2 章数据表示与输入输出：讲述变量、数据类型、运算符与表达式、常用函数、输入与输出等。

第 3 章程序控制结构：讲述程序设计思想，算法、流程图与程序设计，顺序结构，分支结构，循环结构，异常处理等，并设置了多个应用实例。

第 4 章序列与计算：讲述序列、字符串、列表、元组、字典、集合、正则表达式、应用实例等。

第 5 章函数：包括函数概述、函数定义与调用、函数嵌套与递归、变量作用域、应用实例等。

第 6 章文件：包括文件概述、文件的打开与关闭、文件的读写与定位、文件与文件夹操作、应用实例等。

第 7 章面向对象程序设计：讲述面向对象程序设计思想、类与对象、属性与方法、公有成员与私有成员、应用实例等。

第 8 章 Python 第三方库与应用：讲述 NumPy 矩阵运算库、Matplotlib 绘图库、SciPy 科学计算库、Pandas 数据统计与分析库等。

第 9 章 Python 数据库设计与应用：包括数据库概述、SQL 结构化查询语言、SQLite 数据库技术、SQLite 数据库应用、应用实例等。

第 10 章 Python 图形界面设计与应用：包括 Tkinter 概述，组件属性、方法与事件，组件布局方式，常用组件，菜单，对话框，画布，Turtle，应用实例等。

各章后均配有与课程思政相关的拓展知识以及本章习题。同时，本书的案例及实例蕴含课程思政元素，有助于培养学生高尚的思想情操。

本书在讲授 Python 语言的过程中注重案例算法的精细剖析，既注重培养读者程序设计的能力，又提倡养成良好的程序设计习惯。本书同时兼顾了最新的全国计算机等级考试（二级 Python 语言）的大纲要求，涵盖了大纲要求的所有知识点，提供了丰富的案例。这些案例的源程序代码均在 Python 的 IDLE Shell 3.11.0 环境下调试通过，可直接使用。本书提供了所有案例的数据及运行结果，以方便读者参考及查阅。

本书编者录制了精美的教学视频，读者可扫描书中对应知识点旁的二维码观看详细的讲解视频。同时，编者还在学银在线 MOOC 教学平台建设了“Python 程序设计与应用”线上课程。该课程包含各类教学资源：微视频、教学 PPT、实验、在线自动测试（包括选择题、填空题和编程题多种题型），不仅方便读者开展自主学习，也可为使用本书的教师开通教学服务。与本书（下称“主教材”）同步出版的配套辅助教材《Python 程序设计与应用实验教程》根据课程特点及主教材内容设置了三部分：实验分析与指导、习题集及参考答案、主教材各章节习题参考答案，供读者参考。

本书及相关教学资源有以下特点：

（1）提供了重要知识点的讲课视频，有助于促进读者对知识点的理解和吸收。

（2）提供了与重要知识点视频对应的练习，帮助读者更好地掌握和巩固知识点，并能学会举一反三。

（3）提供了丰富的课程思政元素，以案例及拓展知识方式呈现。课程思政元素包含党的二十大精神、社会主义核心价值观、中华优秀传统文化、科学精神以及工匠精神等，有助于学习者掌握核心知识、提升创新能力，培养其新时代社会主义核心价值观和精益求精的大国工匠精神，激发爱国情怀，增强使命担当，使得课程教育与思政教育同向同行，显性教育与隐性教育相得益彰，形成协同效应。

本书由多位长期从事计算机程序设计教学的教师，在总结多年程序设计语言课程教学与实践经验的基础上编写而成，其中贾小军、骆红波、张素兰任主编，主要负责本书的编写及统稿工作。张春花、刘子豪任副主编。具体编写分工为：第 1、2、6 章由骆红波编写，第 3、10 章由贾小军编写，第 4、9 章由张春花编写，第 5、7 章由张素兰编写，第 8 章由刘子豪编写。

本书在编写过程中得到了嘉兴大学教务处的大力支持，主要内容是教育部高等教育司 2022 年第一批产学合作协同育人项目（教高司函〔2022〕8 号）（项目编号：220605876203339）、全国高等院校计算机基础教育研究会计算机基础教育教学研究项目（项目编号：2024AFCEC065）以及教育部高等学校大学计算机课程教学指导委员会 2024 年度面向人工智能赋能教育及数字技能人才培养的大学计算机课程改革重点项目（项目编号：AEJR-202404）的研究成果。

本书配套有基于 C/S 架构的无纸化上机考试系统。该系统具有全自动组卷、评分、生成答卷明细及备份等功能，可供高校教师组织考试。其详细介绍在与本书配套的实验教程中（也可扫描二维码了解）。咨询考试系统的读者请发邮件至：xjjiad@sina.com。

本书与 MOOC 教学平台线上课程、无纸化上机考试系统联合在一起，构成了“Python 程序设计与应用”课程的教学考一体化解决方案，使课程更加适合高等院校各专业学生学习，教师可根据专业、学时需求灵活调整教学内容。此外，本书还可作为参加全国计算机等级考试（二级 Python 语言）人员备考的辅导用书，以及计算机程序设计爱好者的自学参考书。

PDF

“Python程序设计”无纸化考试系统

本书在编写过程中参考了大量书籍，得到了许多同行的帮助与支持，在此向他们表示衷心的感谢。

由于编写时间仓促，加上作者学识有限，书中难免存在不足或者遗漏之处，恳请广大读者提出批评及建议。

编　者

2024 年 11 月

目　录

第1章 Python 语言概述

随着人工智能时代的来临，Python 语言作为一种简单易学、功能强大的高级语言，已经被广泛应用于各个领域。

本章主要介绍计算机程序和程序设计语言的基本概念，Python 语言的发展、特点、开发环境以及编程规范。

学习目标

知识目标：

◎了解计算机程序以及程序设计语言等基本概念；

◎掌握 IDLE 开发环境和 Anaconda 开发环境的使用方法；

◎理解 Python 编程规范。

技能目标：

◎能够安装 Python 开发环境；

◎能够安装 Python 第三方库；

◎能够使用交互式编程环境；

◎能够创建、编辑、保存 Python 源文件。

素质目标：

◎了解 Python 语言在国内外科技领域的应用案例，特别是我国在人工智能、大数据分析、云计算等领域取得的成就，激发民族自豪感，增强为国家科技进步贡献力量的使命感；

◎了解 Python 语言的前世今生，培养持续学习和不断创新的意识。

知识导图

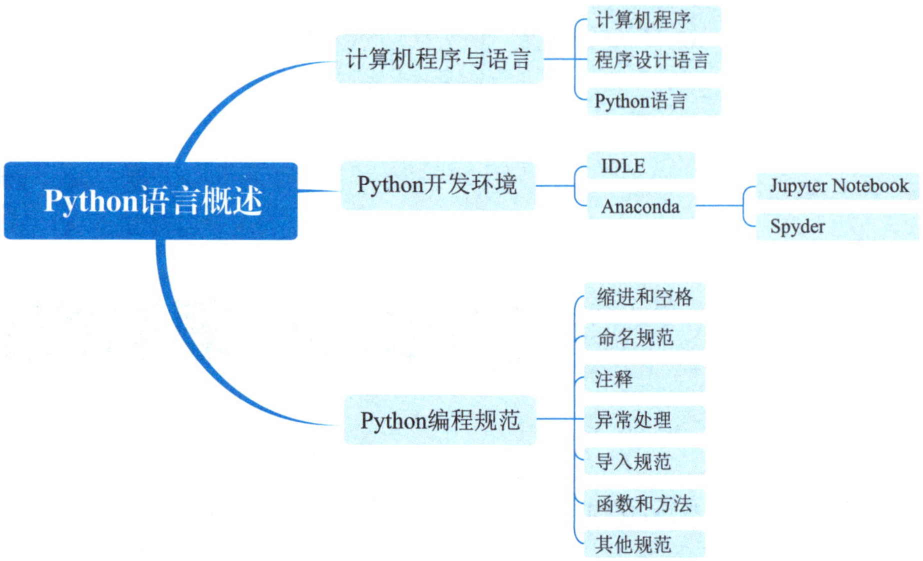

1.1 计算机程序与语言

很多初学者认为计算机是万能的，会自动执行所有的工作，其实并非如此。实际上计算机的每一步操作都是根据人们事先指定的指令进行的，这一系列指令的集合称为程序。通过使用编程语言和相关工具来创建计算机程序的过程称为程序设计。

1.1.1 计算机程序

计算机指令用于告诉计算机执行特定的任务，通常具有一个操作码，用于指定要执行的操作类型，以及一个或多个操作数，即操作要使用的数据。常见的计算机指令包括算术运算（如加法、减法）、逻辑运算（如与、或）、数据传输（如从内存读取数据到寄存器、将数据写入内存）、控制流操作（如条件分支、循环）等。

计算机程序是一系列计算机指令的集合，每一条指令使计算机执行特定的操作。这些指令可以用特定的编程语言编写，并通过编译或解释器转换成计算机可以理解的机器指令。

计算机程序可以包括各种操作，例如输入输出、数据处理、算法运算和控制流程等。它们可以用于各种领域，如科学计算、数据分析和日常娱乐等。执行计算机程序的目的是使计算机完成所需的任务，并通过高效和准确的方式处理数据和逻辑。

总之，计算机的一切操作都是由程序控制的。离开程序，计算机将一事无成。所以，计算机的本质是程序的机器，程序和指令是计算机系统中最基本的概念。只有懂得程序设计，才能真正了解计算机是怎样工作的，才能更深入地使用计算机。

1.1.2 程序设计语言

程序设计语言是一种用于编写计算机程序的语言，它是一种描述计算机如何执行特定任务的文本形式的指令集，用来实现人与计算机之间的交流。程序设计语言一般分为低级语言和高级语言两种。低级语言又分为机器语言和汇编语言。

1. 机器语言

机器语言是一种计算机能够直接理解和处理的语言，是由0和1组成的二进制数字序列，使用一些特殊的编码规则来描述计算机应该如何执行程序。与自然语言不同，机器语言不需要使用人类能够理解的语言词汇，而是使用一系列二进制符号来描述计算机需要执行的操作。

机器语言可以直接被计算机所识别，因此它的执行效率很高。但是采用机器语言编写程序，需要程序员熟记所用计算机的全部指令代码和代码的含义，处理每条指令和每一数据的存储分配和输入输出，还得记住编程过程中每个步骤所使用的工作单元处在何种状态。这是一件十分烦琐的工作，编程效率较低，程序代码的直观性、兼容性较差，并且很容易出现错误。

2. 汇编语言

汇编语言是一种基于硬件架构的语言，可以直接访问计算机的底层硬件资源，如内存和寄存器。汇编语言使用助记符和符号表示指令和数据，便于程序员理解和编写，是一种相对于机器语言在一定程度上进行了抽象的语言。

汇编语言指令是机器指令的符号化，与机器指令存在着直接的对应关系，所以汇编语言同样存在着难学难用、容易出错、维护困难等缺点。汇编语言的优点是它能够产生高效的机器代码，因为它能够精确地控制程序的执行流程，并使用底层硬件资源进行优化。

现在，汇编语言的使用已经相对较少，因为高级编程语言的出现使得程序的编写更加容易和高效。然而，汇编语言仍然被广泛用于编写操作系统、驱动程序和嵌入式系统等需要高效运行和底层硬件控制的程序。

3. 高级语言

高级语言是面向用户的、基本上独立于计算机种类和结构的语言。相对于低级语言而言，高级语言与人类语言相似，更容易理解和编写。高级语言的一个命令可以代替几条、几十条甚至几百条汇编语言的指令。因此，高级语言易学易用，通用性强，应用广泛。

高级语言种类繁多，常见的有C、C++、Java、Python等。高级语言通常会提供更高级别的数据抽象和结构，以便开发者更易于实现复杂的功能。

使用低级语言的程序员需要了解底层的细节，包括计算机硬件的指令集和操作系统，而使用高级语言的程序员只需要关注问题的解决方法，不必关心底层的实现细节，因此，高级语言受到广大程序设计人员的拥护，随之也产生了各种各样的高级语言。Python语言便是最受欢迎的高级语言之一。

1.1.3 Python 语言

Python语言是一种高级、通用、解释型的编程语言。

1. Python 语言的发展

Python语言的发展历程可以分为以下几个阶段：

（1）Python 诞生：1989—1994 年

Python语言由荷兰人吉多·范罗苏姆（Guido van Rossum）在1989年圣诞节开始开发，于1991年首次发布。在这个阶段，Python的设计目标是成为一种易学易用的脚本语言。

（2）Python 1.x 版本：1994—2000 年

在这个阶段，Python发展成为一种功能更加完善的编程语言，具有支持模块和异常处理等新特性。1994年Python 1.0版本发布，随后几年，Python发布了一系列的1.x版本。

（3）Python 2.x 版本：2000—2008 年

这个阶段是Python语言的重要发展阶段。2000年，Python 2.0版本发布，引入了重要的新特性，如垃圾回收机制、列表推导式和生成器等。随后，Python发布了一系列的2.x版本，对语言特性进行了不断地改进和完善。

（4）Python 3.x 版本：2008—2019 年

在这个阶段，Python的发展焦点转向了Python 3.x系列。Python 3.0版本于2008年发布，对语法进行了一些改进，并废弃一些过时的特性。然而，由于与Python 2.x不兼容，Python 3.x版本的推广和普及相对较慢。

（5）Python 持续发展：2019 年至今

目前，Python语言仍然在持续发展中，已经成为最受欢迎的程序设计语言之一。Python语言在数据科学、人工智能、Web开发等领域中得到广泛应用，并且拥有庞大的社区和丰富的第三方库生态系统。

总体而言，Python语言在过去几十年中取得了巨大的发展，从一种简单的脚本语言发展为一种功能强大、简洁、易学、易用的通用编程语言，并被广泛应用。

2. Python 语言的特点

Python语言的设计哲学是以代码的可读性和简洁性为重，采用了明确的语法结构和丰富的标准库。它支持面向对象、函数式和过程式编程范式，并提供了丰富的第三方库和工具，方便开发者快速地构建应用程序。

Python语言具有以下特点：

① 可读性好：Python语言的代码具有清晰、简洁的可读性，使用缩进作为代码块标识符，使用四个空格缩进，阅读一个良好的Python程序感觉像是在读英语一样。

② 简单易学：Python语法简单，容易理解和学习。Python语言最大的优势是伪代码的本质，开发时主要以解决问题为主，而不是理解语言本身。

③ 功能强大：Python语言是一种多功能的编程语言，可用于数据科学、人工智能、机器学习、Web开发、网络编程等领域。

④ 跨平台：作为脚本语言，Python语言具备良好的跨平台性，可以在多个操作系统上运行，包括Windows、macOS和Linux。

⑤ 动态性：Python语言具有动态类型系统和自动内存管理。它提供了丰富的数据类型，包括整数、浮点数、字符串、列表、元组、字典等，并支持强大的数据处理和操作，可以在运行时修改变量类型和属性。

⑥ 面向对象编程：Python语言既支持面向过程的编程，也支持面向对象的编程。在“面向过程”语言（如C语言）中，程序仅由可复用代码的函数构建；而在“面向对象”语言（如C++语言）中，程序是由数据和功能相结合的对象构建的。

⑦ 开源：Python语言是开源的，开发者可以自由发布该软件的副本，阅读和更改源代码，并将其用于新的自由软件。

⑧ 大量标准库：Python语言具有丰富的标准库，包括文件操作、网络编程、多线程、数据库等模块。

⑨ 第三方库：Python语言具有丰富的第三方库，几乎覆盖了计算机技术的各个领域。例如，在科学计算领域，Python语言常与NumPy、SciPy和Matplotlib等库结合使用，提供了强大的数值计算、科学计算和数据可视化功能；在Web开发领域，Python语言的Flask和Django框架可以快速构建Web应用程序；在人工智能领域，Python语言的TensorFlow和PyTorch等库被广泛应用于机器学习和深度学习任务。

⑩ 可扩展性：Python语言具有很好的可扩展性，可以使用模块、包、函数等来扩展语言的功能，能够整合各类程序代码。

1.2 Python与“人工智能+”

“人工智能+”是一个广泛而深入的概念，它指的是人工智能作为一种基础性、驱动性的技术力量，与各行各业进行深度融合，从而创造出新的产品、服务和商业模式，推动传统行业的转型升级和社会经济结构的变革。

习近平总书记在党的二十大报告中强调：“推动战略性新兴产业融合集群发展，构建新一代信息技术、人工智能、生物技术、新能源、新材料、高端装备、绿色环保等一批新的增长引擎。”人工智能是国家战略的重要组成部分，是未来国际竞争的焦点和经济发展的新引擎。以机器学习、自然语言处理和深度学习为三大核心技术的人工智能正以前所未有的速度影响和渗透到各行各业，不断推动制造业、交通运输业、医疗健康业、金融业、教育业等领域的重大变革与产业升级。

Python是人工智能领域中最受欢迎和广泛使用的编程语言之一。它易于学习，代码可读性高，且拥有庞大的开发者社区和丰富的资源，拥有众多专为人工智能设计的库和框架，这使得Python成为从事人工智能研究和开发的理想选择。

Python与“人工智能+”的结合，推动了众多领域的发展和创新。从智能制造到智能医疗，从智能教育到智能交通，Python都在其中发挥了重要作用。例如，在智能制造领域，Python被用于数据分析、预测性维护、质量控制等方面，帮助企业优化生产流程，提高生产效率；在智能医疗领域，Python结合机器学习和图像处理技术，可用于医疗影像分析、疾病预测、个性化治疗方案制定等；在智能教育领域，Python被用于智能推荐系统、自适应学习平台、教育数据分析等，为学生提供个性化的学习体验；在智能交通领域，Python被用于交通流量预测、智能驾驶辅助系统、交通管理系统等，提高交通效率和安全性。

另外，Python的社区非常活跃，不断有新的库、框架和工具被开发出来，以满足人工智能领域不断变化的需求。Python的生态系统也非常完善，从数据收集、处理、分析到模型训练、部署，都有相应的工具和解决方案。

综上所述，Python与“人工智能+”之间存在着密不可分的关系。Python的简洁性、强大的库和框架支持、广泛的应用领域以及不断发展的社区和生态系统，都使得它成为人工智能研究和开发的首选编程语言。

视频1-1

Python开发环境

1.3 Python开发环境

Python的开发环境有多种选择，常见的有IDLE、Anaconda、PyCharm、Visual Studio

Code、Thonny等。下面主要介绍IDLE和Anaconda的安装及使用方法。

1.3.1 IDLE 开发环境

IDLE是Python官方提供的一个轻量级的集成开发环境，没有集成任何扩展库，也没有强大的项目管理功能，主要用于编写、调试和执行Python程序，适合Python程序的简单应用开发。

1. 安装 IDLE

在Python官方网站下载最新的Python安装包，注意根据自己的操作系统选择合适的版本。例如，在Windows操作系统中安装Python 3.11.4（64位）版本时，会出现如图1-1所示的安装引导界面。在此选中“Add python.exe to PATH”复选框，会自动把“python.exe”所在路径添加到环境变量PATH中。

安装成功后会显示如图1-2所示的安装成功界面。

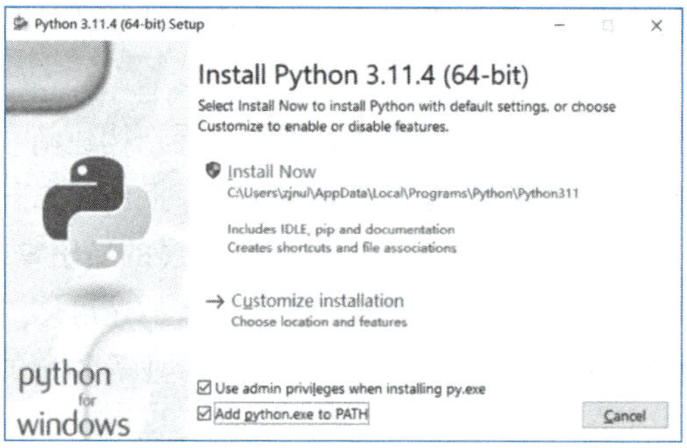

图 1-1 安装引导界面

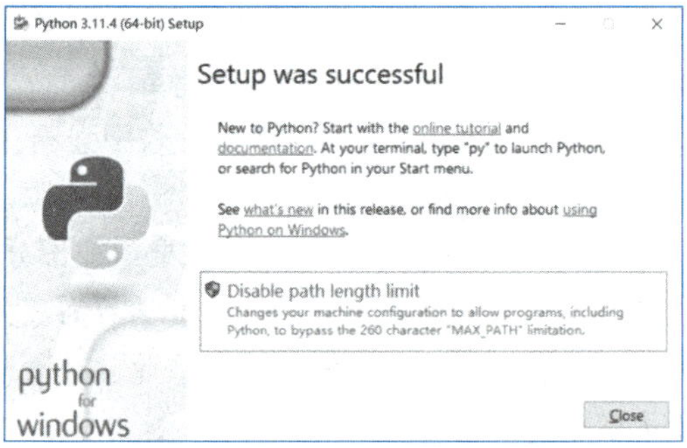

图 1-2 安装成功界面

2. 使用 IDLE

安装好IDLE后，在图1-3所示的“开始”菜单中选择IDLE选项可以打开IDLE，进入IDLE的交互式开发环境。在IDLE交互窗口中有提示符“>>>”，在其后输入普通语句，按【Enter】键便可得到该语句的执行结果。例如，输入“print('Hello!')”，可以看到运行结果输出“Hello！”，如图1-4所示。

图 1-3 从“开始”菜单启动 IDLE

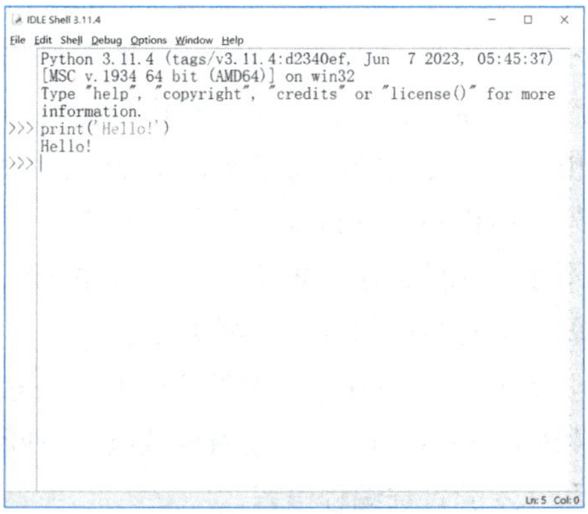

图 1-4 IDLE 交互窗口

注意：如果在提示符“>>>”后输入的是分支或循环等复合语句，输入完成后，需要按两次【Enter】键才能执行。

例如，在提示符“>>>”后输入如下内容：

```
for i in range(5):
        print(i)
```

这是一个循环语句，表示重复执行“print(i)”语句五次，分别输出变量i的值。输完print(i)后按【Enter】键换行，然后再按一次【Enter】键，便可以得到运行结果，如图1-5所示。

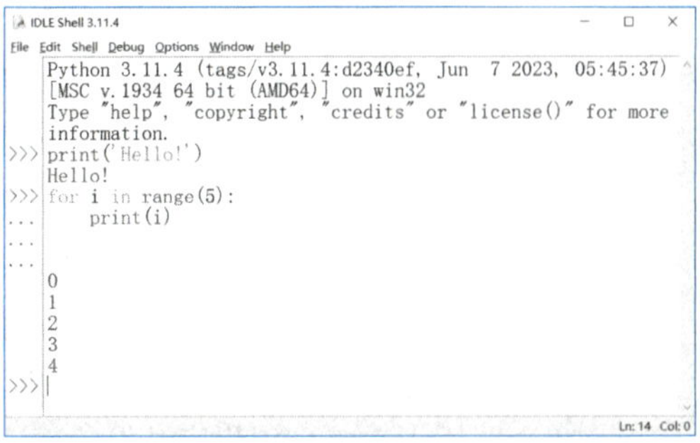

图 1-5　在 IDLE 交互窗口中执行复合语句

Python的编程方式除了交互模式外，还有文件模式。实际上，文件模式是更为常用的编程方式。在实现复杂任务时，通常需要编写大段的代码，为了方便修改调试，一般采用文件模式进行编程。

在IDLE中，选择菜单“File”中的“New File”命令可以创建一个新的程序文件，在新打开的程序界面中可以编辑程序代码，如图1-6所示。选择菜单“File”中的“Save”命令可以保存Python源文件。其中，“.py”文件是Python控制台程序的源文件；“.pyw”文件是Python图形用户接口（graphical user interface, GUI）程序的源文件。选择菜单“Run”中的“Run Module”命令可以执行程序，运行结果将显示在IDLE的交互窗口中，如图1-7所示。

图 1-6　在 IDLE 文件模式界面中编辑代码

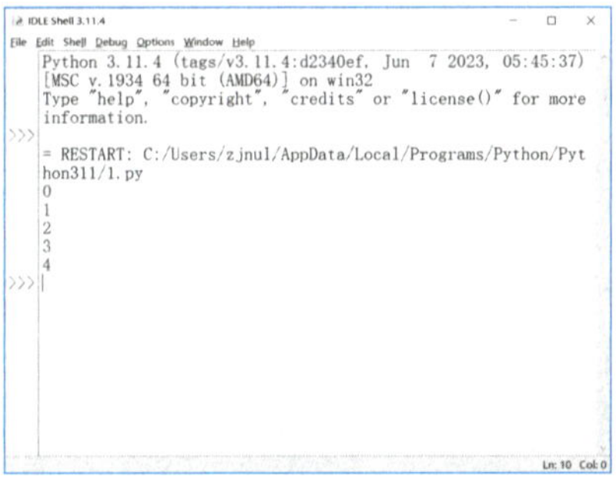

图 1-7　显示在交互窗口中的运行结果

3. 安装第三方库

（1）什么是第三方库

第三方库是指由其他开发者或组织创建和维护的软件库，可被用于增强或扩展软件应用的功能。在软件开发中，开发者可以使用第三方库来实现一些常见的功能，而不必从头开始编写代码。这些库通常提供了一系列的函数、类和方法，开发者可以直接调用它们来实现特定的功能。通过引入第三方库，可以简化程序的开发过程，提高开发效率。

Python语言拥有一个庞大且活跃的开源社区，因此有大量的第三方库可供使用。这些库涵盖了各种不同的领域和用途，包括数据分析、人工智能、Web开发、科学计算、图像处理、自然语言处理等。

（2）常见的第三方库

下面介绍一些常见的Python第三方库。

- NumPy：用于科学计算和数值分析的库，提供了多维数组对象和各种计算功能。
- Pandas：用于数据分析和处理的库，提供了灵活的数据结构和数据分析工具。

- Matplotlib：用于绘制数据图形的库，提供了多种绘图函数和图表类型。
- Scikit-learn：用于机器学习的库，提供了各种机器学习算法和工具。
- TensorFlow：用于机器学习和深度学习的库，提供了构建和训练神经网络的工具。
- PyTorch：用于机器学习和深度学习的库，提供了动态计算图和高级优化算法。
- BeautifulSoup：用于网页解析的库，提供了解析HTML和XML的工具。
- Requests：用于HTTP请求的库，提供了简单易用的接口来发送HTTP请求和处理响应。
- Django：用于Web应用程序开发的库，提供了一个完整的MVC框架和许多功能。
- Flask：用于Web应用程序开发的库，提供了一个轻量级的框架和易于扩展的工具。

（3）第三方库的安装方法

标准的Python语言安装包只包含了标准库，并不包含任何第三方库，开发者可以根据需要安装合适的第三方库。Python自带的pip工具（Python包管理工具）支持Python第三方库的安装、升级和卸载等操作。常用的pip命令及其功能说明见表1-1。

表 1-1　常用的 pip 命令及其功能说明

pip 命 令	功 能 说 明
pip install 包名	安装指定的包
pip uninstall 包名	卸载指定的包
pip freeze	列出当前环境中安装的所有包及其版本
pip install --upgrade 包名	更新指定的包到最新版本
pip install --upgrade pip	更新 pip 自身到最新版本
pip install --proxy= 代理地址 包名	使用指定的代理地址安装包

（4）示例——NumPy 库的安装

下面以在Windows操作系统中安装NumPy库为例，来说明第三方库的安装方法。

在Windows的命令窗口中，执行如下命令：

```
pip install numpy
```

pip将会自动下载并安装所需的库及其依赖项。安装过程可能需要一些时间，这取决于库的大小和网络连接速度。安装界面如图1-8所示。

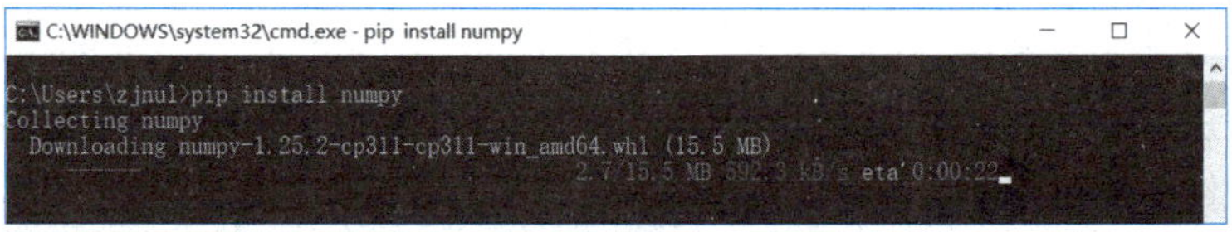

图 1-8　在线安装 NumPy 库

NumPy库安装成功后，将显示图1-9所示信息。

图 1-9　NumPy 库安装成功

（5）验证库是否安装成功

若要验证是否成功安装了NumPy库，可以在IDLE的交互窗口中输入如下命令：

```
import numpy
```

运行程序后，如果没有报错，则说明NumPy库已经成功安装。还可以通过打印NumPy的版本号来确认是否安装成功，例如输入如下命令：

```
print(numpy.__version__)
```

运行程序后，如果成功打印出版本号，说明NumPy库已经被正确导入，安装成功，如图1-10所示。

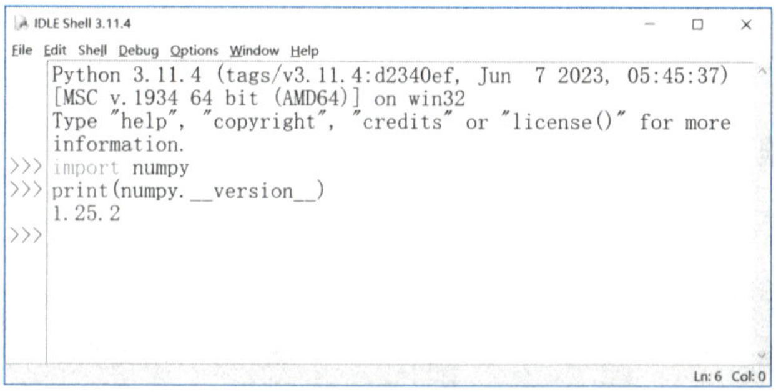

图 1-10 验证 NumPy 是否安装成功

1.3.2 Anaconda 开发环境

Anaconda提供了一个方便、集成和强大的Python开发环境，特别适用于科学计算、数据分析和机器学习等领域。它简化了包管理、环境管理和工具的安装过程，使开发者可以更专注于编写代码，进行数据分析。

Anaconda开发环境具有以下特点：

① 管理Python环境：Anaconda提供了一个强大的环境管理工具conda，它可以轻松地创建、管理和切换不同的Python环境。这对于开发者来说非常便利，可以实现在不同项目中使用不同的Python版本和依赖包，从而避免版本冲突问题。

② 预安装常用库：Anaconda预先安装了许多常用的科学计算和数据分析库，如NumPy、Pandas、Matplotlib等，这便于开发者直接使用这些库，而不需要再单独安装和配置它们。

③ 跨平台支持：Anaconda可在多个操作系统上运行，包括Windows、Mac和Linux。这使得开发者可以在不同的平台上进行开发和部署，而不需要担心平台间的兼容性问题。

④ 包管理工具：Anaconda的conda包管理工具可以方便地安装、更新和卸载第三方库。它能够自动解决依赖关系，还提供了一个庞大的包仓库，方便开发者轻松获取和安装各种库和工具。

⑤ 内置开发环境：Anaconda包含了Jupyter Notebook，这是一个非常受欢迎的交互式开发环境，可以在浏览器中编写和运行代码，并结合应用文档、图表和注释。这对于数据分析、可视化和教学非常有用。

⑥ 社区支持：Anaconda拥有庞大的用户社区和活跃的开发者社区，人们可以在社区中获取帮助、分享经验、参与讨论。

我们可以在Anaconda的官方网站下载合适版本的安装程序进行安装。待安装好后，Anaconda会提供一个名为Anaconda Navigator的可视化界面，如图1-11所示。它可以让用户很方便地管理和使用Anaconda环境。例如，通过Anaconda Navigator，用户可以轻松地启动Jupyter Notebook、Spyder等常用的开发工具，并管理环境和包。

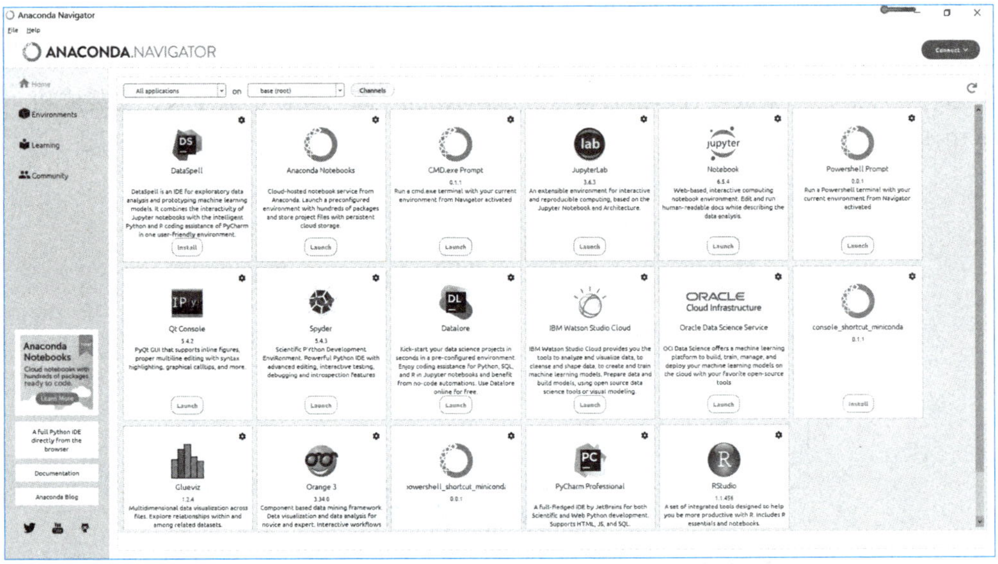

图 1-11　Anaconda Navigator 界面

1. Jupyter Notebook

Jupyter Notebook提供了一个交互式的编程环境，方便用户编写、运行和共享代码。它结合了文档、可视化和协作功能，使工作变得更加高效和便捷。

当启动Jupyter Notebook时，会看到一个文件浏览器界面，可以在其中选择一个现有的.ipynb文件或创建一个新的笔记本。如果要创建一个新的笔记本，可以单击右上角的“New”菜单，然后选择“Python 3(ipykernel)”命令打开一个新的窗口，在此可以编写和执行Python代码。

用户可以在代码单元格中输入Python代码。例如，输入“print('Hello!')”，然后按【Shift+Enter】快捷键或单击工具栏上的“运行”按钮来执行代码。在下方的输出区域可以看到运行结果，如图1-12所示。

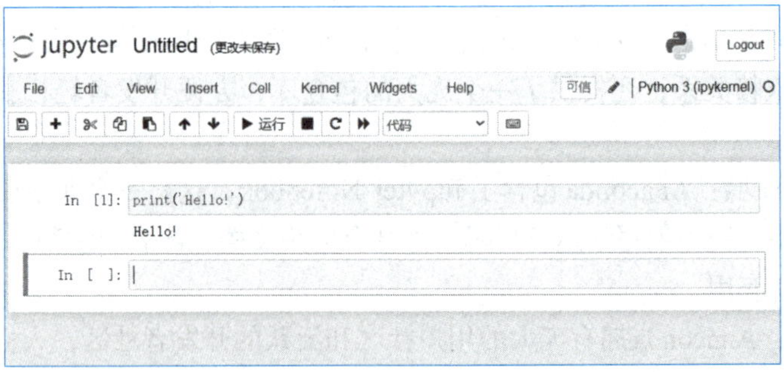

图 1-12　Jupyter Notebook 运行界面

单击Jupyter Notebook运行界面的菜单栏中的“Insert”菜单项，可以在当前单元格上方或下方插入一个新的单元格。也可以使用菜单栏或工具栏上的按钮来移动、删除或合并单元格。还可以选择单元格的类型，如代码、Markdown（用于文本说明）等。

单击工具栏上的“Save”按钮或使用【Ctrl+S】快捷键可以保存笔记本。单击菜单栏“File”中的“Download as”命令可以将笔记本导出为其他格式（如HTML、PDF等），或者下载源文件到本地。

在Jupyter Notebook中，可以使用各种库来进行数据可视化。图1-13所示是一个用Matplotlib绘制折线图的示例。图1-14所示是一个用Plotly绘制交互式散点图的示例。

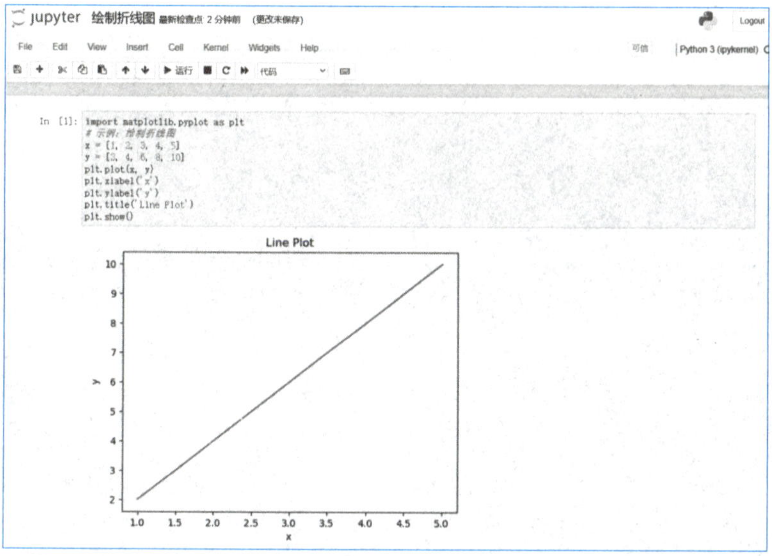

图 1-13　用 Matplotlib 绘制折线图示例

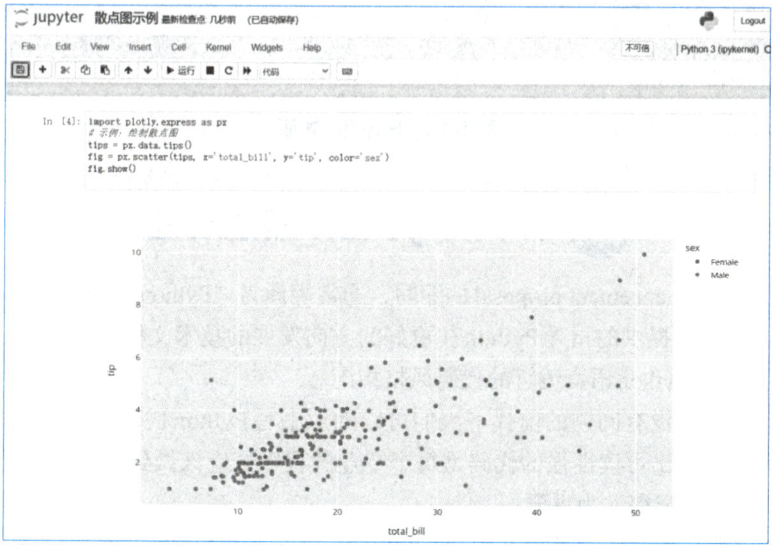

图 1-14　用 Plotly 绘制交互式散点图示例

2. Spyder

Spyder是Anaconda自带的一个用于科学计算和数据分析的开源集成开发环境。它提供了一个交互式的开发环境，可以方便地编辑、运行和调试Python代码，同时还集成了许多常用的科学计算库和工具，如NumPy、Pandas、Matplotlib等，使得数据分析和科学计算更加便捷。Spyder还提供了丰富的编辑器功能，包括代码自动补全、语法高亮、代码导航等，以及可视化的调试工具，方便用户进行代码调试和错误排查。

启动Spyder后，界面如图1-15所示。可以看出，整个界面分为三部分：左边是程序代码窗口，用于编辑程序代码；右上为跟踪调试窗口，用于查看变量值的变化等；右下为交互窗口，用于输入语句交互执行或者显示程序执行的结果。

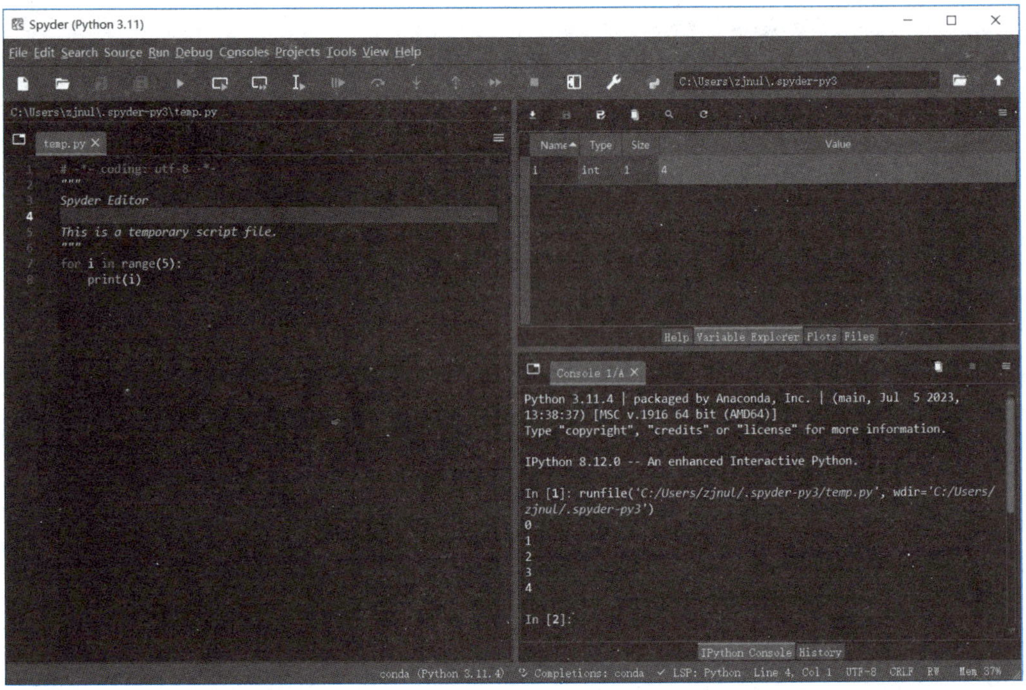

图 1-15 Spyder 界面

1.4 Python 编程规范

视频1-2
Python编程规范

PEP是Python enhancement proposal的缩写，通常翻译为“Python增强提案”。每个PEP都是一份为Python社区提供的指导Python往更好的方向发展的技术文档，其中的第8号增强提案（PEP 8）是针对Python语言编订的代码风格指南。

尽管在保证语法没有问题的前提下人们可以随意书写Python代码，但是在实际开发中，采用一致的风格书写出可读性强的代码是每个专业的程序员应该做到的事情，这在多人协作开发一个项目的时候显得尤为重要。

Python的编程规范主要参考PEP 8，它是Python官方推荐的编码规范。以下是PEP 8中的一些主要规范。

1. 缩进和空格

① 使用4个空格进行缩进。示例代码如下：

```
def calculate_average(numbers):
    total = 0
    count = 0
    for num in numbers:
        total += num
        count += 1
    average = total / count
    return average
```

② 每行不超过79个字符，可以使用括号进行换行。示例代码如下：

```
result = (10 + 20 +
          30 + 40 +
          50)
```

③ 在二元运算符前后加上空格，但不要在括号内加空格。示例代码如下：

```
x = 10 * 2 + 5
y = (10 + 2) * 5
```

④ 函数定义和调用时，在逗号后面加上空格。示例代码如下：

```
def my_function(arg1, arg2):
    pass

my_function(10, 20)
```

2. 命名规范

① 使用小写字母和下划线命名变量和函数。示例代码如下：

```
my_variable = 10
def my_function():
    pass
```

② 使用驼峰命名法命名类和异常，也就是将多个单词连接在一起。每个单词的首字母大写，没有使用分隔符。示例代码如下：

```
class MyClass:
    pass

class MyCustomException(Exception):
    pass
```

③ 避免使用单个字符作为变量名，除非表示计数器或迭代变量。示例代码如下：

```
for i in range(10):
    print(i)
```

④ 使用有意义的变量和函数名，能够准确描述其功能和用途。示例代码如下：

```
total_students = 100
def calculate_average(numbers):
    total = sum(numbers)
    average = total / len(numbers)
    return average
```

⑤ 命名类和函数时使用名词或名词短语，描述其职责和功能。示例代码如下：

```
class Car:
    def init(self, brand, model):
        self.brand = brand
        self.model = model

    def start_engine(self):
        pass
```

⑥使用全大写字母命名常量。示例代码如下：

```
PI = 3.14159
MAX_VALUE = 100
```

3. 注释

注释应该清晰、简洁，并解释代码的意图和逻辑。Python中的注释有以下两种：

①单行注释：以#开头，后面紧跟一个空格再写注释内容，示例如下：

```
# 这是一个单行注释。
```

②多行注释：是指一次性注释程序中多行的内容（包含一行）。

使用文档字符串注释函数、类和模块。文档字符串是一种文本块，通常位于代码的开头，用于提供对代码功能、使用方法和参数等的说明。文档字符串通常以三个双引号（"""）或三个单引号（'''）开始和结束，可以跨越多行。示例代码如下：

```
def add(a, b):
    """
    返回两个数的和。

    参数：
    a -- 第一个数
    b -- 第二个数

    返回值：
    两个数的和。
    """
    return a + b
```

4. 异常处理

① 明确捕获特定类型的异常，避免捕获所有异常。

② 使用多个except子句捕获不同类型的异常，不要使用没有指定具体异常类型的except子句。

③ 使用else子句处理没有引发异常的情况。

④ 使用finally子句执行无论是否引发异常都要执行的代码。

示例代码如下：

```
try:
    # 可能会引发异常的代码
    num1 = int("123")
    num2 = int("12")
    result = num1 / num2
except ZeroDivisionError:
    # 处理ZeroDivisionError异常
```

```
    print("除数不能为零")
except ValueError:
    # 处理ValueError异常
    print("无效的数值")
else:
    # 没有引发异常的情况
    print("结果为:", result)
finally:
    # 无论是否引发异常都要执行的代码
    print("程序执行完毕")
```

5. 导入规范

每个导入应该独占一行，避免使用通配符（如 from module import *），应将导入语句放在文件顶部，按照标准库、第三方库和本地库的顺序导入模块，并在每个分组之间添加一个空行。示例代码如下：

```
import os
import sys

import numpy as np
import pandas as pd

from myapp import utils
```

6. 函数和方法

在编写函数和方法时，应遵循以下几个原则：

① 函数和方法的命名应该清晰、准确，符合命名规范。

② 函数和方法的功能应该单一明确，避免功能过于复杂。

③ 函数和方法的代码应该简洁、可读，避免过长的代码行。

④ 函数和方法应该有适当的注释和文档字符串，以便他人理解和使用。

⑤ 函数或类之间应该用空行隔开，类的方法之间可以用一个空行隔开。

⑥ 函数和方法的参数应该按照一定的顺序排列，遵循命名规范，并提供默认值和类型提示。

7. 其他规范

① 避免使用全局变量，尽量使用局部变量。

② 使用生成器表达式和列表推导式，简化代码。

③ 避免不必要的嵌套，保持代码的扁平化。

以上只是Python编程规范的一小部分。编程规范可以根据具体项目和团队的要求进行进一步定义和修改。这些规范旨在提高Python代码的可读性、一致性和可维护性。遵循这些规范有助于编写更好的Python代码，并与其他开发者更好地合作。

拓展知识——Python 语言的前世今生

Python语言作为21世纪最热门的“网红”编程语言，它到底为什么如此火？请您扫描侧边栏中的二维码，了解一下Python语言的前世今生。

小贴士：

在 Python 使用过程中常常会遇到一些疑惑，在下方二维码文档中，编者汇总了一些常见的问题及解答，请扫码阅读。

PDF

Python语言常见疑惑

PDF

Python语言的前世今生

习　题

一、选择题

1. 以下选项中，不属于Python语言的运行环境的是（　　）。

   A. Python Shell　　B. Visual Studio　　C. Vim　　D. Jupyter

2. Python源代码文件的后缀名是（　　）。

   A. pdf　　B. pass　　C. txt　　D. py

3. Python语言属于（　　）。

   A. 高级语言　　B. 自然语言　　C. 汇编语言　　D. 机器语言

4. 下列关于Python语言的表述，不正确的是（　　）。

   A. Python是一种解释型程序设计语言

   B. Python是一种面向对象的程序设计语言

   C. Python是一种动态数据类型程序设计语言

   D. Python是一种编译型程序设计语言

5. 关于Python程序缩进格式，以下选项中描述错误的是（　　）。

   A. 不需要缩进的代码顶行写，前面不能留空白

   B. 缩进可以用【Tab】键实现，也可以用多个空格实现

   C. 严格的缩进可以约束程序结构，可以多层缩进

   D. 缩进是用来美化Python程序的格式

6. 关于Python语言的注释，以下选项中描述错误的是（　　）。

   A. 单行注释以#开头

   B. 单行注释以单引号'开头

   C. 多行注释以'''（三个单引号）开头和结尾

   D. Python语言有单行注释和多行注释两种注释方式

二、判断题

1. Python语言是一种跨平台、开源、免费的高级动态编程语言。（　　）
2. Python 3.x完全兼容Python 2.x。（　　）
3. 在Windows平台上编写的Python程序无法在UNIX平台运行。（　　）
4. 不可以在同一台计算机上安装多个Python版本。（　　）
5. Python语言的代码块使用缩进来表示。（　　）

三、填空题

1. Python程序文件的扩展名主要有________和________两种。后者常用于GUI程序。
2. Python语言安装扩展库常用的是________工具。
3. 使用pip工具安装科学计算扩展库NumPy的完整命令是________。

四、简答题

1. 简述Python语言的特点。
2. 列举三个以上第三方库，并简要描述其功能。
3. 列举五条以上Python语言的编程规范。

第 2 章
数据表示与输入输出

数据表示与输入输出是计算机编程中非常重要的概念。数据表示指的是将数据以适合计算机处理的形式进行编码和存储的过程。输入输出是指程序与外部世界进行数据交互的过程。程序可以从外部获取数据作为输入，处理数据后产生结果作为输出。

本章主要介绍变量的基本概念、Python 的数据类型、运算符与表达式以及 Python 常用的内置函数和输入输出函数。

学习目标

知识目标：

◎理解变量的命名和赋值等概念；

◎理解 Python 的基本数据类型；

◎熟练掌握运算符与表达式的使用；

◎理解并掌握常用内置函数、标准库函数和第三方库函数的概念及使用；

◎熟练掌握输入与输出函数的使用。

技能目标：

◎能够编写简单的 Python 程序解决实际问题；

◎能够对简单程序进行调试。

素质目标：

◎熟悉 Python 开发环境，规范代码格式，培养耐心细致、精益求精的思想品质；

◎了解行业优秀案例、人物故事和学习榜样，不断提升专业素养。

知识导图

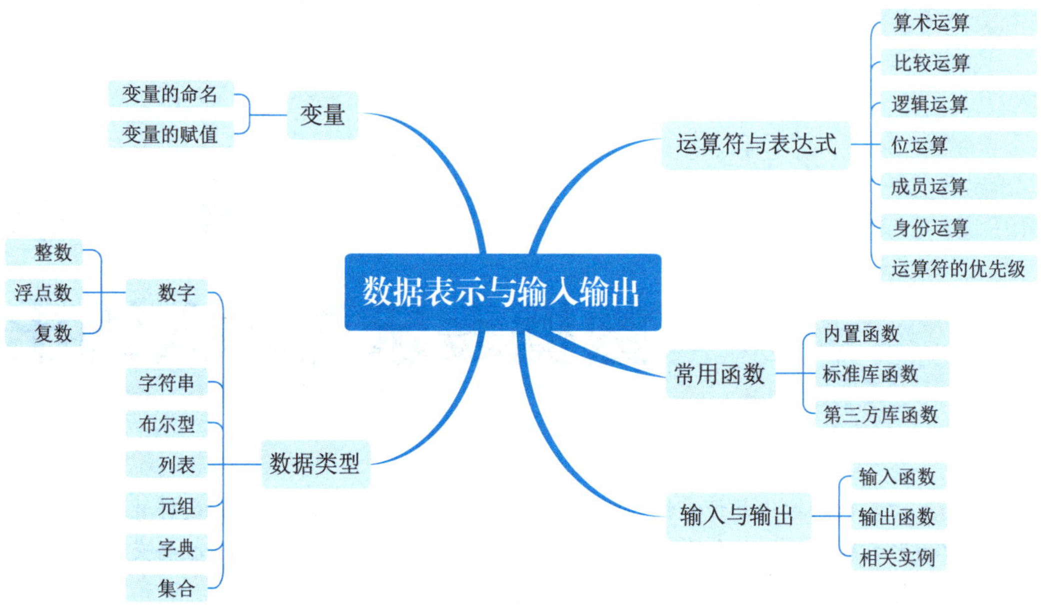

2.1 变　量

视频2-1

变量

在Python中，几乎所有的数据都是对象。这些对象常用变量来表示，并通过运算符连接构成表达式进行运算。

变量是指在程序运行过程中，其值可以改变的量，用来标识对象或引用对象。常量则是指在程序运行过程中，值不会发生变化的量。Python本身并没有提供定义常量的机制，但程序员通常会通过约定俗成的命名规则（如全大写字母）来表示某个量应当被视为常量，不应在程序运行过程中改变其值。

2.1.1 变量的命名

变量、函数、类等对象的名称统一称为标识符。

1. 标识符命名规则

在Python中，标识符的命名遵循以下规则：

① 标识符可以由字母、数字和下划线（_）组成。例如，age、total_score、MAX_VALUE、calculate_area这些都是合法的标识符，而student name、student-name是不合法的，因为包含了空格或特殊字符。

② 标识符不能以数字开头，但可以包含数字。例如，name1是合法的，但1name是不合法的。

③ 标识符不能是Python的关键字。例如，if是Python的关键字，用if作变量名是不合法的。

2. Python 的关键字

Python的关键字具有特定的含义和功能，不能用作标识符（指变量名、函数名、类名等）。使用以下命令可以查看当前版本的Python拥有哪些关键字。

```
import keyword
print(keyword.kwlist)
```

Python 3.11的关键字列表见表2-1。需要注意，这些关键字可能会随着Python版本的更新而发生变化。

表 2-1　Python 3.11 的关键字列表

关　键　字	含　　义
False	布尔类型的假值
True	布尔类型的真值
None	表示空值或缺失值
and	逻辑与操作符，用于将多个条件连接起来
or	逻辑或操作符，用于将多个条件连接起来
not	逻辑非操作符，用于取反一个条件
if	条件语句的关键字，用于执行基于条件的分支
else	条件语句的关键字，用于执行条件不满足时的分支
elif	条件语句的关键字，用于执行多个条件的分支
while	循环语句的关键字，用于执行循环操作，当条件为真时执行
for	循环语句的关键字，用于遍历可迭代对象中的元素
in	成员运算符，用于检查一个值是否存在于一个可迭代对象中
def	用于定义函数的关键字
del	用于删除对象或对象成员
return	用于从函数中返回一个值
class	用于定义类的关键字
is	身份运算符，用于比较两个对象是否是同一个对象
import	用于导入模块或特定的对象
as	在 import、with 或 except 语句中给对象起别名
from	与 import 一起使用，用于从模块中导入特定的对象
try	异常处理的关键字，用于尝试执行可能引发异常的代码块
except	异常处理的关键字，用于处理 try 块中引发的异常
finally	异常处理的关键字，用于定义无论是否发生异常都会执行的代码块
raise	用于手动引发异常
pass	空语句，用于占位，不执行任何操作
continue	循环控制语句，用于跳过当前迭代并继续下一次迭代
break	循环控制语句，用于跳出循环
yield	生成器函数的关键字，用于生成值并暂停函数执行
assert	断言语句，用于在代码中检查一个条件是否为真，帮助调试程序
async	用于定义异步函数
await	用于暂停异步函数的执行
global	定义或声明全局变量
lambda	用于定义 lambda 表达式
nonlocal	用于声明 nonlocal 变量
with	用于上下文管理，具有自动管理资源的功能

3. 关于标识符命名的几点说明

在给标识符命名的时候，还需要注意以下几点：

① 在Python中，以下划线开头的标识符具有特殊含义，应该避免使用这种形式的标识符用作一般的变量名。

② 取名的时候尽量做到“见名知义”。例如，存放学生的姓名，用student_name比用n更加合理。

③ Python区分大小写。例如，Name和name是两个不同的变量。

④ 标识符由两个以上的单词组成时，可以采用以下方法：

- 用下划线连接小写字母的单词，通常用于命名变量和函数。例如，student_name、calculate_average。
- 小驼峰命名法：第一个单词以小写开始，后续单词首字母大写，通常用于变量名。例如，studentName、studentAge。
- 大驼峰命名法：每一个单词的首字母都大写，通常用于类名。例如，BookStore、CarFactory。

2.1.2 变量的赋值

在Python中，变量必须创建和赋值后才能使用。直接使用变量会出现错误，系统会提示变量没有定义。错误提示的示例如下：

```
>>> a
Traceback (most recent call last):
  File "<pyshell#0>", line 1, in <module>
    a
NameError: name 'a' is not defined
```

1. 变量的赋值

进行变量赋值时，可以使用等号（=）将一个值赋给一个变量。例如：

```
>>> a = 1                    # 将整数1赋给a
>>> a
1
>>> b = 3 + 4                # 先计算出等号右边表达式的值，再将它赋给b
>>> b
7
```

实际上，Python赋值语句的执行过程如下：

① 右侧表达式求值：首先，Python会对赋值语句右侧的表达式进行求值，这可以是一个常量、变量、表达式或函数调用等。例如上例中，计算右侧表达式3 + 4得到整数对象7。

② 创建对象：如果右侧表达式的结果是一个对象，Python会在内存中创建该对象。例如上例中，在内存中创建整数对象7。

③ 分配内存：Python会为变量在内存中分配空间，以存储对象的引用。这个引用指向右侧表达式求值的结果对象。例如上例中，在内存中为变量b分配空间。

④ 变量名与对象建立关联：Python将变量名与右侧表达式求值的结果对象进行关联，即将变量名指向该对象。例如上例中，将变量b指向整数对象7。

⑤ 完成赋值：赋值语句执行完毕后，变量名就可以用来访问和操作对象。例如上例中，完成赋值后可以通过变量b来访问和操作整数对象7。

2. 动态类型

Python是一种动态类型语言，变量的类型是根据赋的值自动推断的。变量类型不需要专门声明，第一次对变量名赋值时会自动声明该变量，而且同一个变量在不同的位置可以赋予不同类型的值。例如：

```
>>> x = 10
>>> id(10)              # id()函数可以查看对象的内存地址
140714566148904
>>> id(x)               # 变量x指向整数10对象
140714566148904
>>> type(x)             # type()函数可以查看变量的类型，可以看到x现在是整形（int）
<class 'int'>
>>> x = "Hello"         # 将字符串"Hello"赋给x
>>> id("Hello")
2384822803184
>>> id(x)               # x现在指向字符串"Hello"对象
2384822803184
>>> type(x)             # 可以看到现在x是字符串类型（str）
<class 'str'>
```

3. 多个变量同时赋值

Python可以在一条语句中同时给多个变量赋值。例如：

```
>>> x, y, z = 1, 2, 3          # 同时定义了三个变量x,y,z，其值分别为1,2,3
>>> x
1
>>> y
2
>>> z
3
>>> x, y = y, x                # 交换x，y的值
>>> x
2
>>> y
1
```

Python还支持链式赋值。例如：

```
>>> x = y = 8                  # 同时定义了x和y，其值均为8
>>> z = x = x + 2              # 相当于x = x + 2、z = x 两条语句
>>> x
10
>>> y
8
>>> z
10
```

2.2 数据类型

视频2-2

数据类型

在Python中，任何对象都属于某种数据类型，且基于数据类型分配存储空间及执行相应的运算。Python除了有数字类型、字符串类型、布尔类型等常规数据类型外，还有列表、元组、字典和集合等具有Python特色的数据类型。

2.2.1 数字类型

Python的数字类型包括整数（int）、浮点数（float）和复数（complex）。

1. 整数（int）

整数是没有小数部分的数值，可以是正数、负数或零。整数通常用十进制表示，也可以用二进制、八进制和十六进制表示。二进制以0b开头，八进制以0o开头，十六进制以0x开头。例如：

```
>>> i = 3               # 将十进制整数3赋值给i
>>> type(i)             # i的类型为整形
<class 'int'>
>>> x = 0b11            # 将二进制整数0b11赋值给x
>>> type(x)             # x的类型为整形
<class 'int'>
>>> x                   # 二进制整数0b11对应的十进制数为3
3
>>> y = 0o12            # 将八进制整数0o12赋值给y
>>> type(y)             # y的类型为整形
<class 'int'>
>>> y                   # 八进制整数0o12对应的十进制数为10
10
>>> z = 0xff            # 将十六进制整数0xff赋值给z
>>> type(z)             # z的类型为整形
<class 'int'>
>>> z                   # 十六进制整数0xff对应的十进制数为255
255
```

在Python中，整数类型是无限精度的，可以表示任意大小的整数。例如：

```
>>> 2 ** 1024           # **是幂运算，2 ** 1024表示2的1024次方
179769313486231590772930519078902473361797697894230657273430081157732675805500963132708477322407536021120113879871393357658789768814416622492847430639474124377767893424865485276302219601246094119453082952085005768838150682342462881473913110540827237163350510684586298239947245938479716304835356329624224137216
```

2. 浮点数（float）

浮点数是带有小数部分的数值。在Python中，浮点数采用双精度浮点数格式进行存储，通常精确到15位小数。例如：

```
>>> a = 3.0             # 注意3.0和3不一样
>>> type(a)
<class 'float'>
```

浮点数也可以用科学记数法表示。科学记数法用于表示非常大或非常小的数，用小写字母e或大写字母E来表示指数部分。指数部分表示10的幂次，可以是正数、负数或零。例如：

```
>>> x = 1.5e6                          # 1.5e6表示1.5乘以10的6次方
>>> type(x)
<class 'float'>
>>> x
1500000.0
>>> y = 2.5e-3                         # 2.5e-3表示2.5乘以10的-3次方
>>> type(y)
<class 'float'>
>>> y
0.0025
```

由于存在精度问题，所以浮点数运算可能会有一定的误差，应该尽量避免在浮点数之间直接进行相等判断。可以用两个浮点数之差的绝对值是否足够小作为判断两个浮点数是否相等的依据。例如：

```
>>> 1 - 0.9                            # 浮点数运算由于精度问题，结果稍有偏差
0.09999999999999998
>>> 1 - 0.9 == 0.1                     # ==表示判断是否相等，结果False表示不相等
False
>>> abs(1 - 0.9 - 0.1) < 1e-6          # 判断两者之差的绝对值是否小于10的-6次方
True
```

3. 复数（complex）

复数是由实部和虚部组成的数值。在Python中，复数的表示形式为a + bj，其中a为实部,b为虚部,a和b均为浮点数类型。复数类型可以进行各种数学运算，包括加、减、乘、除、开平方等。例如：

```
>>> x = 1 + 2j
>>> y = 3 + 4j
>>> type(x)
<class 'complex'>
>>> x + y                              # 支持复数的加减乘除运算
(4+6j)
>>> x * y
(-5+10j)
>>> x - y
(-2-2j)
>>> x / y
(0.44+0.08j)
```

复数作为一个对象，可以通过real属性返回实部，imag属性返回虚部，conjugate()方法得到其共轭复数，abs()函数计算复数的模。例如：

```
>>> a = 1 + 2j
>>> a.real                             # 复数的实部
1.0
>>> a.imag                             # 复数的虚部
2.0
```

```
>>> a.conjugate()                    # 共轭复数
(1-2j)
>>> abs(a)                           # 复数的模
2.23606797749979
```

2.2.2 字符串类型

字符串类型（str）是一种表示文本数据的数据类型，是使用引号（单引号、双引号或三引号）括起来的字符序列。Python 3.x全面支持中文。中文和英文字母都作为一个字符对待，甚至可以使用中文作为变量名。

在Python中，可以用单引号、双引号、三个单引号、三个双引号作为定界符来创建字符串，并且不同的定界符之间可以互相嵌套。例如：

```
>>> str1 = 'Hello, world!'           # 使用单引号创建字符串
>>> type(str1)
<class 'str'>
>>> str2 = "为中华之崛起而读书"        # 使用双引号创建字符串
>>> type(str2)
<class 'str'>
```

如果字符串中包含单引号时，可以使用双引号创建。例如：

```
>>> s1 = "Let's go!"
>>> print(s1)
Let's go!
```

如果字符串中包含双引号时，可以使用单引号创建。例如：

```
>>> s2 = '他说：“你好！”'
>>> print(s2)
他说：“你好！”
```

用三对单引号或三对双引号创建字符串。引号中间的字符串在输出时保持定义时的格式。当创建多行的字符串时，推荐使用此方法。例如：

```
>>> s = '''推崇创新精神，
    引领科技发展！'''
>>> print(s)
推崇创新精神，
引领科技发展！
```

在Python中，反斜杠“\”后面跟上特定的字符，表示特定的含义，被称为转义字符。程序运行时，转义字符将被解释为另一种含义，不再表示原来的字符。一些常见的Python转义字符见表2-2。

表 2-2　常见的 Python 转义字符

转义字符	描　述	说　明
\（在行尾时）	续行符	说明下一行是上一行逻辑上的延续
\n	换行	该转义字符后面的内容换到下一行
\\	反斜杠符号	用于输出 \
\'	单引号	用于输出 '
\"	双引号	用于输出 "

续表

转义字符	描　述	说　明
\t	横向制表符	该转义字符的前后字符之间会有一个横向制表符的间距
\0yy	yy 是八进制数	对应 ASCII 表的字符，例如 \060 表示字符 '0'
\xyy	yy 是十六进制数	对应 ASCII 表的字符，例如 \x41 表示字符 'A'

以下是一些在字符串中使用转义字符的示例：

```
>>> print("好好学习\
    天天向上")                              # 续行符示例
好好学习天天向上
>>> print("zhejiang\news")                  # 换行符示例
zhejiang
ews
>>> print("zhejiang\\news")                 # 输出反斜杠示例
zhejiang\news
>>> print('Let\'s go!')                     # 输出单引号示例
Let's go!
>>> print("他说：\"走吧！\"")               # 输出双引号示例
他说："走吧！"
>>> print("子鼠\t丑牛\t寅虎\t卯兔\n辰龙\t巳蛇\t午马\t未羊\n申猴\t酉鸡\t戌狗\t亥猪")    # 横向制表符和换行符示例
子鼠    丑牛    寅虎    卯兔
辰龙    巳蛇    午马    未羊
申猴    酉鸡    戌狗    亥猪
```

注意：在字符串前加上r或R可以创建一个原始字符串，只显示字符串原来的样子，其中的转义字符不会被转义。例如：

```
>>> print(r"C:\path\to\file")
C:\path\to\file
```

2.2.3　布尔类型

布尔类型（bool）在条件判断、循环控制等场景中比较常用，可以帮助开发者根据不同的条件作出相应的决策。在Python中，布尔类型用于表示真（True）和假（False）两个值，它们是Python中的关键字，分别对应整型中的1和0。例如：

```
>>> x = True
>>> x
True
>>> type(x)
<class 'bool'>
>>> int(x)                                  # 将True转化为整形，结果为1
1
>>> y = False
>>> int(y)                                  # 将False转化为整形，结果为0
0
```

2.2.4　列表、元组、字典、集合

列表、元组、字典和集合是Python语言最具特色的数据类型，可以存储多个元素。在这

里先简单介绍它们的概念和创建，详细介绍请参阅第4章。

1. 列表（list）

列表是一种有序、可变且可重复的数据类型。列表用方括号“[]”来表示，其中的元素可以是任意类型，并且可以通过索引访问和修改。创建列表的示例如下：

```
fruits = ["apple", "banana", "orange"]        # 创建一个水果列表
numbers = [1, 2, 3, 4, 5]                     # 创建一个数字列表
mixed = [1, "apple", True]                    # 创建一个混合类型的列表
```

2. 元组（tuple）

元组是一种有序、不可变的数据类型。元组用圆括号“()”来表示，其中的元素可以是任意类型，并且不能修改。创建元组的示例如下：

```
point = (3, 4)                                # 创建一个表示坐标的元组
colors = ("red", "green", "blue")             # 创建一个颜色元组
person = ("张三", 18, "男")                    # 创建一个人的信息元组
```

元组的不可变性使其在某些情况下更适合存储不允许被修改的数据，例如，函数返回多个值时可以使用元组。如果需要修改其中的元素，可以先将元组转换为列表进行修改，再转换回元组。

3. 字典（dictionary）

字典是一种无序、可变的数据类型，用于存储键值对。字典用花括号“{}”来表示，其中的键（key）和值（value）之间用冒号（:）分隔，键值对之间用逗号（,）分隔。创建字典的示例如下：

```
student = {
    'name': '张三',
    'age': 18,
    'major': '计算机科学与技术'
}
```

字典提供了一种方便的方式来存储和访问具有唯一键的数据。键必须是不可变的类型（如字符串、整数、元组），而值可以是任意类型。

4. 集合（set）

集合是一种无序且不重复的数据类型。集合用花括号“{}”来表示，其中的元素之间用逗号（,）分隔。创建集合的示例如下：

```
fruits = {'apple', 'banana', 'orange'}
```

集合的特性之一是不允许包含重复的元素。重复的元素会被自动去重。如果尝试添加一个已经存在于集合中的元素，集合不会发生变化。集合还支持一些常见的集合运算，如并集、交集、差集等。

2.3 运算符与表达式

运算符是用于执行特定操作的符号，由操作对象及运算符连接而成的式子称为表达式。Python支持算术运算、比较运算、逻辑运算、成员运算和身份运算等。

2.3.1 算术运算

视频2-3

算术运算

操作对象的数据类型决定能够进行相应的运算。算术运算操作的对象是数字类型。在算术运算表达式求值时会对操作对象进行隐式的类型转化：如果存在复数，则先将操作对象转换成复数，再进行运算；如果没有复数但存在浮点数，则先将操作对象转换成浮点数，再进行运算；如果都是整数，则不进行类型转换。

Python中算术运算符的功能描述见表2-3。

表 2-3　算术运算符

运 算 符	功 能 描 述	示　例
+	加法运算符，用于相加两个数	2 + 3 结果为 5
-	减法运算符，用于相减两个数	5 - 2 结果为 3
*	乘法运算符，用于相乘两个数	2 * 3 结果为 6
/	除法运算符，用于相除两个数	7 / 2 结果为 3.5
//	整除运算符，返回除法的整数部分	7 // 2 结果为 3
%	取模运算符，返回除法的余数	7 % 2 结果为 1
**	幂运算符，返回一个数的指数次幂	2 ** 3 结果为 8

1. “+”运算符

“+”运算符除了用于算术加法外，还可以用来实现列表、元组、字符串的连接。例如：

```
>>> x = [1, 2, 3]
>>> y = [4, 5, 6]
>>> x + y                                          # 连接两个列表
[1, 2, 3, 4, 5, 6]
>>> x = (1, 2, 3)
>>> y = (4, 5, 6)
>>> x + y                                          # 连接两个元组
(1, 2, 3, 4, 5, 6)
>>> first_name = "John"
>>> last_name = "Doe"
>>> full_name = first_name + " " + last_name       # 连接字符串
>>> print(full_name)
John Doe
```

2. “–”运算符

“–”运算符除了用于算术减法外，还可以用来实现集合的差集。例如：

```
>>> x = {1, 2, 3, 4, 5}
>>> y = {2, 4}
>>> x - y
{1, 3, 5}
```

3. “*”运算符

“*”运算符除了用于算术乘法外，还可以用来将序列（字符串、列表、元组）中的元素重复指定的次数，生成一个新的序列。例如：

```
>>> "ab" * 3                    # 字符串"ab"重复3次
'ababab'
>>> [1, 2, 3] * 2               # 列表[1, 2, 3]的元素重复2次
```

```
[1, 2, 3, 1, 2, 3]
>>> (1, 2) * 3                    # 元组(1,2)的元素重复3次
(1, 2, 1, 2, 1, 2)
>>> print("=" * 20)               # 输出20个“=”
====================
```

4. “/”和“//”运算符

“/”运算符表示浮点除法，也就是数学意义上的除法。“//”运算符表示整除，对商进行向下取整。例如：

```
>>> 2 / 1                         # 浮点除法，结果都是浮点型
2.0
>>> 3 / 2
1.5
>>> 4 / 3
1.3333333333333333
>>> 9 // 5                        # 整除，如果两个操作数都是整数，结果为整数
1
>>> -9 // 5                       # 向下取整
-2
>>> 9.5 // 5                      # 操作数中有浮点数，结果为浮点数
1.0
```

5. “%”运算符

“%”运算符用于求余数，两个正数的求余比较简单。而带符号的数求余数可用以下公式计算：a % b = a – a // b * b。例如：

```
>>> 9 % 5
4
>>> 9 % -5                        # 9 % -5 = 9 -9 // (-5) * (-5) = -1
-1
>>> -9 % 5                        # -9 % 5 = -9 - (-9 // 5) * 5 = 1
1
>>> -9 % -5                       # -9 % -5 = -9 - (-9 // -5) * (-5) = -4
-4
```

6. “**”运算符

“**”运算符表示幂运算。例如：

```
>>> 2 ** 3                        # 2的3次方
8
>>> 2 ** 0.5                      # 2的平方根
1.4142135623730951
>>> (-2) ** 0.5                   # -2的平方根
(8.659560562354934e-17+1.4142135623730951j)
>>> -2 ** 0.5                     # 幂运算的优先级比负号高
-1.4142135623730951
```

7. 增量赋值运算符

算术运算符与“=”连用，构成增量赋值运算符，其功能描述见表2-4。

表 2-4　增量赋值运算符

运　算　符	功能描述	示　　例
+=	加法赋值运算符	a += b 相当于 a = a + b
−=	减法赋值运算符	a −= b 相当于 a = a − b
*=	乘法赋值运算符	a *= b 相当于 a = a * b
/=	除法赋值运算符	a /= b 相当于 a = a / b
//=	整除赋值运算符	a //= b 相当于 a = a // b
%=	取模赋值运算符	a %= b 相当于 a = a % b
**=	幂赋值运算符	a **= b 相当于 a = a ** b

例如：

```
>>> a = 5
>>> b = 6
>>> a += b        # a = a + b
>>> a
11
>>> a %= a - b  # a = a % (a - b)，先算出a - b的值为5，然后 a = a % 5
>>> a
1
```

视频2-4

比较运算和逻辑运算

2.3.2　比较运算

比较运算用于比较两个对象的值的大小，结果为True或者False。Python中的比较运算符见表2-5。

表 2-5　比较运算符

运　算　符	功能描述	示　　例
<	小于	3 < 4 结果为 True
<=	小于或等于	3 <= 3.14 结果为 True
>	大于	3 > 4 结果为 False
>=	大于或等于	3 >= 3.14 结果为 False
==	等于	3 == 4 结果为 False
!=	不等于	3 != 4 结果为 True

比较运算除了可以对数值进行比较外，也可以对字符串进行比较。字符串比较时，从第一个字符开始自左向右，逐个字符按ASCII码比较。如果第一个相同，则比较第二个，以此类推，如果都相同则表示两个字符串相等。例如：

```
>>> "ab" == "abc"
False
>>> "ab" < "abc"
True
>>> "abcd" > "abcabc"
True
>>> "abc" <= "ABC"            # a的ASCII码为97，A的ASCII码为65
False
```

Python支持连续不等式。例如：

```
>>> 2 < 3 < 4                 # 相当于 2 < 3 and 3 < 4
```

```
True
>>> x = 5
>>> 0 <= x <= 100                # 判断x是否在0到100之间
True
>>> ch = "b"
>>> "A" <= ch <= "Z"             # 判断ch是否在“A”到“Z”之间
False
```

2.3.3 逻辑运算

在Python中，逻辑运算符用于对布尔值进行逻辑运算，通常用于条件判断、控制流程和布尔逻辑表达式中。Python提供了三个常用的逻辑运算符：and、or和not，见表2-6。

表 2-6 逻辑运算符

运算符	逻辑表达式	功 能 描 述
and	x and y	逻辑与，当且仅当两个操作数都为真（True）时，结果才为真，否则结果为假（False）
or	x or y	逻辑或，当至少一个操作数为真时，结果为真。只有当两个操作数都为假时，结果才为假
not	not x	逻辑非，用于取反操作，将真变为假，将假变为真

例如：

```
>>> True and False
False
>>> True or False
True
>>> not True
False
>>> x = 4
>>> 3 < x and x < 5
True
>>> 3 > x or x < 5
True
>>> not(x < 5)
False
```

逻辑运算符and和or支持惰性求值。惰性求值是一种计算策略，用于在逻辑表达式中进行条件判断时，只计算必要的部分而跳过不必要的计算。当使用and运算符时，如果左侧的表达式为假（False），则整个表达式的结果一定为假，此时右侧的表达式不会被计算。同样地，当使用or运算符时，如果左侧的表达式为真（True），则整个表达式的结果一定为真，此时右侧的表达式不会被计算。例如：

```
>>> 3 > 4 and x > 5     # 3>4的结果为False，整个结果必然为False，x>5不再计算
False
>>> 3 > 4 or x > 5      # 3>4的结果为Flase，需要计算右边的式子，变量x未定义出错
Traceback (most recent call last):
  File "<pyshell#3>", line 1, in <module>
    3 > 4 or x > 5
NameError: name 'x' is not defined
>>> 3 < 4 or x > 5      # 3<4的结果为True，整个结果必然为True，x>5不再计算
True
```

注意：逻辑运算返回的值不一定是True和False，而是最后一个被计算的表达式的值。例如：

```
>>> 3 and 4                    # 最后计算的表达式是4
4
>>> 3 < 2 and 4                # 3<2的结果为False，右边的式子不计算
False
>>> 3 and 4 < 2                # 最后计算的表达式是4<2
False
>>> 3 or 4                     # 表达式3看作True，不需要计算右边表达式的值
3
>>> 3 < 2 or 4                 # 3<2的结果为False，需要计算表达式4的值
4
>>> 3 < 2 or 4 < 2             # 最后计算的表达式是4<2
False
```

2.3.4 位运算

在Python中，位运算是对整数在二进制位级别上进行操作的运算。Python提供了多种位运算符，包括按位与（&）、按位或（|）、按位异或（^）、按位取反（~）、左移（<<）和右移（>>）。

① 按位与（&）：对两个操作数的每个对应位执行与操作，只有当两个位都为1时，结果位才为1。

② 按位或（|）：对两个操作数的每个对应位执行或操作，只要两个位中有一个为1，结果位就为1。

③ 按位异或（^）：对两个操作数的每个对应位执行异或操作，只有两个位不相同时，结果位才为1。

④ 按位取反（~）：对操作数的每个位执行取反操作，即0变为1，1变为0。

⑤ 左移（<<）：将操作数的二进制表示向左移动指定的位数，右侧用0填充。

⑥ 右移（>>）：将操作数的二进制表示向右移动指定的位数，左侧用符号位填充（正数用0填充，负数用1填充）。

具体示例如下：

```
>>> a = 5              # 二进制表示为 0101
>>> b = 3              # 二进制表示为 0011
>>> a & b              # 按位与，二进制结果为 0001，对应十进制结果1
1
>>> a | b              # 按位或，二进制结果为 0111，对应十进制结果7
7
>>> a ^ b              # 按位异或，二进制结果为 0110，对应十进制结果6
6
>>> ~a                 # 按位取反，二进制结果为 11111010，对应十进制结果-6
-6
>>> a << 2             # 左移，二进制结果为 010100，对应十进制结果20
20
>>> a >> 2             # 右移，二进制结果为 0001，对应十进制结果1
1
```

2.3.5 成员运算

在Python中，成员运算符用于判断一个值是否属于一个序列（如字符串、列表、元组等）或集合中。成员运算符有助于在处理序列或集合时快速判断一个值是否存在其中，从而进行相应的操作和决策。

Python提供了两个成员运算符：in和not in。in用来判断一个值是否在序列或集合中，如果在其中则返回True，否则返回False。not in用来判断一个值是否不在序列或集合中，如果不在其中则返回True，否则返回False。例如：

```
>>> 3 in [1, 2, 3, 4]           # 判断3是否在列表[1,2,3,4]中
True
>>> 5 in [1, 2, 3, 4]
False
>>> 4 not in (1, 2, 3, 4)       # 判断4是否在元组 (1,2,3,4)中
False
>>> "中国" in "中国制造"         # 判断字符串“中国”是否在字符串“中国制造”中
True
>>> fruits = {"apple", "banana", "orange"}          # 创建集合fruits
>>> "banana" in fruits          # 判断“banana”是否在集合fruits中
True
>>> "grape" in fruits           # 判断“grape”是否在集合fruits中
False
```

2.3.6 身份运算

在Python中，身份运算符用于比较两个对象的身份（内存地址）是否相同。Python提供了两个身份运算符：is和is not。is用来判断两个对象是否引用同一个内存地址，如果是则返回True，否则返回False。is not用来判断两个对象是否引用不同的内存地址，如果是则返回True，否则返回False。例如：

```
>>> a = 3.5                 # 创建一个浮点数对象3.5，变量a指向该对象
>>> id(a)
2288153709552
>>> b = 3.5                 # 再创建一个浮点数对象3.5，变量b指向该对象
>>> id(b)                   # 可以看到两个对象的地址不同
2288152498992
>>> a is b                  # 变量a和变量b指向的对象虽然值相同，但地址不同
False
>>> a is not b
True
>>> a == b                  # ==判断两个值是否相等，注意和is的区别
True
>>> c = a                   # 让变量c指向变量a指向的对象
>>> a is c                  # 此时变量a和变量c指向同一个对象
True
```

Python为了提高存储效率，对于相同的小整数（-5到256，包含-5和256）和字符串不再重复分配存储空间。例如：

```
>>> a = 3                   # 创建一个整数对象3，变量a指向该对象
```

```
    >>> b = 3                   # 对于相同的小整数，不再重复分配存储空间，变量b指向前面
创建的整数对象3
    >>> a is b                  # a和b指向同一个对象
    True
    >>> str1 = "abc"            # 创建一个字符串对象，变量str1指向该对象
    >>> str2 = "abc"            # 对于相同的字符串，不再重复分配存储空间，变量str2指向前
面创建的字符串对象
    >>> str1 is str2            # str1和str2指向同一个对象
    True
    >>> a = 9999                # 创建一个整数对象9999，变量a指向该对象
    >>> b = 9999                # 由于不是小整数，所以再创建一个对象9999，变量b指向该对象
    >>> a is b                  # 变量a和b指向的是不同的对象
    False
```

视频2-5

运算符的优先级

2.3.7　运算符的优先级

运算符的优先级是指在一个表达式中，不同运算符的执行顺序。当一个表达式中存在多个运算符时，优先级决定了哪个运算符会先执行，哪个会后执行。

Python运算符的优先级见表2-7。

表 2-7　运算符的优先级

运　算　符	说　　明	优先级顺序
()	小括号	高 ↑
**	幂	
~，+，-	按位取反、正、负	
*，/，//，%	乘、除、整除、取余	
+，-	加、减	
>>，<<	右移、左移	
&	按位与	
^	按位异或	
|	按位或	
is，is not，in，not in	身份运算符、成员运算符	
==，!=，<，<=，>，>=	比较运算符	
not	逻辑非	
and	逻辑与	
or	逻辑或	低
=，+=，-=，*=，/=，//=，%=，**=	赋值运算符	

运算符的优先级并不需要刻意地记忆。如果对某个运算符的优先级不太确定，可以使用小括号将其括起来。当然，记住一些重要的优先级，有助于对程序的阅读理解与编写维护。下面是一些重要的优先级：

① 小括号具有最高优先级。

② 运算符优先级按类别排序：算术运算符 > 位运算符 > 身份运算符和成员运算符 > 比较运算符 > 逻辑运算符 > 赋值运算符。算术运算符优先级最高，赋值运算符优先级最低。位非运算符是个例外，它的优先级高于乘除。

③ 身份运算符、成员运算符、比较运算符、赋值运算符，同类中优先级相同。

④ 算术运算符中：幂最高，乘除整除取余次之，加减最低。

⑤ 位运算符中：位非 > 左移和右移 > 位与 > 位异或 > 位或。

⑥ 逻辑运算符中：逻辑非最高，逻辑与次之，逻辑或最低。

例如：

```
>>> 2 * 2 ** 3            # “**”的优先级高于“*”
16
>>> (2 * 2) ** 3          # 使用小括号改变运算次序
64
>>> 2 + 10 // -3          # 10 // -3 向下取整，结果为-4
-2
>>> 4 > 5 or 2 < 3 and not(6 < 8)
False
>>> 2 * 3 > 4 * 5 or 24 > 12 and 7 % 3 == 10 % 3  # 相当于(6>8) or (24>12) and (1==1)
True
```

与优先级相关的另一个重要概念是结合性。它决定了同一种运算符是从左往右计算，还是从右往左计算。大多数运算符都是从左往右开始计算的，简称左结合性。只有少部分运算符（幂运算、逻辑非、赋值系列运算符等）具有右结合性。例如：

```
>>> 7 - 3 - 2             # 左结合，先算7-3，得到4，再算4-2
2
>>> 2 ** 2 **3            # 幂运算是右结合，先算2**3，得到8，再算2**8
256
>>> (2 ** 2) ** 3
64
>>> 2 ** (2 ** 3)
256
```

注意：由于Python支持连续的比较运算符，例如，a > b == c。这实际上是a > b and b == c的简略写法，而不是表示先进行计算a>b，然后用结果判断是否等于c，也不是判断a是否大于b == c的结果。例如：

```
>>> 4 > 3 == 1
False
>>> (4 > 3) == 1
True
>>> 4 > (3 == 1)
True
>>> 4 > 3 and 3 == 1
False
```

2.4 常用函数

函数是一种可以实现特定功能的代码块，用于执行各种任务，例如数学运算、数据处理、文件读写等。Python中的函数包括内置函数、标准库函数、第三方库函数和用户自定义函数。本章主要介绍前三种，关于用户自定义函数将在第5章中详细介绍。

视频2-6

内置函数

2.4.1 内置函数

内置函数是Python语言提供的一组预定义函数，可以直接在代码中使用而无须导入额外的模块。例如，使用dir(__bulitins__)可以查看所有的内置函数和内置对象；使用help(函数名)可以查看某个函数的用法。

Python常用的内置函数见表2-8。

表 2-8　Python 常用内置函数

函　数	功能描述	函　数	功能描述
abs()	返回一个数的绝对值	max()	返回给定参数中的最大值
chr()	返回指定整数对应的字符	min()	返回给定参数中的最小值
dir()	返回对象的属性和方法列表	open()	打开文件并返回文件对象
enumerate()	返回可迭代对象的索引和对应的元素	ord()	返回指定字符对应的整数
eval()	执行字符串中的表达式	pow()	返回指定数的幂
exec()	执行字符串或代码对象中的 Python 代码	print()	打印输出信息到控制台
filter()	根据指定条件过滤可迭代对象中的元素	range()	生成一个指定范围内的整数序列
float()	将对象转换为浮点数类型	reversed()	返回一个反转的可迭代对象
help()	提供对象的帮助信息	round()	对一个数进行四舍五入
input()	接收用户的输入	sorted()	对可迭代对象进行排序
int()	将对象转换为整数类型	str()	将对象转换为字符串类型
isinstance()	检查对象是否属于指定的类型	sum()	返回给定可迭代对象的所有元素的和
len()	返回对象的长度或元素个数	tuple()	将对象转换为元组
list()	将对象转换为列表	type()	返回对象的类型
map()	对可迭代对象中的每个元素应用一个函数	zip()	将多个可迭代对象打包成一个元组序列

1. int() 函数、float() 函数、str() 函数

int(x)函数可以将x转换为一个整数。float(x)函数可以将x转换为一个浮点数。str(x)函数可以将x转换为一个字符串。例如：

```
>>> int(4.8)                        # 转换为整数，直接丢弃小数部分
4
>>> int(-4.8)
-4
>>> int("123")
123
>>> float(8)                        # 转化为浮点型
8.0
>>> float("123")
123.0
>>> str(123)                        # 将数字转化为字符串
'123'
>>> str(-123.45)
'-123.45'
```

2. bin() 函数、oct() 函数、hex() 函数

bin(x)函数可以将整数x转换为一个二进制形式的字符串。oct(x)函数可以将整数x转换为一个八进制形式的字符串。hex(x)函数可以将整数x转换为一个十六进制形式的字符串。例如：

```
>>> bin(15)
'0b1111'
>>> oct(15)
```

```
'0o17'
>>> hex(15)
'0xf'
```

3. abs() 函数、round() 函数

abs(x)函数用来求x的绝对值。round(x, d)函数可以对x四舍五入，保留d位小数。例如：

```
>>> abs(-12.34)          # 求绝对值
12.34
>>> round(3.14159, 2)    # 四舍五入，保留两位小数
3.14
>>> round(4.56, 0)       # 四舍五入，保留0位小数，结果是浮点型
5.0
>>> round(3.5)           # 省略第2个参数表示四舍五入取整
4
>>> round(4.5)           # 特例：当小数部分是0.5时，如果整数部分为偶数，则舍弃小数
4
>>> round(4.6)
5
```

4. complex() 函数

complex(x,y)函数用来生成复数，x为实部，y为虚部。例如：

```
>>> complex(3, 4)
(3+4j)
>>> complex(3)
(3+0j)
```

5. ord() 函数、chr() 函数

ord(s)函数返回单个字符的Unicode编码。chr(x)函数返回Unicode编码对应的字符。Unicode编码（又称统一码、万国码、单一码）是通用字符编码标准，由ISO与Unicode联盟共同开发与维护，旨在容纳全球所有字符的编码方案。例如：

```
>>> ord("A")                # A的Unicode编码为65
65
>>> chr(97)                 # a的Unicode编码为97
'a'
>>> chr(48)                 # 字符“0”的Unicode编码为48
'0'
>>> chr(ord("A") + 32)      # 将大写字母“A”转化为小写字母
'a'
>>> chr(ord("a") - 32)      # 将小写字母“a”转化为大写字母
'A'
```

6. eval() 函数

eval(s)函数将字符串转换成数值，也可以用来计算字符串表达式的值。例如：

```
>>> eval("123.456")         # 将字符串转换成数字
123.456
>>> eval("12+34.56")        # 返回字符串里面表达式计算的值
46.56
>>> eval("3+4*2")
```

```
11
>>> eval("1,2,3")                       # 返回一个元组
(1, 2, 3)
>>> a, b, c = eval("1,2,3")
>>> a
1
>>> b
2
>>> c
3
```

7. range() 函数

当需要生成一系列连续的整数时，可以使用range() 函数。range() 函数的基本语法为：

```
range(start, stop, step)
```

参数说明：

- start：起始值，默认为0。
- stop：终止值（不包含），表示生成的整数范围在[start, stop)之间。
- step：步长，默认为1，表示每次递增的值。

注意：range() 函数生成的是一个可迭代对象，可以通过 list() 函数将其转换为列表。例如：

```
>>> range(5)                            # 返回可迭代对象
range(0, 5)
>>> list(range(5))                      # 用list()函数转换成列表
[0, 1, 2, 3, 4]
>>> list(range(1, 11))                  # 生成1到10的整数
[1, 2, 3, 4, 5, 6, 7, 8, 9, 10]
>>> list(range(2, 11, 2))               # 生成1到10的偶数
[2, 4, 6, 8, 10]
>>> list(range(10, 0, -2))              # 步长为负数时，起始值应比终值大
[10, 8, 6, 4, 2]
```

8. max() 函数、min() 函数、sum() 函数

max() 函数和min() 函数用于求给定参数中的最大值和最小值。sum() 函数用于求给定可迭代对象的所有元素的和。例如：

```
>>> max(1, 2, 3, -4)                    # 求一组数中的最大值
3
>>> min(1, 2, 3, -4)                    # 求一组数中的最小值
-4
>>> list1 = [2, 3, 4, 5]
>>> max(list1)                          # 求列表中的最大值
5
>>> min(list1)                          # 求列表中的最小值
2
>>> sum(list1)                          # 求列表中所有元素的和
14
>>> sum(range(1, 101))                  # 求从1加到100的和，注意不包含101
5050
```

2.4.2 标准库函数与第三方库函数

除内置函数外，Python还有非常丰富的标准库，例如用于操作文件和目录的os库、用于数学计算的math库、用于生成随机数的random库、用于时间操作的time库、用于正则表达式的re库、用于绘图的turtle库等。这些标准库包含大量的相关函数，使用时需要先导入相应的库，再调用其中的对象和函数。

同时，Python还有大量的第三方库，例如用于科学计算和数值分析的NumPy库、用于数据分析和处理的Pandas库、用于绘制数据图形的Matplotlib库、用于机器学习和深度学习的TensorFlow库、用于Web应用程序开发的Django库等。这些第三方库需要先下载安装，再像标准库一样导入使用。

标准库和第三方库的导入方式有下面三种：

```
import 库名 [as 别名]                          # 方式一
from 库名 import 对象名 [as 别名]              # 方式二
from 库名 import *                             # 方式三
```

1. import 库名 [as 别名]

使用“import 库名 [as 别名]”方式导入模块后，需要在对象前加上库名，以“库名.对象名”的形式使用。如果库名比较长，可以给库名设置一个别名。例如：

```
>>> import math                                # 导入标准库math
>>> math.sqrt(4)                               # 求平方根
2.0
>>> math.sin(math.radians(30))                 # 求30度角的正弦值
0.49999999999999994
>>> math.cos(math.radians(30))                 # 求30度角的余弦值
0.8660254037844387
>>> math.log2(4)                               # 求以2为底的对数值
2.0
>>> math.pi                                    # 常量π
3.141592653589793
>>> import numpy as np                         # 导入第三方库NumPy，别名取为np
>>> arr = np.array([[1, 2, 3], [4, 5, 6]]) # 创建一个二维数组
>>> print(arr)                                 # 输出二位数组
[[1 2 3]
 [4 5 6]]
>>> print(arr.shape)                           # 输出数组的形状，2行3列
(2, 3)
>>> print(arr * 2)                             # 输出数组乘以2
[[ 2  4  6]
 [ 8 10 12]]
>>> print(arr.sum())                           # 输出数组所有元素的和
21
```

2. from 库名 import 对象名 [as 别名]

使用“from 库名 import 对象名 [as 别名]”方式可以导入库中的特定对象。这种导入方式可以直接使用被导入的对象，而无须在代码中使用库名作为前缀。这样可以提高程序的效率，也可以减少输入的代码量。

```
>>> from numpy import array                  # 导入NumPy库中的array对象
>>> arr = array([1, 2, 3, 4, 5])             # 直接使用array对象创建数组
>>> print(arr)
[1 2 3 4 5]
```

注意：当使用 from 语句导入多个对象时，可以使用逗号分隔它们，或者使用多个 import 语句。例如，

```
>>> from numpy import array, linspace
```

或者：

```
>>> from numpy import array
>>> from numpy import linspace
```

3. from 库名 import *

使用“from 库名 import *”方式可以导入库中的所有对象。这种导入方式可以直接使用被导入的对象，而无须在代码中使用库名作为前缀。例如：

```
>>> from random import *         # 导入标准库random 的所有对象
>>> random()                     # 生成一个0到1之间的随机浮点数
0.7736388063135377
>>> randint(1, 100)              # 生成一个指定范围内的随机整数，包括边界值1和100
51
>>> colors = ['red', 'green', 'blue', 'yellow', 'pink']     # 创建一个颜色列表
>>> choice(colors)               # 从给定序列中随机选择一个元素
'red'
>>> choice(colors)
'green'
>>> choice(colors)
'pink'
```

使用“from 库名 import *”的方式导入库中的所有对象，虽然方便，但也存在如下一些潜在的弊端：

① 命名冲突：如果导入的库中存在与当前代码中相同名称的对象，可能会导致命名冲突。这可能会使代码难以理解和维护，并且可能导致意外的行为。

③ 可读性下降：通过“from 库名 import *”导入所有对象，会使代码中的对象来源不明确，降低了代码的可读性，导致其他人阅读代码时可能难以确定某个对象是来自哪个库。

为了避免这些问题，建议使用显式导入的方式，即明确地指定要导入的对象。例如，使用“from 库名 import 对象名”的方式，或者使用“import 库名”，并在代码中使用库名作为前缀来访问对象。

2.5 输入与输出

视频2-7

输入与输出

在程序中，输入是指将数据或信息从外部设备（如键盘、鼠标、传感器等）传输到程序内部，以便程序进行相应的处理和操作。而输出则是将程序处理后的结果或信息从程序内部传输到外部设备（如显示器、打印机、扬声器等），以便用户或系统查看或进一步处理。

输入与输出是用户和程序进行交互的主要途径。通过输入，程序能够获取运行所需要的

原始数据。通过输出，程序可以将数据的处理结果输出。

在Python中，基本的输入输出功能由内置函数input()和print()来实现。

2.5.1 输入函数

input()函数用于获取用户键盘输入的数据，这些数据均被认为字符型数据，其语法格式如下：

```
input(["提示字符串"])
```

“提示字符串”用于提供用户输入的提示信息，可以省略。程序运行时，如果有提示信息，会显示提示信息，然后等待用户输入。用户输入的内容会以字符串的形式返回。根据需要可以用int()、float()或eval()等函数对输入内容进行类型转换。例如：

```
>>> n = input()          # 省略提示字符串，等待输入的时候没有提示信息
5
>>> n + 1                # 输入5，实际上n的值是字符串"5"，因此n+1会出错
Traceback (most recent call last):
  File "<pyshell#1>", line 1, in <module>
    n + 1
TypeError: can only concatenate str (not "int") to str
>>> n = int(input())     # 用int()函数将输入的内容转化为整形
5
>>> n + 1
6
>>> age = input("请输入您的年龄：")
请输入您的年龄：18
>>> age                  # age是字符串类型
'18'
>>> age = int(input("请输入您的年龄："))
请输入您的年龄：18
>>> age                  # age是整形
18
```

如果输入多个以逗号分隔的数，可用eval()函数进行类型转换。例如：

```
>>> a, b, c = eval(input("请输入三个数："))
请输入三个数：3,4,5
>>> a
3
>>> b
4
>>> c
5
```

2.5.2 输出函数

print()函数用于将内容输出到控制台或指定文件，其语法格式如下：

```
print([value1, value2, …][, sep = ' '][, end = '\n'][, file = sys.stdout])
```

参数说明：

- value1, value2, ...：可选，表示要输出的对象，可以是一个或多个。

- sep：可选，表示对象之间的分隔符，默认为一个空格。
- end：可选，表示输出结束时的字符，默认为换行符'\n'。
- file：可选，表示输出的文件对象，默认为sys.stdout，即标准输出。

下面是一些常用的print()示例。

```
>>> print()                          # 输出一个空行

>>> print("崇文尚智，诚信仁爱")          # 输出字符串
崇文尚智，诚信仁爱
>>> print(1, 2, 3)                   # 输出多个数值，以空格分隔
1 2 3
>>> print(1, 2, 3, sep = ',')        # 输出多个数值，以逗号分隔
1,2,3
>>> name = "张三"
>>> age = 20
>>> print("姓名：", name, "\n年龄：", age)  # 输出多个对象
姓名：张三
年龄：20
>>> print(name, age, sep = ':')      # 使用分隔符
张三:20
>>> for i in range(3):               # 循环3次
        print(i)                     # 默认是以换行（\n）结束，每输出一个i就换行

0
1
2
>>> for i in range(3):
        print(i, end = ' ')          # 以空格作为结束符，输出i后不换行

0 1 2
```

下面介绍print()函数的格式化输出的几种方式。

1. 使用占位符

在Python中，可以使用占位符来格式化输出。常用的占位符有以下几种：

- %s：字符串。
- %d：整数。
- %f：浮点数。
- %o：八进制数。
- %x：十六进制数。

下面是一个使用占位符格式控制的示例：

```
name = "李大山"
age = 20
height = 1.75
print("我叫%s，今年%d岁，身高%.2f米。" % (name, age, height))
```

输出结果如下：

```
我叫李大山，今年20岁，身高1.75米。
```

在上面的例子中，%s、%d和%.2f分别表示字符串、整数和浮点数的占位符。通过在字符串末尾使用%运算符和一个元组，可以将对应的值传递进去进行格式化输出。

2. 使用 format() 方法

在Python中，还可以使用format()方法来格式化输出。format()方法可以接受一个或多个参数，并根据指定的格式进行格式化。可以使用{}作为占位符，然后使用format()方法传入相应的值。例如：

```
name = "李大山"
age = 20
height = 1.75
print("我叫{}，今年{}岁，身高{:.2f}米。".format(name, age, height))
```

输出结果如下：

```
我叫李大山，今年20岁，身高1.75米。
```

在上面的例子中，{}用作占位符，通过format()方法中的参数按顺序填充，冒号后面的.2f表示浮点数保留两位小数。

也可以使用位置参数或关键字参数来指定占位符的顺序，例如：

```
print("我叫{0}，今年{2}岁，身高{1:.2f}米。".format(name, height, age))
```

{0}对应的是name，{2}对应的是age，{1}对应的是height，所以输出结果与前面的示例相同。

format()方法还支持更多的格式化选项，例如对齐、填充、指定宽度等，可以根据具体需求进行使用。

3. 使用 f-string

在字符串前加上字母“f”或“F”，然后使用花括号{}表示占位符，可以直接在花括号内使用变量。例如：

```
name = "李大山"
age = 20
height = 1.75
print(f"我叫{name}，今年{age}岁，身高{height:.2f}米。")
```

输出结果如下：

```
我叫李大山，今年20岁，身高1.75米。
```

下面再来看一个设置宽度和对齐的例子。

```
name = "Alice"
print(f"|{name:<10}|")          # 左对齐，总长度10位
print(f"|{name:>10}|")          # 右对齐，总长度10位
print(f"|{name:^10}|")          # 居中对齐，总长度10位
```

输出结果如下：

```
|Alice     |
|     Alice|
|  Alice   |
```

以上三种方式都可以实现格式化输出，根据个人喜好和需求选择使用。

使用占位符%格式化输出简单直观，易于理解和使用，可以使用多个占位符，并且可以指定格式化的类型，但不够灵活，不支持一些高级的格式化选项。

使用format()方法比较灵活，可以通过位置或关键字参数传递值，可以使用索引和属性访问对象的值，支持一些高级的格式化选项，如对齐、填充等。但语法稍微复杂一些，对于初学者来说可能不够直观。

使用f-string最简洁和直观的方式，语法类似于普通的字符串，可以直接在花括号内使用变量，易于理解和编写。但只能在Python 3.6及以上版本中使用，不兼容较旧的Python版本。

总体而言，推荐使用f-string，因为它的语法最简洁清晰，易于理解和编写。如果需要更高级的格式化选项，可以使用format方法。

2.5.3　输入与输出实例

【例2.1】编程实现：输入您的姓名，输出相关欢迎信息。要求程序开始运行后，会有提示字符串："请输入您的姓名："，完成输入后程序输出相应信息。例如，输入的姓名为"张三"，程序则输出"欢迎您，张三同学！"。

分析：要输出的结果为"欢迎您，××同学！"。整个输出信息可以分为三部分：固定的"欢迎您，"，然后是由用户输入的姓名，内容并不固定，可以用变量name来表示，最后是固定的"同学！"。先通过input()函数输入name，然后用print()函数按指定格式输出。

根据分析，参考程序代码如下：

```
name = input("请输入您的姓名：")
print("欢迎您，{}同学！".format(name))
```

运行程序，结果如图2-1所示。

【例2.2】编程实现：输入年收入，输出每月平均收入。要求程序开始运行后，会有提示字符串："请输入您的年收入："，完成输入后运行程序输出您的每月平均收入。例如，输入的年收入为"98600"，运行程序则输出"您的每月平均收入是8216.67元。"。

分析：用变量annual_income表示年收入，变量monthly_income表示月收入。annual_income由input()函数输入，然后除以12得到monthly_income。由于input()函数返回的是字符串类型，而annual_income要进行数值计算，加上考虑到有小数，因此可以用float()函数进行类型转换。

monthly_income的结果可能会有多位小数，考虑到实际情况，输出时保留2位小数即可。

根据分析，参考程序代码如下：

```
annual_income = float(input("请输入您的年收入："))
monthly_income = annual_income / 12
print(f"您的每月平均收入是{monthly_income:.2f}元。")
```

运行程序，结果如图2-2所示。

图 2-1　例 2.1 程序运行结果

图 2-2　例 2.2 程序运行结果

【例2.3】编程实现：输入一个三位数，输出各个数位中最大的数字和最小的数字。要求程序开始运行后，会有提示字符串："请输入一个三位数："，完成输入后程序输出各个数位中最大的数字和最小的数字。例如：输入的三位数为"583"，程序则输出"8 3"。

分析： 首先用input()函数输入一个三位数num，然后分别取出num的个位数g，十位数s和百位数b，再用max()函数和min()函数取最大值和最小值。

根据分析，参考程序代码如下：

```
num = int(input("请输入一个三位数："))
g = num % 10
s = num // 10 % 10
b = num // 100
print(max(g, s, b), min(g, s, b))
```

运行程序，结果如图2-3所示。

【例2.4】编程实现：输入三个以逗号分隔的整数，整数要求在1到26之间，然后按照如下规则输出以下划线分隔的相应大写字母。

对应的规则为1-A、2-B、…、26-Z。

例如：输入1, 2, 3，输出A_B_C。

分析： 要输入多个以逗号分隔的整数，可以使用eval()函数对input()函数的输入结果进行转换。要实现整数和大写字母之间的转化，可以先用ord()函数取出"A"的Unicode编码，然后计算出对应的Unicode编码，再用chr()函数返回字符。输出时要求以"_"分隔，可以在print()函数中使用sep参数指定分隔符"_"。

根据分析，参考程序代码如下：

```
x, y, z = eval(input("请输入三个数："))
ch1 = chr(ord("A") + x - 1)
ch2 = chr(ord("A") + y - 1)
ch3 = chr(ord("A") + z - 1)
print(ch1, ch2, ch3, sep = "_")
```

运行程序，结果如图2-4所示。

```
============================ RESTART: D:\第2章\例2.3.py ===
==========================
请输入一个三位数：306
6 0
```

图 2-3　例 2.3 程序运行结果

```
============================ RESTART: D:\第2章\例2.4.py ===
==========================
请输入三个数：3,8,14
C_H_N
```

图 2-4　例 2.4 程序运行结果

PDF

为发烧而生：雷军和他的小米故事

拓展知识——为发烧而生：雷军和他的小米故事

"为发烧而生"，是小米提出的口号，让我们扫描侧边栏中的二维码了解一下雷军和他的小米故事吧。

习　　题

一、选择题

1. 下列选项中，不是Python合法的变量名的是（　　）。

10. 表达式 list (range(9, 0, -2)) 的结果为（　　）。

A. [1, 3, 5, 7, 9]　　B. [9, 7, 5, 3, 1]　　C. [1, 3, 5, 7]　　D. [9, 7, 5, 3]

二、判断题

1. 语句 a, b, c=1, "a", 2 实现同时定义三个变量，其中变量 c 的值为 2，c 的类型是 int 类型。（　　）
2. “==” 和 “=” 都属于赋值运算符。（　　）
3. 使用 r 或 R 可以设置原始字符串，可以将字符串原样输出。（　　）
4. print(not(3==4)) 的输出结果是 True。（　　）
5. 表达式 max(2**3, round(8.5, 0)) 的结果为 8。（　　）

三、填空题

1. 假设 x=18，则表达式 5<x<10 的值为________。
2. print(8//3) 的结果是________，print(13%3) 的结果是________。
3. print(round(8/3,2)) 的结果是________。
4. 假设 a=3,b=4，则 print(a or b) 的输出结果是________。
5. 假设 x=3，则 print(x**2>2**x) 的输出结果是________。
6. print(1, 2, 3, sep="*") 的输出结果是________。
7. 表达式 min(abs(-3.14), round(3.59, 1)) 的值为________。
8. 表达式 eval('3+4*2') 的值为________。
9. 如下代码的运行结果为________。

```
a, b = 3, 4
a, b = b, a
print(a)
```

10. 表达式 int(round(5.678, 2)) 的值为________。

四、简答题

1. 简述 Python 中标识符的命名规则。
2. 如何查看 Python 中的关键字？请上机验证。
3. Python 的数据类型有哪些？
4. 惰性求值是什么？请举例说明。
5. 内置函数、标准库函数和第三方库函数在使用上有何区别？

第3章 程序控制结构

前面章节已经介绍了 Python 的数据表示及输入输出相关知识，可以利用 Python 提供的命令或语句实现交互式操作。这种操作方法可以称为命令或交互式工作方式。Python 还提供了程序工作方式，将一系列相关的命令或语句组织起来以文件的方式进行保存，并且可以自动执行程序中的各条命令或语句。

本章主要介绍利用 Python 基本知识及程序控制结构进行程序设计的方法，以及在程序设计中遇到的异常处理方式。重点介绍 Python 程序设计中的三种程序控制结构：顺序结构、分支（选择）结构和循环结构以及它们的应用。

学习目标

知识目标：

◎理解程序设计思想；

◎掌握算法、流程图设计方法；

◎掌握三种程序控制结构使用方法；

◎理解和掌握异常处理机制。

技能目标：

◎能够设计与开发简单的 Python 应用程序；

◎能够对程序进行熟练调试；

◎具备一定的程序优化技能。

素质目标：

◎熟悉程序设计过程，培养善于观察、勤于思考的习惯，提高解决问题的分析与归纳能力，树立解决问题的程序化、工程化思想；

◎传承中华优秀传统文化，增强文化自信。

知识导图

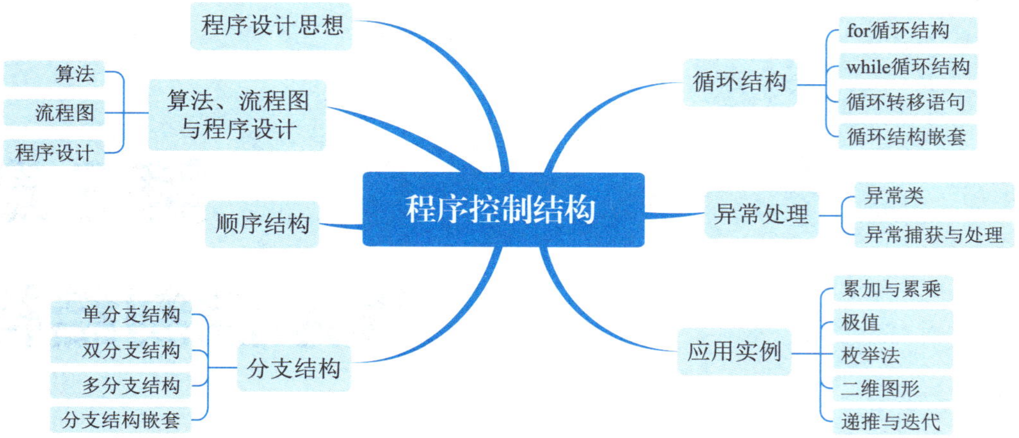

3.1 程序设计思想

程序通常可以理解为一系列计算机指令的集合。在Python中，程序是一系列Python命令或语句的集合。程序设计是根据问题的需要，编写解决问题的程序代码，让计算机自动执行。程序设计是计算机软件开发中最重要的过程，涉及编程思想，主要有面向过程的结构化程序设计（process oriented programming, POP）和面向对象的程序设计（object oriented programming, OOP）。Python同时支持这两种编程思想。本节主要介绍结构化程序设计，面向对象的程序设计将在第7章进行介绍。

结构化程序设计是以模块功能和处理过程设计为主的程序设计方法，其思想由艾兹格·迪科斯彻（E. W. Dijikstra）于1965年提出。它的主要观点是采用自顶向下、逐步求精及模块化的程序设计原则；程序设计中使用三种基本控制结构构造程序，任何程序都可由顺序、分支（选择）、循环结构实现。

结构化程序设计原则使程序开发整体清楚、目标明确。整个程序设计过程分成若干层次，逐步加以解决，每一步是在前一步的基础上，逐步细化。因此，一个较复杂的大问题，可以被层层分解成为多个相对独立的、易于解决的小模块。通过模块之间的相互调用来解决整个问题。

3.2 算法、流程图与程序设计

视频3-1

算法、流程图与程序设计

在程序设计中，设计人员必须考虑程序所涉及的数据结构和操作步骤。其中，数据是操作的对象，操作的目的是对数据进行加工处理，以得到期望的结果。对操作的描述，即操作步骤，也就是算法。对于算法的表示有多种不同的方法，这些方法在用来表示算法时结构不尽相同。

3.2.1 算法

瑞士著名计算机科学家尼古拉斯·沃斯（N. Wirth）提出：程序=算法+数据结构，说明了算法在程序设计过程中是必须考虑的要素。算法可以理解为由基本运算及规定的运算顺序所构成的完整的解题步骤，或者看成按照要求设计好的有限的确切的计算序列，并且这样的步骤和序列可以解决一类问题。算法也可简单理解为解决问题的方法和步骤。

一个算法具有以下特性：

① 有穷性：一个算法必须能在执行有限个操作步骤后终止。

② 确切性：一个算法给出的每个操作步骤，必须都是精确定义的、无二义性的。

③ 有效性：算法中执行的任何操作步骤都是可以被分解为基本的、可执行的操作步骤，即每个计算步骤都可以在有限时间内完成（也称之为可行性）。

④ 输入：一个算法中可以没有输入，也可以有一个或多个输入，输入的信息作为算法所需的初始数据。

⑤ 输出：一个算法应有一个或多个输出。一个算法得到的结果就是算法的输出。没有输出的算法是毫无意义的。

下面举一个实例说明算法的含义。

【例3.1】输入三个实数，输出其中的最大值。

分析：可以先定义三个变量A、B、C，分别存放输入的三个实数。同时，再定义一个变量M用来存放最大值。由于一次只能比较两个数，可以先比较A和B，把大的数放入M。然后，将M和C进行比较，并把大的数重新放入M中。最后，输出M的值，此时M为三个数A、B、C中的最大值。根据分析，可以写出相应的算法。

① 输入三个实数，分别存放到变量A、B、C中。

② 若A>B，则M=A，否则M=B。

③ 若C>M，则M=C。

④ 输出M。

3.2.2　流程图

在程序设计中，算法设计是一个很重要的步骤。例3.1是利用自然语言方式实现的算法表示。实际上，表示算法的形式很多，通常有自然语言、传统流程图、N-S结构化流程图、伪代码、PAD图等。这些表示方法都可以清晰描述算法过程，达到帮助程序设计人员解决问题的目的。本书以传统流程图为例，介绍表示算法的方法。

传统流程图使用不同的几何图形框来代表各种不同性质的操作，用流程线来指示算法的执行方向。它的四框一线表示方法符合人们的思维习惯，因此用它描述算法非常直观，便于理解。美国国家标准化协会（American National Standard Institute, ANSI）规定了一些常用的流程图符号，如图3-1所示。这些符号目前已被程序开发人员普遍采用。

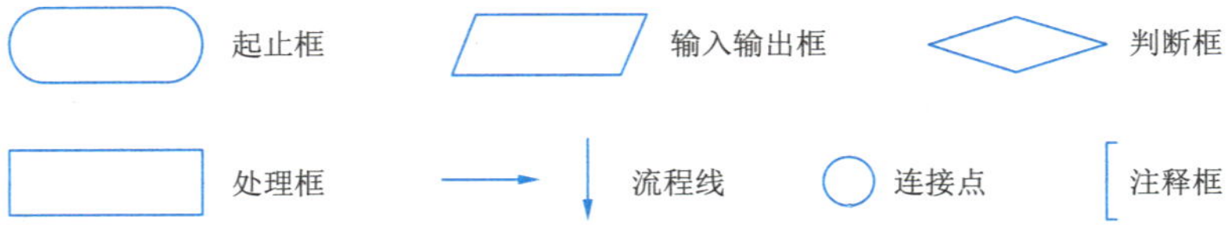

图3-1　传统流程图符号

小贴士：

通过例3.1可以看出，程序设计的关键在于要设计合理的算法，有了算法，可以将算法转化为合适的计算机语言程序，从而完成程序代码编写。总的来说，算法是程序的灵魂，对于程序的编写起到决定性的作用。在Python程序设计的学习过程中，既要熟练掌握其语法结构，又必须认识到算法的重要性，加强程序思维训练，注重算法设计，以编写出高质量的程序。

① 起止框：表示算法的开始和结束。

② 输入输出框：表示数据的输入、输出操作。

③ 判断框：表示根据条件成立与否决定执行两种不同操作中的其中一种。

④ 流程线：表示流程的方向。

⑤ 连接点：用于流程的分页连接。

⑥ 注释框：注释或者说明，也可以用作条件叙述。一般流程到一个位置，作一段执行说明。

利用传统流程图的各种符号，可以画出例3.1的流程图，如图3-2所示。

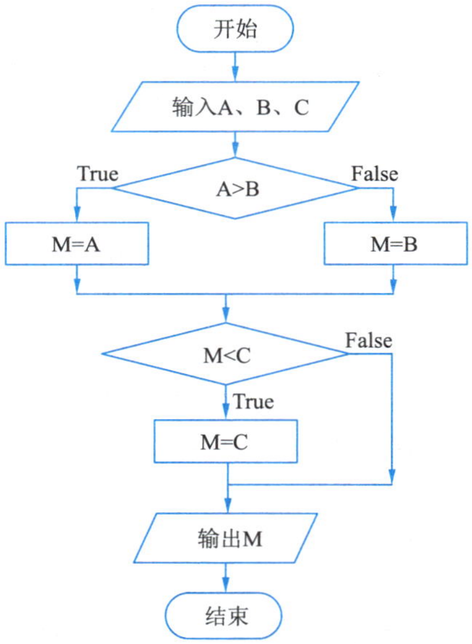

图 3-2　例 3.1 的流程图

3.2.3　程序设计

程序是为了完成某项指定的任务而需执行的命令或语句序列。命令或语句序列以一定的结构有序地编排在一起，并以文件的形式进行存储，这种文件称为命令文件或程序文件。程序设计是给出解决特定问题程序的过程，是软件构造活动中的重要组成部分。程序设计往往以某种程序设计语言为工具，例如Python、Java、C++等，给出这种语法结构下的程序代码。程序设计过程应当包括分析、设计、编码、测试、排错等不同阶段。专业的程序设计人员常被称为程序员。

进行程序设计，特别是大型程序的设计，一般要经历以下步骤：

① 分析问题：对于要解决的问题必须进行认真的分析，研究所给定的条件，分析最后应达到的目标，找出解决问题的规律，选择解题的方法，完成实际问题。

② 设计算法：设计出解决问题的方法和具体步骤。

③ 编写程序：将算法翻译成计算机程序设计语言，对源程序进行编辑、编译和连接。

④ 运行程序，分析结果：运行可执行程序，得到运行结果。能得到运行结果并不意味着程序正确，要对结果进行分析，看它是否合理。如果不合理，就要对程序进行调试，即通过上机发现和排除程序中的故障。

⑤ 编写程序文档：对于开发的商业软件来说，这个步骤很重要。程序开发完毕，还应编写程序说明书。内容应包括程序名称、程序功能、运行环境、程序的装入和启动、需要输入的数据，以及使用时的注意事项等。对于小型程序，如本书中的短小程序，这个步骤就没有必要了。

3.2.4　程序控制结构

程序控制结构是指程序中语句执行的流程结构，可以根据需要进行控制。在结构化程序设计中，有三种基本的程序控制结构，分别是顺序结构、分支（选择）结构和循环结构。这三种程序控制结构为广大计算机程序设计人员广泛使用，是学习和使用各种计算机设计语言的必备知识。

① 顺序结构：按照语句块线性顺序依次执行，如图3-3所示。其中语句块A、语句块B和语句块C可以是一条或多条语句。

② 分支（选择）结构：根据条件判断而选择不同的执行路径，如图3-4所示。根据分支路径的完备性，又分为单分支结构和双分支结构。

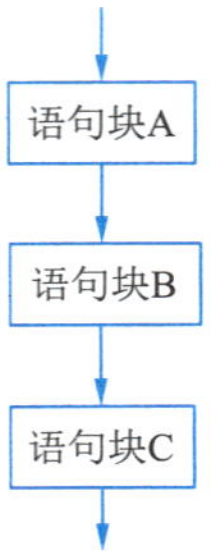

图 3-3　顺序结构

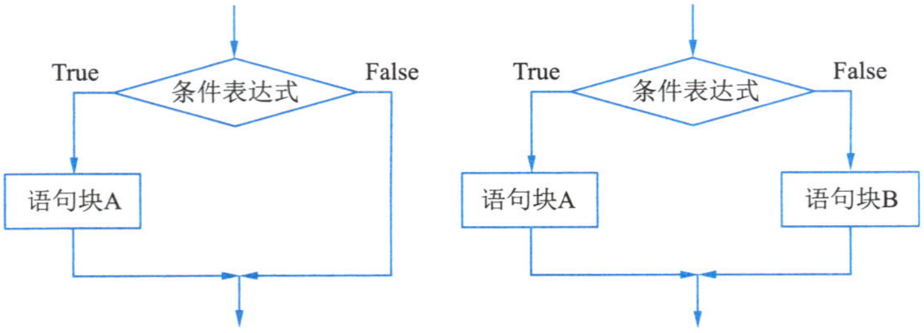

（a）单分支结构　（b）双分支结构

图 3-4　分支（选择）结构

③ 循环结构：根据条件判断结果而反复执行某些语句，如图3-5所示。根据循环触发条件不同，又分为遍历循环结构和条件循环结构。

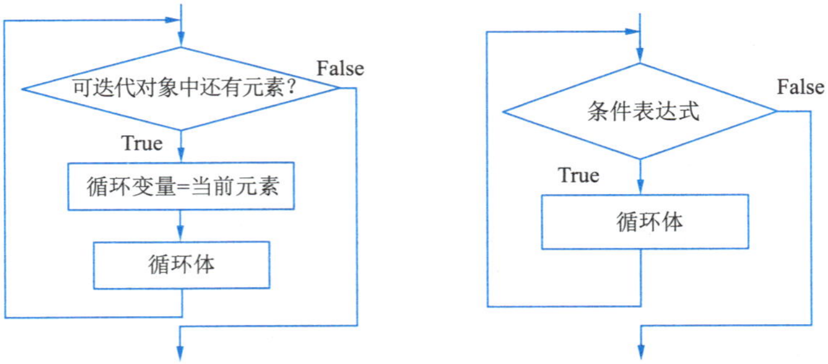

（a）遍历循环结构　（b）条件循环结构

图 3-5　循环结构

3.3 顺序结构

顺序结构是指程序的执行按其中语句的排列从前往后（或从上到下）逐条顺序执行。它是最简单、最基本的程序控制结构，是构成程序框架的基础部分。任何程序中必然包含顺序结构。一个程序主要包括三个基本功能：数据输入、数据处理和数据输出。从操作过程次序来讲，它就是一种顺序结构。

下面举几个例子说明顺序结构的编程方法。

【例3.2】编写一个程序，显示以下诗词内容，以求共勉。

冬夜读书示子聿

（宋）陆游

古人学问无遗力，少壮工夫老始成。

纸上得来终觉浅，绝知此事要躬行。

小贴士：

Python 程序设计课程不但需要掌握相关的语法知识，而且更需要持续不断的编程实践，才能掌握相应的编程技巧，举一反三，触类旁通，就像例3.2中诗词所述。

分析： 本例仅用来输出内容，不需要输入数据，因此可以用多个输出语句显示相应的内容。每条print语句用来输出一行。

根据分析，参考程序代码如下：

```
print("            冬夜读书示子聿")
print("             （宋）陆游")
print("古人学问无遗力，少壮工夫老始成。")
print("纸上得来终觉浅，绝知此事要躬行。")
```

运行程序，结果如图3-6所示。

图 3-6　例 3.2 程序运行结果

【例3.3】 输入圆的半径*r*，求圆的周长和面积，保留两位小数。

分析： 首先输入圆的半径*r*，然后根据圆的周长及面积公式进行计算，最后输出结果，其流程图如图3-7所示

根据分析，参考程序代码如下：

```
from math import *
r = eval(input("请输入圆的半径r:"))
c = 2 * pi * r          # pi为常量，等价于math.pi
a = pi * r * r
print("圆的周长为:{:.2f}\n圆的面积为:{:.2f}".format(c, a))
```

运行程序，输入圆的半径为1.1，结果如图3-8所示。

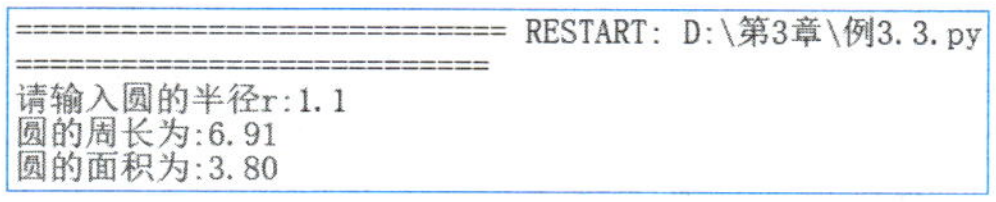

图 3-8　例 3.3 程序运行结果

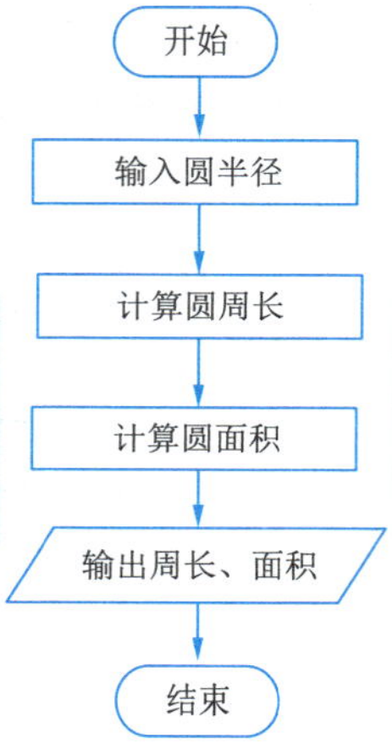

图 3-7　例 3.3 流程图

程序中的第1条语句“from math import *”用于调入库math。库的调入方法有多种表示形式。为了代码清晰及书写方便，本章对于库的调入采用此类格式，下同。程序的最后一条语句用来实现在两行中显示圆的周长及面积并保留两位小数。在Python中，输出格式有多种控制方法。该条语句可用以下语句代替：print("圆的周长为:%.2f"%c, "\n圆的面积为:%.2f"%a)。也可以将变量c和a各用一条print语句输出，均能得到相同的输出结果。

【例3.4】 任意输入两个整型数据到变量x和y中，交换它们的值后输出。

分析： 在Python中，可以仅用一条语句实现变量值的交换，即x, y=y, x。现在讲授第二种方法，可以借助于第三个变量t，利用它来实现数据的传递。

操作步骤为：首先输入两个整数，分别赋给变量x和y，然后将x的值给t，再将y的值给x，最后将t的值给y，实现数据交换，其流程图如图3-9所示。

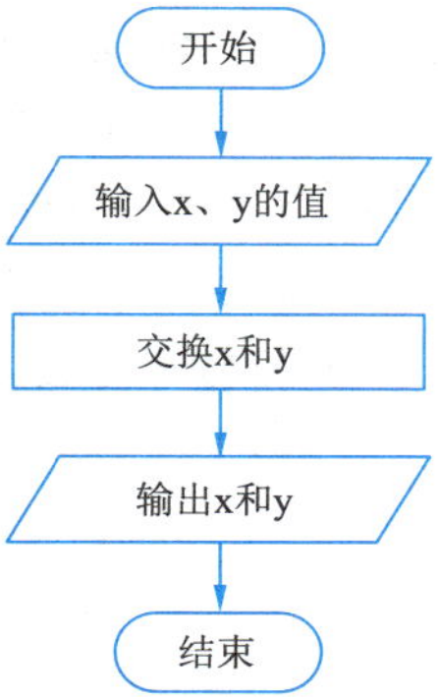

图 3-9　例 3.4 流程图

根据分析，参考程序代码如下：

```
x, y = eval(input("输入两个整数x,y(以英文逗号间隔):"))
t = x
x = y
y = t
print(x, y)
```

运行程序，输入两个整数x,y分别为：5, 10，结果如图3-10所示。

```
============================ RESTART: D:\第3章\例3.4.py
============================
输入两个整数x,y(以英文逗号间隔):5,10
10 5
```

图 3-10 例 3.4 程序运行结果

视频3-2

分支结构

3.4 分支结构

分支结构又称选择结构，是根据给定的条件是否满足来选择程序的执行路径。在Python中，分支结构主要分为单分支、双分支、多分支和分支的嵌套结构。

3.4.1 单分支结构

单分支结构的语法格式如下：

```
if <条件表达式>:
    <语句块>
```

功能： 计算<条件表达式>的值，若其值为True，执行<语句块>（可以是单条或多条语句），然后去执行if结构后面的语句；若其值为False，则直接执行if结构后面的语句，<语句块>不执行。单分支结构的流程图如图3-11所示。

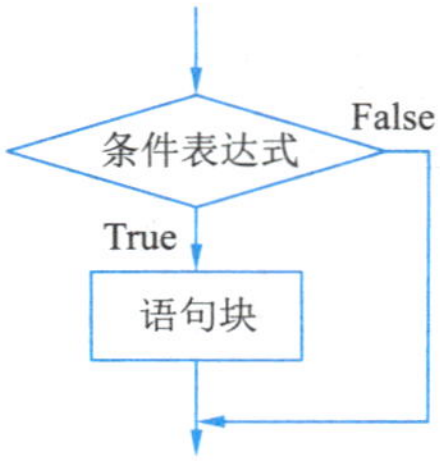

图 3-11 单分支结构流程图

说明：

① <条件表达式>可以是关系表达式、逻辑表达式或各种类型的数据。对于数值型数据，非零为True，零为False。对于字符串或者集合类数据，空字符串和空集为False，其余为True。

② if语句的<条件表达式>后面必须加冒号（:）。

③ 语句块必须右缩进；语句块可以是单条语句，也可以多条语句；多条语句时必须缩进一致。

下面举两个例子说明单分支结构的编程方法。

【例3.5】任意输入三个数x、y、z。按x>y>z排序，并按序输出x，y，z。

分析： 三个数据的排序就是确定三个数据的大小关系，首先确定两个数据之间的大小关系。本例中需要保证x为最大值，z为最小值，算法为：

① 比较x和y的大小，当x<y时，交换x和y的值。

② 同理，比较x和z的大小，当x<z，交换x和z的值。

③ 由以上两个步骤可知，x>y，并且x>z，因此x为最大值。接着只需比较y和z的大小即可。当y<z时交换它们的值。

流程图如图3-12所示。根据分析及流程图，参考程序代码如下：

```
x, y, z = eval(input("输入数x,y,z:"))
if x < y:
    x, y = y, x
if x < z:
    x, z = z, x
if y < z:
    y, z = z, y
print("{}>{}>{}".format(x,y,z))
```

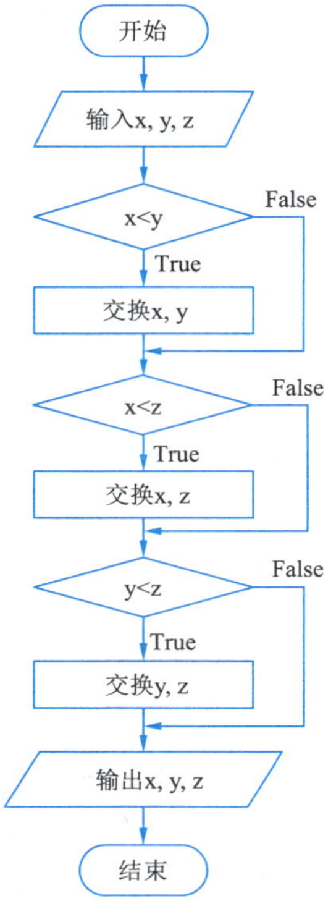

图 3-12 例 3.5 的流程图

运行程序，输入数据为：-3,3.5,6.5，运行结果如图3-13所示。

```
============================ RESTART: D:\第3章\例3.5.py ============================
输入数x,y,z:-3,3.5,6.5
6.5>3.5>-3
```

图 3-13 例 3.5 程序运行结果

【例3.6】 根据PM 2.5检测网的空气质量新标准，24小时平均值标准值分为以下六级。PM 2.5数值在0～35的空气质量等级为“优”，35～75为“良”，75～115为“轻度污染”，115～150为“中度污染”，150～250为“重度污染”，250～500为“严重污染”。

试编程实现输入一个PM 2.5值，输出其空气质量等级。为简化操作，将大于等于75的PM 2.5值统一划分为“污染”，这样空气质量分为三级模式：优、良、污染。

小贴士：

近年来，随着人们物质生活水平的提高以及对居住环境的保护意识的增强，大家非常重视空气质量问题。其中，PM 2.5（中文为细颗粒物）是衡量空气是否污染的重要指标，其单位为μg/m³，即微克每立方米。PM 2.5细颗粒物粒径小，含有大量的有毒、有害物质且在大气中的停留时间长、输送距离远，因而对人体健康和大气环境质量的影响较大。

分析： 定义一个变量用来接收PM 2.5数据，然后根据其值范围，采用多个单分支程序控制结构实现编程并输出对应的结果。该题比较简单，省略流程图。

根据分析，参考程序代码如下：

```
pm = eval(input("请输入PM2.5值:"))
if 0 <= pm < 35:
    re = "优"
if 35 <= pm < 75:
    re = "良"
if 75 <= pm:
    re = "污染"
print("空气质量为:{}".format(re))
```

运行程序，共运行三次，分别输入PM 2.5值：11.2，40.5，80，结果如图3-14所示。

```
============================ RESTART: D:/第3章/例3.6.py ============================
请输入PM2.5值:11.2
空气质量为:优

============================ RESTART: D:/第3章/例3.6.py ============================
请输入PM2.5值:40.5
空气质量为:良

============================ RESTART: D:/第3章/例3.6.py ============================
请输入PM2.5值:80
空气质量为:污染
```

图 3-14 例 3.6 程序运行结果

3.4.2　双分支结构

双分支结构的语法格式如下：

```
if <条件表达式>:
    <语句块1>
else:
    <语句块2>
```

功能： 计算<条件表达式>的值，若其值为True，执行<语句块1>（可以是单条或多条语句），然后执行if结构后面的语句；若其值为False，执行<语句块2>（也可以是单条或多条语句），然后执行if结构后面的语句。即<语句块1>和<语句块2>根据条件成立与否择其一执行，流程图如图3-15所示。

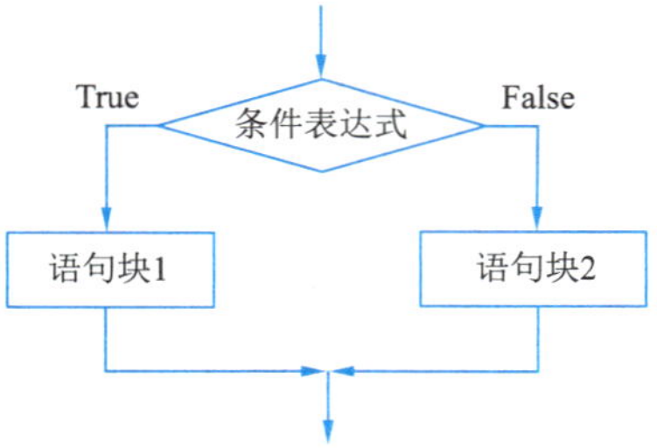

图 3-15　双分支结构流程图

说明：

① <条件表达式>与单分支结构的一致。

② if<条件表达式>和else后面的冒号（:）不能省略，而且if和else必须对齐。

③ <语句块1>和<语句块2>必须有相同的缩进。

下面举两个例子说明双分支结构的编程方法。

【例3.7】从键盘输入一个正整数，判断其奇偶性。

根据题意，可以画出其流程图（此处略），参考程序代码如下：

```
x = int(input("请输入一个正整数:"))
if x % 2 == 0:
    print("{}是偶数!".format(x))
else:
    print("{}是奇数!".format(x))
```

运行程序，共运行两次，分别输入正整数5和12，结果如图3-16所示。

```
============================ RESTART: D:/第3章/例3.7.py
============================
请输入一个正整数:5
5是奇数!

============================ RESTART: D:/第3章/例3.7.py
============================
请输入一个正整数:12
12是偶数!
```

图 3-16　例 3.7 程序运行结果

【例3.8】任意输入一个正整数作为年份，判断该数是否为闰年。

分析： 本例的关键是能够正确写出闰年的条件。如果输入的年值保存在变量year中，那么符合闰年的条件1为year%4==0 and year%100!=0，条件2为year%400==0。并且条件1和条件2的关系是“或”的关系。

根据分析，参考程序代码如下：

```
year = int(input("请输入一个年值:"))
if year % 4 == 0 and year % 100 != 0 or year % 400 == 0:
    print("{}年是闰年!".format(year))
```

小贴士：

闰年的条件是年份是4的倍数且不是100的倍数，或者年份是400的倍数。

```
else:
    print("{}年是平年!".format(year))
```

运行程序，共运行两次，分别输入年值2023和2024，结果如图3-17所示。

```
============================ RESTART: D:/第3章/例3.8.py
============================
请输入一个年值:2023
2023年是平年!

============================ RESTART: D:/第3章/例3.8.py
============================
请输入一个年值:2024
2024年是闰年!
```

图 3-17　例 3.8 程序运行结果

3.4.3　多分支结构

多分支结构是双分支结构的扩展，常用于设置多条执行路径，即分段条件，采用if…elif…else结构，其流程图如图3-18所示。

多路分支结构的语法格式如下：

```
if <条件表达式1>:
      <语句块1>
elif <条件表达式2>:
      <语句块2>
…
elif <条件表达式n>:
      <语句块n>
[else:
      <语句块n+1>]
```

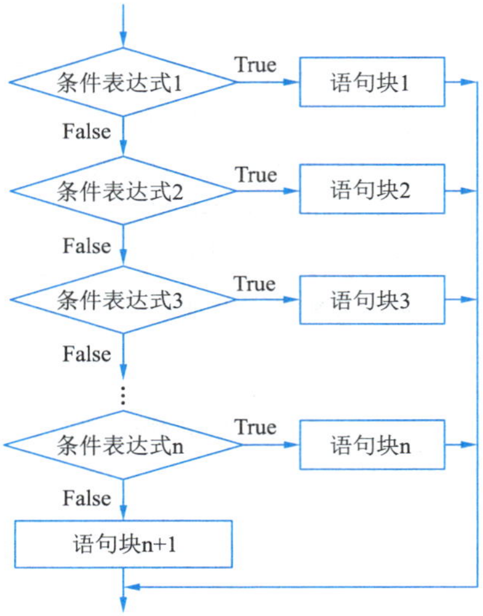

图 3-18　多分支结构流程图

功能：计算<条件表达式 1>的值，若其值为True，执行<语句块 1>；否则计算<条件表达式 2>的值，若其值为True，则执行<语句块 2>，以此类推。只要执行了一个分支就不会执行其他分支，然后结束if结构。若<条件表达式 1 至 n>都为False，则执行else部分的<语句块 n+1>。

说明：

① 条件<表达式 1 至 n>含义与单分支，双分支的相同；

② elif是“else if”的缩写，elif子句可以有1～n个。<条件表达式>、else后面的冒号不能省略，关键字if、elif、else的缩进相同；

③ <语句块 1>、<语句块 2>、……、<语句块 n+1>必须有相同的缩进；

④ else子句可以省略。

【例3.9】任意输入一个百分制分数，将其转换为五级制（优秀、良好、中等、及格和不及格）。

分析：从键盘输入一个百分制分数，其等级划分可详细表述为90～100之间的为“优秀”，80～90分之间的为“良好”，70～80分之间的为“中等”，60～70分之间的为“及格”，小于60分的为“不及格”。注意还要考虑输入的分数是否大于100或者为负数。可采用if…

elif…else结构来实现。

根据分析，参考程序代码如下：

```
score = eval(input("请输入一个百分制分数:"))
if score > 100 or score < 0:
    print("分数不对，请重输!")
elif score >= 90:
    print("优秀")
elif score >= 80:
    print("良好")
elif score >= 70:
    print("中等")
elif score >= 60:
    print("及格")
else:
    print("不及格")
```

运行程序，共运行三次，分别输入分数101、89和58，结果如图3-19所示。

【例3.10】根据输入的x值，计算下列分段函数的值。

$$y=\begin{cases} x^2+3x-4 & x<0 \\ 2x^2-3x+3 & 0\leqslant x\leqslant 6 \\ x^2+2 & x>6 \end{cases}$$

分析：可以根据x取值不同实现分段以完成不同路径的处理，利用多分支程序控制结构实现编程。

根据分析，参考程序代码如下：

```
x = eval(input("请输入x值:"))
if x < 0:
    y = x ** 2 + 3 * x - 4
elif x <= 6:
    y = 2 * x ** 2 - 3 * x + 3
else:
    y = x ** 2 + 2
print(y)
```

运行程序，共运行三次，分别输入x值：–2、1和8，结果如图3-20所示。

```
=============== RESTART: D:/第3章/例3.9.py
===============
请输入一个百分制分数:101
分数不对，请重输!

=============== RESTART: D:/第3章/例3.9.py
===============
请输入一个百分制分数:89
良好

=============== RESTART: D:/第3章/例3.9.py
===============
请输入一个百分制分数:58
不及格
```

图3-19 例3.9程序运行结果

```
=========================== RESTART: D:/第3章/例3.10.py
===========================
请输入x值:-2
-6

=========================== RESTART: D:/第3章/例3.10.py
===========================
请输入x值:1
2

=========================== RESTART: D:/第3章/例3.10.py
===========================
请输入x值:8
66
```

图3-20 例3.10程序运行结果

3.4.4 分支结构嵌套

视频3-3

分支结构嵌套

在解决实际问题的过程中，往往有很多的、层层递进的条件被一次又一次地选择，即选择之后还有选择。对于这种情况，Python程序控制结构可由if分支结构套用if分支结构来构成，称为if分支结构嵌套。

if分支结构嵌套可以有多层。对于两层的if分支结构嵌套，主要有以下四种形式。

第一种形式：

```
if <条件表达式1>:
    if <条件表达式2>:
        <语句块>
```

即为单分支结构中嵌套一个单分支结构。首先计算<条件表达式1>的值，如果为True，再计算<条件表达式2>的值，如果为True，执行<语句块>；如果<条件表达式1>或<条件表达式2>为False，则不执行<语句块>。

这种结构等价于：

```
if <条件表达式1> and <条件表达式2>:
    <语句块>
```

第二种形式：

```
if <条件表达式1>:
    if <条件表达式2>:
        <语句块1>
    else:
        <语句块2>
```

即为单分支结构中嵌套一个双分支结构。首先计算<条件表达式1>的值，如果为True，再计算<条件表达式2>的值，如果为True，执行<语句块1>；如果<条件表达式1>为True且<条件表达式2>为False，则执行<语句块2>；如果<条件表达式1>为False，则不执行任何<语句块>。

第三种形式：

```
if <条件表达式1>:
    if <条件表达式2>:
        <语句块1>
else:
    if <条件表达式3>:
        <语句块2>
```

即为双分支结构中嵌套单分支结构。首先计算<条件表达式1>的值，如果为True，再计算<条件表达式2>的值，如果为True，执行<语句块1>，否则结束选择结构；如果<条件表达式1>为False，再计算<条件表达式3>的值，如果为True，则执行<语句块2>，否则结束选择结构。

第四种形式：

```
if <条件表达式1>:
    if <条件表达式2>:
        <语句块1>
    else:
```

A. int_1 B. 1st C. apple_Price D. name

2. 以下代码执行后，print语句的输出结果是（ ）。

```
c = 3+4
c = "hello"
print(type(c))
```

A. <class 'str'> B. <class 'int'> C. 什么都不会输出 D. 以上都不正确

3. 执行下列程序后的输出结果为（ ）。

```
x = 5 + 4j
y = 6 - 3j
print(x + y)
```

A. 11 B. 11+1j C. (11+1j) D. 1j

4. 执行下列程序后的输出结果为（ ）。

```
a = 3
b = 3
a = a ** b
print(a)
```

A. 6 B. 9 C. 18 D. 27

5. 执行下列程序后的输出结果为（ ）。

```
a = 33
b = a % 4
print(b)
```

A. 1 B. 2 C. 3 D. 4

6. 下列表达式中，值为True的是（ ）。

A. 若a=4，b=5，a>b B. "china"="China"

C. "that"<"this" D. 若a=4，b="5"，则a<b的值

7. 能正确表示“只需满足a大于等于20和a小于等于0两个条件中的一个即可”的条件表达式是（ ）。

A. a>=20 and a<=0 B. a>=20 or a<=0 C. a>=20 && a<=0 D. a>=20 | a<=0

8. 下列程序的最终输出结果是（ ）。

```
m = 234
s1 = m // 100
s2 = m // 10 % 10
print(s1, s2)
```

A. 3 2 B. 4 2 C. 2 3 D. 2 4

9. 关于基本输入输出函数的描述，以下选项中，错误的是（ ）。

A. print()函数的参数可以是一个函数，执行结果是显示函数返回的值

B. eval()函数的参数是“3*4”的时候，返回的值是整数12

C. 当用户输入一个整数6的时候，input()函数返回的也是整数6

D. 当print()函数输出多个变量的时候，可以用逗号分隔多个变量名

```
        <语句块2>
else:
    if <条件表达式3>:
        <语句块3>
    else:
        <语句块4>
```

即为双分支结构中嵌套双分支结构。首先计算<条件表达式1>的值，如果为True，再计算<条件表达式2>的值，如果为True，执行<语句块1>，否则执行<语句块2>；如果<条件表达式1>为False，再计算<条件表达式3>的值，如果为True，则执行<语句块3>，否则执行<语句块4>。双分支结构中嵌套双分支结构流程图如图3-21所示。

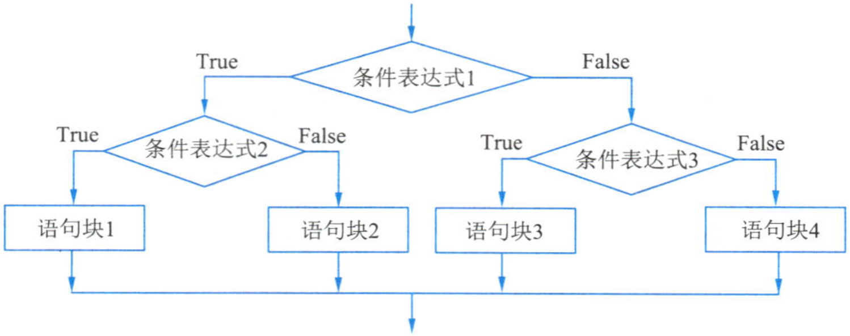

图 3-21　双分支结构中嵌套双分支结构流程图

从上述四种if分支结构嵌套的形式中可以看出，不论是在if子句中（条件为True），还是在else子句中（条件为False），都可以内嵌if语句，并且可以多级嵌套。值得注意的是，当使用if语句嵌套时，各层之间用严格的缩进方式进行区别。为了便于分析程序代码结构，通常采用缩进方式书写嵌套结构及其语句。更多层次、更复杂的分支嵌套结构可以类似分析。

【例3.11】采用分支结构嵌套的方法实现闰年的判断。

参考程序代码如下：

```
year = int(input("请输入一个年值:"))
if year % 100 == 0:
    if year % 400 == 0:
        print("{}年是闰年!".format(year))
    else:
        print("{}年是平年!".format(year))
else:
    if year % 4 == 0:
        print("{}年是闰年!".format(year))
    else:
        print("{}年是平年!".format(year))
```

【例3.12】求方程$ax^2+bx+c=0$的根，要求保留两位小数，a、b、c的值由键盘输入。

分析：首先了解一下一元二次方程的根和系数的关系。

① 这里约定当a为0时，b不能同时为0，否则无意义。a为0，b不为0时，仅有一个实根$-c/b$。

② 当a不为0时，计算$\Delta=b^2-4ac$。

如果$\varDelta>=0$，有两个不等的实根，$x=\dfrac{-b\pm\sqrt{\varDelta}}{2a}$。

如果$\varDelta=0$，有两个相等的实根，$x=-b/(2a)$。

如果$\varDelta<0$，有一对共轭复根，$x=\dfrac{-b\pm \mathrm{i}\sqrt{-\varDelta}}{2a}$，其中$\mathrm{i}^2=-1$。

根据分析，可以画出流程图，如图3-22所示。

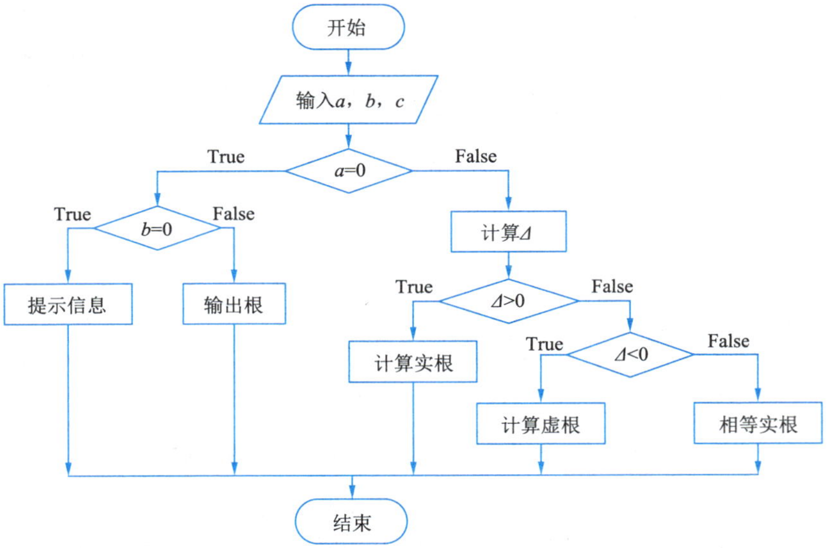

图 3-22　例 3.12 的流程图

根据流程图，参考程序代码如下：

```
a, b, c = eval(input("请输入一元二次方程的系数a,b,c:"))  # 英文逗号间隔
if a == 0:
    if b == 0:
        print("方程无意义！")
    else:
        print("方程仅有一个实根:{:.2f}".format(-c / b))
else:
    delta = b ** 2 - 4 * a * c
    re = -b / (2 * a)
    im = abs(delta ** 0.5 / (2 * a))
    if delta > 0:
        print("方程有两个不等的实根，分别为:")
        print("x1={:.2f}\nx2={:.2f}".format(re + im, re - im))
    else:
        if delta < 0:
            print("方程有一对共轭复根，分别为:")
            print("x1={:.2f}+{:.2f}i".format(re, im))
            print("x2={:.2f}-{:.2f}i".format(re, im))
        else:
            print("方程有两个相等的实根:\nx1=x2={:.2f}".format(re))
```

运行程序，共运行四次。第一次运行时，输入的数据为0, 0, 3。第二次运行时为1, 2, 1。第三次运行时为2, 5, 2。第四次运行时为5, 3, 4。四次运行的结果如图3-23所示。

```
========================== RESTART: D:/第3章/例3.12.py
==========================
请输入一元二次方程的系数a,b,c:0,0,3
方程无意义!

========================== RESTART: D:/第3章/例3.12.py
==========================
请输入一元二次方程的系数a,b,c:1,2,1
方程有两个相等的实根:
x1=x2=-1.00

========================== RESTART: D:/第3章/例3.12.py
==========================
请输入一元二次方程的系数a,b,c:2,5,2
方程有两个不等的实根,分别为:
x1=-0.50
x2=-2.00

========================== RESTART: D:/第3章/例3.12.py
==========================
请输入一元二次方程的系数a,b,c:5,3,4
方程有一对共轭复根,分别为:
x1=-0.30+0.84i
x2=-0.30-0.84i
```

图 3-23　例 3.12 程序运行结果

3.5 循环结构

前面介绍的顺序结构和分支结构，程代码序都是从上到下一次性执行完，中间没有反复执行的部分。但在处理实际问题时，经常会遇到反复执行多次的操作。例如，输入全班学生成绩、求若干个数之和或积、判断一系列数的奇偶性等。凡是在处理过程中存在需要重复处理的操作，都可以考虑用循环结构来实现。

循环结构可以减少源程序代码的重复书写，利用了计算机高速运算的特性，重复执行某一部分代码，以完成大量有规律的重复性运算。

循环结构是结构化程序设计的基本结构之一，熟练掌握并应用循环结构是程序设计的最基本也是最重要的要求。

在Python中，循环结构有for循环和while循环两种基本类型。

3.5.1 for循环结构

视频3-4

for循环结构

在Python中，for循环结构用于循环次数已确定的情况，又称为“计数循环”或“遍历循环”。循环次数采用遍历可迭代对象中的元素个数来实现，处理完可迭代对象中的所有元素后自动结束，其流程图如图3-5（a）所示。

for循环的语法结构如下：

```
for <循环变量> in <可迭代对象>:
        <循环体>
```

功能：取出<可迭代对象>中的第一个元素存放在<循环变量>中，并执行<循环体>语句；然后再取<可迭代对象>中的第二个元素存放在<循环变量>中，并执行<循环体>语句；以此类推，遍历完可迭代对象中所有元素，结束循环。即取一次元素就执行一次循环体，直至遍历完所有元素为止。

说明：

① 通常的<可迭代对象>有字符串、列表、元组、字典、集合等序列数据类型。

② <可迭代对象>后面的冒号（:）不能省略；循环体语句采用缩进对齐方式，可以是单条语句或多条语句。多条语句应具有相同的缩进。

③ for循环结构自动一个接一个读取<可迭代对象>中的元素，并赋值给循环变量，然后执行循环体。

④ 常用内置函数range()来创建数值型可迭代对象，格式为range(start, end, step)、range(start, end)或range(end)。其中，start表示初值，end表示终值，step表示步长值。对于range(start, end, step)，得到的迭代序列为start, start+step, start+2*step, …，按步长值step递增或递减（step为负值），直到最接近但不包括end的序列值。对于range(start, end)，得到的迭代序列为start, start+1, start+2, …, end−1。对于range(end)，得到的迭代序列为0, 1, 2, …, end−1。

【例3.13】实现遍历字符串、列表、元组、集合等对象。

分析： 字符串、列表、元组、集合都是由多个元素组成，用for循环可依次取其中的每个元素，实现遍历。

根据分析，参考程序代码如下：

```
lst = "ABC123"                        # 字符串
#lst = ['A', 'B', 'C', 1, 2, 3]       # 列表
#lst = ('A', 'B', 'C', 1, 2, 3)       # 元组
#lst = {'A', 'B', 'C', 1, 2, 3}       # 集合
for x in lst:
    print(x, end=" ")
```

运行该程序，依次输出字符串中的每个字符，其中间隔一个空格。该结构同样可应用于列表、元组及集合。可遍历其中的每个元素，只要将其中的语句进行代替即可。

【例3.14】实现遍历字典对象。

分析： 字典由键和值构成。遍历键名时，可访问其值。因此，程序代码如下：

```
dit = {"name":"张三", "gender":"男", "age":20}
for key in dit:
    print("{}:{}".format(key, dit[key]))
```

【例3.15】求$s=1!-1/2!+1/3!-1/4!\cdots+(-1)^{n-1}1/n!$ ($n>=1$)。n由键盘输入，结果保留8位小数。

分析： 该例有两个关键点。首先是奇数位置上的值为正数，偶数位置上的值为负数；其次需要计算每个数的阶乘，然后再对阶乘值进行累加。对于正负性，可以定义一个变量t=1，通过t=−t实现正负的改变。对于数n，其阶乘（累乘）的程序代码如下：

```
p = 1
for i in range(1, n + 1):
    p = p * i
```

参考阶乘（累乘）操作的代码，如果要实现累加操作，如$1+2+3+4+\cdots+n$，其代码如下：

```
s = 0
for i in range(1, n + 1):
    s = s + i
```

综上所述，本例利用for循环实现，循环体内的语句p=p*i或p*=i实现的是i的阶乘计算，由于i步长值为1，因此该条语句实现了1!, 2!, …, n!的处理。如果把每次阶乘的值累加起来，则实现了累加功能。即在循环体中增加一条语句s=s+t/p或s+=t/p，就可实现程序功能。

根据分析，参考程序代码如下：

```
n = int(input("请输入n(n>=1):"))
s, p, t = 0, 1, 1
for i in range(1, n + 1):
    p = p * i
    s = s + t / p
    t = -t
print("{:.8f}".format(s))
```

运行程序，共运行两次，分别输入n值为5和10，结果如图3-24所示。

```
=========================== RESTART: D:\第3章\例3.15.py
===========================
请输入n(n>=1):5
0.63333333

=========================== RESTART: D:\第3章\例3.15.py
===========================
请输入n(n>=1):10
0.63212054
```

图 3-24　例 3.15 程序运行结果

【例3.16】求Fibonacci数列的前30项，每行输出10个数，并用制表符“\t”间隔。

分析：斐波那契数列（Fibonacci sequence），又称黄金分割数列，因数学家莱昂纳多·斐波那契（Leonardo Fibonacci）以兔子繁殖为例而引入，故又称“兔子数列”，其数列为1、1、2、3…。即从第三项起，每一项的值为前两项之和。

在数学上，这一数列以如下递推的方法定义：$F(0)=1, F(1)=1, F(n)=F(n-1)+F(n-2)$（$n \geqslant 2$，$n \in \mathbf{N}^*$）。定义两个变量用于存放两个初值。根据递推公式可求得第3项的值，然后修改两个变量的值。依此类推，可得到序列的其余值。

根据分析，参考程序代码如下：

```
x1 = 1
x2 = 1
print(x1, "\t", x2, end = "\t")
for i in range(3, 31):
    x3 = x1 + x2
    print(x3, end = "\t")
    if i % 10 == 0:
        print()
    x1, x2 = x2, x3
```

运行程序，结果如图3-25所示。

```
=========================== RESTART: D:\第3章\例3.16.py ========================
1       1       2       3       5       8       13      21      34      55
89      144     233     377     610     987     1597    2584    4181    6765
10946   17711   28657   46368   75025   121393  196418  317811  514229  832040
```

图 3-25　例 3.16 程序运行结果

3.5.2 while 循环结构

视频3-5

while循环结构

Python的for循环结构主要用于循环次数确定的场合，特别适合于遍历可迭代对象中的元素。while循环结构是一种通过判断循环条件是否满足来决定是否继续循环的循环结构，也称为条件循环或当型循环。其特点为先判断条件表达式，若值为True则执行循环体，否则退出循环体，其流程图如3.2.4节的图3-5（b）所示。

while循环的语法结构如下：

```
while <条件表达式>:
    <循环体>
```

功能： 先计算<条件表达式>的值，如果值为True，则反复执行<循环体>语句，直到<条件表达式>值为False时退出循环结构。

说明：

① <条件表达式>可以是关系表达式、逻辑表达式或各种类型的数据。对于数值型数据，非零为True，0为False。对于字符串或者集合类数据，空字符串和空集为False，其余为True；<条件表达式>后面的冒号（:）不能省略。

② 如果首次计算<条件表达式>的值为False，则直接退出循环体，循环次数为0。

③ 如果<条件表达式>的值永远为True，循环将会永远执行下去（死循环）。此种情况应尽可能避免，可在循环体中修改条件表达式的语句，使其趋向False，让循环逐渐趋于结束，避免死循环。

④ 循环体语句可以是单条或多条，但是必须采用统一的缩进方式。

利用while结构，可以对多种情况进行循环控制。

1. 循环次数已确定的情况

循环次数已确定是指事先已经知道循环次数的情形。一般处理方法是以定义的循环变量为计数器来控制循环次数，可以用循环升序或循环降序的方法实现。

循环升序的程序代码的结构如下：

```
n = 初值              # 通常设为0或1
while n <= m:        # m为终值
    <循环体>
    n += k           # k为步长值，通常为1
```

循环降序的程序代码的结构如下：

```
n = m                    # m为终值
while n > 0:
    <循环体>
    n -= k
```

功能： 已知循环次数，通过对循环控制变量n进行顺序升序计数或降序计数的方法实现循环控制。

【例3.17】 求2～400之间的所有偶数之和。

分析：

① 要求判断2～400之间的所有偶数并求和，因此是一个循环的过程，且循环次数已知。

② 设循环变量为i，若按升序结构则初值为2，循环条件为i<=400。若为降序结构则初值为400，循环条件为i>=2。

③ 对于循环体，先对每个i值利用求余数（%）判断其奇偶性。若i为偶数则累加到定义的变量s中，并且修改i的值，进入下一次循环。

根据分析，参考程序代码如下（其中，左侧的程序按升序结构实现，右侧的程序按降序结构实现）：

```
i, s = 2, 0
while i <= 400:
    if i % 2==0:
        s += i
    i += 1
print("2~400之间所有偶数之和为:{}".
format(s))
```

```
i, s = 400, 0
while i >= 2:
    if i % 2 == 0:
        s += i
    i -= 1
print("2~400之间所有偶数之和为:{}".
format(s))
```

运行程序，结果均如图3-26所示。

```
========================= RESTART: D:\第3章\例3.17(a).py
=========================
2~400之间所有偶数之和为:40200
```

图 3-26　例 3.17 程序运行结果

2. 循环次数未确定的情况

循环次数未确定是指对于有些问题在编程时并不知道要执行多少次循环，不能直接用循环控制变量来控制循环，改由其他变量控制循环的情形。这种情况可以使用<条件表达式>来控制循环，即为常规的while循环控制结构。或利用永真循环结构并在循环体内进行局部更改来间接控制循环，其语法结构如下：

```
while True:
    <语句序列>
    if <条件表达式>:
        break
```

功能：循环条件永远为True，即永远满足循环条件。只在当if结构中的<条件表达式>为True时，才由break语句跳出循环，结束循环体的运行。其中，语句break为终止循环语句。

【例3.18】改革开放以来，中国经济飞速发展，取得了举世瞩目的成就。党的二十大报告指出，近十年来，国内生产总值从54万亿元增长到114万亿元，我国经济总量占世界经济的比重达18.5%，提高7.2个百分点，稳居世界第2位。按目前平均年增长率，经过多少年，国内生产总值可以达200万亿元？

分析：十年时间，GDP从54万亿元增长到时114万亿元，可以求出平均年增长率，该公式为$54\times(1+rate)^{10}=114$。其中，rate为年平均增长率。由于循环次数未知，使用while循环结构，循环条件为GDP不大于200万亿元。经过多次循环，可计算出年值。

根据分析，可以使用两种编程方法。第一种方法的参考程序代码如下：

```
from math import *
times = 114 / 54
n = 10
rate = pow(times, 1 / n) - 1
gdp = 114
year = 0
while gdp <= 200:
    year += 1
    gdp = gdp * (1 + rate)
print("{}年后, GDP可以达200万亿元!".format(year))
print("GDP为:{:.2f}万亿元!".format(gdp))
```

运行程序，结果为“8年后，GDP可以达200万亿元!”，如图3-27所示。

```
=========================== RESTART: D:\第3章\例3.18.py
===========================
8年后, GDP可以达200万亿元!
GDP为:207.26万亿元!
```

图 3-27　例 3.18 程序运行结果

第二种编程方法，使用永真循环结构实

现，程序代码如下：

```
from math import *
times = 114 / 54
n = 10
rate = pow(times, 1 / n) - 1
gdp = 114
year = 0
while True:
    year += 1
    gdp = gdp * (1 + rate)
    if gdp > 200:
        break
print("{}年后，GDP可以达200万亿元！".format(year))
print("GDP为：{:.2f}万亿元！".format(gdp))
```

3.5.3 循环转移语句

视频3-6

循环转移语句

在Python的for循环结构中，当遍历完“可迭代对象”中的所有元素后，结束循环。在while循环结构中，当条件表达式的值为False时，结束循环。如果希望满足一定条件时跳过其中部分循环体语句，进入下一次循环，或者提前终止循环，或者根据需要，适时转移到其他位置时，可采用循环结构中的转移语句。

循环转移语句主要有：break、continue、else、pass。它们的作用各不相同，编程时可灵活运用。

1. break 语句

break语句用来终止循环。即使“可迭代对象”中还有没遍历的元素，或循环条件还为True，也会停止执行循环体语句。该语句用在循环体内，既可用于for循环，也可用于while循环。对于多重循环（循环结构不止一层），如果break语句放在最内层循环中，只能终止最内层循环，而不会影响外层循环体。其语法格式如下：

```
if <条件表达式>:
    break
```

或者：

```
if <条件表达式>: break
```

功能：先计算<条件表达式>的值，如果值为True，则终止循环体的执行，转至循环结构外的后续语句去执行，<条件表达式>值为False时，继续执行循环体语句。

2. continue 语句

continue语句用来提前结束本次循环，即跳过当前循环的剩余语句，并返回到下一次循环的起始位置，重新开始新一轮循环，不影响循环的总次数。该语句用在循环体内，既可用于for循环，也可用于while循环。对于多重循环（循环结构不止一层），如果continue语句放在最内层循环中，只能提前结束最内层循环的当次循环，而不会影响外层循环体。其语法格式如下：

```
if <条件表达式>:
    continue
```

或者：

```
if <条件表达式>: continue
```

功能： 先计算<条件表达式>的值，如果值为True，则结束本次循环体的执行，转至下一次循环的执行，<条件表达式>值为False时，继续执行循环体内的后续语句。

【例3.19】 分析下列两个程序的执行结果。

程序一的代码如下：

```
for i in range(1, 10):
    if i % 3 == 0:  break
    print(i, end = "\t")
```

程序二的代码如下：

```
for i in range(1, 10):
    if i % 3 == 0:  continue
    print(i, end = "\t")
```

程序一中，当i=3时，终止循环，所以输出值只有两个，1和2，共循环三次。

程序二中，当i=3、6、9时，跳过，进入下一次循环，所以输出1、2、4、5、7、8。程序二总的循环次数不变，共循环九次。

【例3.20】 判断一个正整数n（$n \geqslant 2$）是否为素数（质数）。

> **小贴士：** 素数是指除了1和它本身外，不能被其他整数整除的自然数，否则称为合数。

分析： 输入正整数n，用2～n-1中的每一个数去除n，如果没有任何数能够整除n，则n为素数。只要发现其中有一个整数能够整除n，则n就不是素数，不用再遍历下去，可以用break语句终止循环。n有素数和非素数两种状态，可用一个标记变量flag来表示，其值如果为1则为素数，0则表示非素数。

根据分析，参考程序代码如下：

```
n = int(input("输入一个正整数n(n>=2):"))
flag = 1
for k in range(2, n):
    if n % k == 0:
        flag = 0
        break
if flag == 1:
    print("{}是素数！".format(n))
else:
    print("{}不是素数！".format(n))
```

运行程序，共运行两次，当输入n值分别为6和11时，结果如图3-28所示。

```
========================== RESTART: D:\第3章\例3.20.py ==========================
输入一个正整数n(n>=2):6
6不是素数!
========================== RESTART: D:\第3章\例3.20.py ==========================
输入一个正整数n(n>=2):11
11是素数!
```

图3-28　例3.20程序运行结果

本例在判断n是否为素数时，采用的是穷举法，实际上用于整除的整数最小范围为[2, int($\sqrt{n}$)+1]。

【例3.21】 求两个正整数m和n的最大公约数。

分析： 根据约数的定义可知，某个数的所有约数必不大于这个数本身，几个自然数的最大公约数必不大于其中任何一个数。要求得任意两个正整数的最大公约数就是求出一个不大于这两个数中的任何一个，但又能同时整除两个整数的最大自然数。

最大公约数的求法有多种，现在介绍其中一种方法。按照从大（两整数中较小的数）到小（最小的整数1）的顺序求出第一个能同时整除两个整数的自然数，即为所求。假设t始终存放m和n之间的最小数，通过range(t, 0, -1)进行遍历，找到的第一个数即为所求，然后通过break语句结束循环。

小贴士：

关于约数的定义。如果有一个自然数 *a* 能被自然数 *b* 整除，则称 *a* 为 *b* 的倍数，*b* 为 *a* 的约数。几个自然数公有的约数，叫作这几个自然数的公约数。公约数中最大的一个，称为这几个自然数的最大公约数。

根据分析，参考程序代码如下：

```
m = int(input("输入正整数m:"))
n = int(input("输入正整数n:"))
if m > n:
    t = n
else:
    t = m
for i in range(t, 0, -1):
    if m % i == 0 and n % i == 0:
        print("{}和{}的最大公约数为:{}".format(m, n, i))
        break
```

运行程序，共运行两次。第一次，输入m和n的值分别为5，6。第二次，m和n的值为48，32。运行结果如图3-29所示。

```
========================== RESTART: D:\第3章\例3.21.py
输入正整数m:5
输入正整数n:6
5和6的最大公约数为:1

========================== RESTART: D:\第3章\例3.21.py
输入正整数m:48
输入正整数n:32
48和32的最大公约数为:16
```

图 3-29　例 3.21 程序运行结果

3. else 语句

在Python中，else语句不但可以在if语句结构中出现，而且可以用于循环结构。语法格式如下：

```
for <循环变量> in <可迭代对象>:
    <循环体>
else:
    <语句序列>
```

或

```
while <条件表达式>:
    <循环体>
else:
    <语句序列>
```

功能： else语句用于循环结构时，在<循环体>语句正常结束后，即在for循环遍历完<可迭代对象>中的所有元素后，或者while循环结构的<条件表达式>为False后执行。但循环体被break语句终止时，else语句不执行。

说明：

① else与while、for语句的缩进相同，且后面的冒号（:）不能省略。

② 通常将else语句与break语句结合使用，如果<循环体>语句执行break语句终止循环，则不执行else语句，反之则执行。

【例3.22】 判断一个正整数是否为素数（又称质数）。

分析： 使用else语句来实现，即对于一个输入的正整数n，如果范围[2, int($\sqrt{n}$)+1]中任意自然数都不能整除n，则n为素数。

根据分析，参考程序代码如下：

```
from math import *
n = int(input("输入一个正整数n(n>=2):"))
for k in range(2, int(sqrt(n)) + 1):  # int(sqrt(n))表示取n的平方根的整数部分
    if n % k == 0:
        print("{}不是素数!".format(n))
        break
else:
    print("{}是素数!".format(n))
```

当然，也可以用while循环结构结合else语句实现，读者可以自行编程测试。

4. pass 语句

pass语句表示空代码，它不做任何操作，用于在某些时候语法上需要一条语句但实际上什么都不需要做的情况，相当于一个占位符，也可用在以后需要添加程序代码的地方。例如，循环体语句可以是一条语句或多条语句，但不能一条语句也没有，可以用pass语句来代替，表示循环多次，但什么事情也不做。例如，下面的程序代码，表示循环了10次，但什么也没有做。

```
for i in rang(10):
    pass
```

3.5.4　循环结构嵌套

视频3-7

循环结构嵌套

在求解复杂问题时，仅靠一种循环结构是难以完成的，通常需要使用多种循环结构的嵌套形式。一个循环结构的循环体内完整地包含另一个循环结构，称为循环嵌套。这种嵌套的过程可以有很多层，称为多重循环。

常用的多重循环有双重循环和三重循环。双重循环的外面一层循环称为外循环（或外层循环），内部被包含的一层循环称为内循环（或内层循环），又称为二重循环。三重循环是在双重循环的外面再增加一层循环结构。

本节主要介绍双重循环结构的使用，三重循环及三重以上的循环结构不作介绍，读者可参考相关资料进行学习。

Python中的两种循环结构（for和while）之间可以相互嵌套，自由组合。其本身也可以进行嵌套。因此，对于双重循环结构来说，共有以下四种形式：

第一种循环嵌套为for循环中包含另一个for循环，如图3-30（a）所示。

第二种循环嵌套为for循环中包含另一个while循环，如图3-30（b）所示。

第三种循环嵌套为while循环中包含另一个for循环，如图3-30（c）所示。

第四种循环嵌套为while循环中包含另一个while循环，如图3-30（d）所示。

```
for <循环变量1> in <可迭代对象1>:
    <外层循环体>
    …
    for <循环变量2> in <可迭代对象2>:
        <内层循环体>
        …
```

（a）第一种

```
for <循环变量> in <可迭代对象>:
    <外层循环体>
    …
    while <条件表达式>:
        <内层循环体>
        …
```

（b）第二种

```
while <条件表达式>:
    <外层循环体>
    …
    for <循环变量> in <可迭代对象>:
        <内层循环体>
        …
```

（c）第三种

```
while <条件表达式1>:
    <外层循环体>
    …
    while <条件表达式2>:
        <内层循环体>
        …
```

（d）第四种

图3-30　四种循环结构嵌套的语法结构

循环结构嵌套遵守严格的缩进格式。内层循环是外层循环的循环体语句的一部分，与其他外循环的循环体语句应具有相同的缩进格式。四种形式严格遵循这种规则。

循环结构嵌套程序运行时，程序每执行一次外层循环，其内层循环将完整地执行一遍。当内层循环结束时，才能进入到外层循环的下一次循环。整个程序循环的次数等于外层循环执行次数乘以内层循环执行次数。而且，当break语句或continue语句出现在<内层循环体>语句中，其作用范围仅限于内循环结构，不会影响外循环体的循环次数。

以双重循环为例，建议循环嵌套结构的设计方法如下：

① 明确内循环要控制的目标，确定内循环的循环次数。

② 明确外循环要控制的目标，确定外循环的循环次数。

③ 建立内外循环之间的联系，确定内外循环变量之间的关系。

下面举几个典型实例说明利用循环嵌套结构进行编程的方法，从中体会编程技巧。

【例3.23】 求$s=1!+3!+5!+\cdots$，当s的值超过10^{10}时停止，假设最后一项为$n!$，求n值。

分析： 对例3.15稍加改变，利用for单层循环结构即可实现$1!+2!+\cdots+n!$的运算，因为阶乘利用了其中计数器步长值为1的特点。单层循环结构难以实现本例功能，改用双重循环。内循环用来实现阶乘功能，外循环用来实现累加计算，且外循环的控制条件为$s \leqslant 10^{10}$。

根据分析，参考程序代码如下：

```
s, n = 0, 1
while s <= 10 ** 10:
    p = 1
    for i in range(1, n + 1):
        p *= i
    s += p
    n += 2
print("s的值为:{}\nn的值为:{}".format(s, n - 2))
```

运行程序，结果如图3-31所示。请读者思考，为什么程序代码中最后一项的n的值为n−2？

```
=========================== RESTART: D:\第3章\例3.23.py
s的值为:1313941673647
n的值为:15
```

图 3-31　例 3.23 程序运行结果

【例3.24】 打印输出如图3-32所示的图形。

```
   *
  ***
 *****
*******
```

图 3-32　输出星号图

分析： 该图形为多行多列星号“*”构成的二维图形。对于二维图形可采用双重循环结构来控制。其中，外循环用来控制行数，内循环用来控制每行中的“*”号个数。同时，每行的“*”号个数与行号正好是2*i−1（i表示行号）的关系。每行输出完毕，换行到下一行继续输出。每行的第一个“*”号前会产生若干个空格，并随着行数的增加，空格数在减少，减少的个数与行号相等。因此，可用一个循环结构来控制空格数。

根据分析，参考程序代码如下：

```
for i in range(1, 5):                   # 外循环，控制行数
    for j in range(0, 10 - i):          # 内循环，输出每行空格数，其中10可调
        print(" ", end = "")
    for k in range(1, 2 * i):           # 内循环，输出每行*号数
        print("*", end = "")
    print()                             # 换行
```

【例3.25】打印输出九九乘法表，输出图形如图3-33所示，每式间隔一个制表符。

```
1*1=1
2*1=2   2*2=4
3*1=3   3*2=6   3*3=9
4*1=4   4*2=8   4*3=12  4*4=16
5*1=5   5*2=10  5*3=15  5*4=20  5*5=25
6*1=6   6*2=12  6*3=18  6*4=24  6*5=30  6*6=36
7*1=7   7*2=14  7*3=21  7*4=28  7*5=35  7*6=42  7*7=49
8*1=8   8*2=16  8*3=24  8*4=32  8*5=40  8*6=48  8*7=56  8*8=64
9*1=9   9*2=18  9*3=27  9*4=36  9*5=45  9*6=54  9*7=63  9*8=72  9*9=81
```

图3-33 九九乘法表

分析：与例3.24相似，本例的输出图形也是一个多行多列的二维图形，因此可采用双重循环结构来实现。其中，外循环用来控制行数，内循环用来控制每行中的等式（把每个乘法表达式看成一个整体）个数。同时，每行的等式个数与行号正好相等。每行输出完毕，换行到下一行继续输出。每个等式由五部分组成，即行号、乘号、列号、等号及行列号之积，可利用format()进行设置。

根据分析，参考程序代码如下：

```
for i in range(1, 10):
    for j in range(1, i + 1):
        print("{}*{}={}".format(i, j, i * j), end = "\t")
    print()
```

【例3.26】“百钱买百鸡”（取自中国古代数学家张丘建的著作《算经》）：鸡翁一，值钱五；鸡母一，值钱三；鸡雏三，值钱一。百钱买百鸡，问鸡翁、母、雏各几何？

分析：首先建立数学模型。假设鸡翁有x只，鸡母有y只，鸡雏有z只，根据题意，可以建立两个数学方程式，即$5\times x+3\times y+z/3=100$，$x+y+z=100$。其次，仔细分析这两个方程式，可以发现，$x$的最大值为20，$y$的最大值为33，$z$为$100-x-y$。如果用$x$和$y$作为循环结构的循环控制变量，根据“穷举法”，可以计算出x、y和z的可能组合，也就解决了问题。

根据分析，参考程序代码如下：

```
for x in range(0, 21):
    for y in range(0, 34):
        z = 100 - x - y
        if 5 * x + 3 * y + z / 3 == 100:
            print("鸡翁:{}\t鸡母:{}\t鸡雏:{}".format(x, y, z))
```

程序运行结果如图3-34所示。

```
鸡翁:0  鸡母:25 鸡雏:75
鸡翁:4  鸡母:18 鸡雏:78
鸡翁:8  鸡母:11 鸡雏:81
鸡翁:12 鸡母:4  鸡雏:84
```

图3-34 例3.26程序运行结果

3.6 异常处理

Python编译器在执行程序时，常常出现各种错误提示而影响程序的完整执行或出现错误结果，这些错误可能是语法错误、运行错误或逻辑错误，统称为异常。异常触发后，如果没

视频3-8

异常处理

被处理或捕捉，就会回溯在当前异常处终止程序运行或出现错误结果。因此，须提供一种异常处理机制来增强程序的健壮性与容错性。

3.6.1 异常类

Python程序错误主要分为三类：语法错误、运行错误和逻辑错误。

① 语法错误：是指不遵循Python的语法规则引起的错误，使得程序无法正常编译和执行，是一种较明显和直接的错误。Python编译器能准确指出错误位置并给出提示信息，这类错误便于修改。例如：遗漏了冒号、逗号、括号等符号；关键字拼写错误；缩进不正确等。

② 运行错误：是指程序在语法上是正确的，但在执行时产生错误。例如，被零除；打开的文件不存在；没有定义标识符等。

③ 逻辑错误：又称为语义错误，是指程序的运行结构与预期不符，即错误的运行结果。这种错误较难处理，需要通过分析整个程序结构来纠正。

以上三种错误一经Python检测到，便会发生异常，并给出错误提示。Python使用异常对象来表示异常情况，并提供了常见的异常类。在编写程序时可以直接使用这些异常类，也可以自定义异常。需要强调的是，所有异常都是从基类Exception继承的，而且都在exceptions模块中定义。Python中常见的异常类见表3-1。

表 3-1 Python 中常见的异常类

异常类名	说明	异常类名	说明
Exception	常见异常类的基类	KeyError	字典中不存在此键
AttributeError	该对象无此属性	NameError	未声明 / 初始化对象
EOFError	没有读取数据时，到达文件尾	SyntaxError	语法错误
ImportError	导入模块或对象失败	SystemError	解释器系统错误
IndexError	序列中不存在的索引	TypeError	对无效类型的操作
IndentationError	缩进错误	OverflowError	数值运算溢出
IOError	输入 / 输出操作失败	ValueError	传入无效的参数
KeyboardInterrupt	用户中断执行	ZeroDivisionError	除零

例如，在Python的IDLE交互式方式下输入下列语句，执行后将出现异常。

```
lst = [1, 2, 'a', 'b']
lst[4]     # 执行时报错：IndexError: list index out of range
int("a")   # 执行时报错：ValueError: invalid literal for int() with base 10: 'a'
4/0        # 执行时报错：ZeroDivisionError: division by zero
```

Python提供了丰富的异常类。如果这些异常类不能满足用户需求，还可以自定义异常。自定义异常应该直接或间接地从Exception类继承，其基本语法格式如下：

```
class user_defined(Exception):
    <语句块>
```

其中，user_defined是用户自定义异常类的名称，<语句块>是定义异常的核心语句，用户可根据需要确定语句序列。

3.6.2 异常捕获与处理

在Python中，可以通过三种方式处理程序执行过程中可能出现的异常和错误，即try…except、raise和assert。

1. try…except

Python提供了try…except结构进行异常的捕获与处理，其语法结构如下：

```
try:
    <语句块1>              # 需要检测异常的<语句块1>
except <异常名称1>:
    <语句块2>              # <语句块1>中引发<异常名称1>时执行的<语句块2>
[except <异常名称2>:
    <语句块3>]             # <语句块1>中引发<异常名称2>时执行的<语句块3>
…
[except <异常名称3> as <变量1>: # 用<变量1>定义<异常名称3>并执行<语句块4>
    <语句块4>]
[except <异常名称4> as <变量2>: # 用<变量2>定义<异常名称4>并执行<语句块5>
    <语句块5>]
…
[else:
    <语句块6>]             # 没有异常发生时执行<语句块6>
[finally:
    <语句块7>]             # 不管<语句块1>是否有错误都执行<语句块7>
```

功能： 首先执行<语句块1>，如果执行过程中出现异常，系统将捕获异常并提交给Python解释器。Python解释器根据收到的异常对象，查找该异常对应的except语句块并处理，其余except语句块则直接跳过。然后继续执行try语句块刚产生异常的子句之后的代码。except <异常名称> as <变量>，用来实现用<变量>定义<异常名称>并处理。else语句作用类似于for、while循环结构中的else语句，其执行的前提是前面没有异常发生。finally语句为必须执行的语句，不管是否发生异常。

说明：

① try语句块是必需的，except语句块、else语句块、finally语句块是可选的，当然也可以同时出现。

② try及<语句块1>有且仅有一个，但except语句块可以有多个。

③ 当程序发生不同的异常情况时，会对应特定的异常类型。

④ else语句块只有在没有异常发生的情况下才会被执行。

⑤ finally语句块则不管异常是否发生都会被执行。

【例3.27】 关于整除的异常处理。

分析： 程序的运行异常有多种情况。例如，当输入两个数时，若数据个数不足将出现异常TypeError；如果除数为0则导致异常ZeroDivisionError，等等。

根据分析，参考程序代码如下：

```
try:
    x, y = eval(input("请输入两个整数x,y:"))
    t = x / y
    print(t)
except TypeError:  print("数据类型错误！")
except ZeroDivisionError as re:  print("除数为0！", re)
except: print("异常！")
else: print("结果正确！")
```

运行程序三次。第一次，输入一个值2。第二次，输入两个值1和2。第三次，输入两个值5和0。程序运行结果如图3-35所示。

2. raise

通过try…except结构触发的异常是由Python解释器引发的。在Python中，可以主动引发异常，利用raise语句捕获。语法格式如下：

```
raise [<异常类型>] [<提示信息>]
```

说明： 用 [] 括起来的为可选参数，其作用是指定抛出的异常名称以及异常信息的相关提示。如果可选参数全部省略，则raise会把当前错误原样抛出；如果仅省略<提示信息>，则在抛出异常时，将不附带任何异常提示信息。

【例3.28】对下列程序，分析其执行结果。

```
try:
    x = eval(input())
    y = 50 / x
except Exception as p:
    print("捕获异常！")
    raise ZeroDivisionError("分母不能为0！")
    print("此语句不执行！")
else:
    print("无异常！")
```

运行程序两次。第一次，输入为2时，结果为“无异常！”；第二次，输入为0时，捕获异常，如图3-36所示。

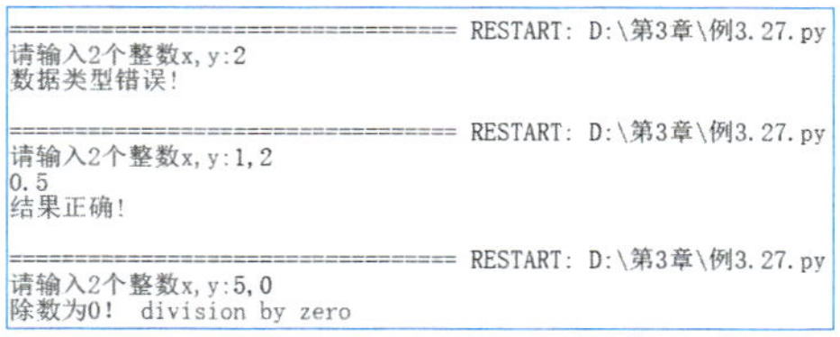

图 3-35　例 3.27 程序运行结果

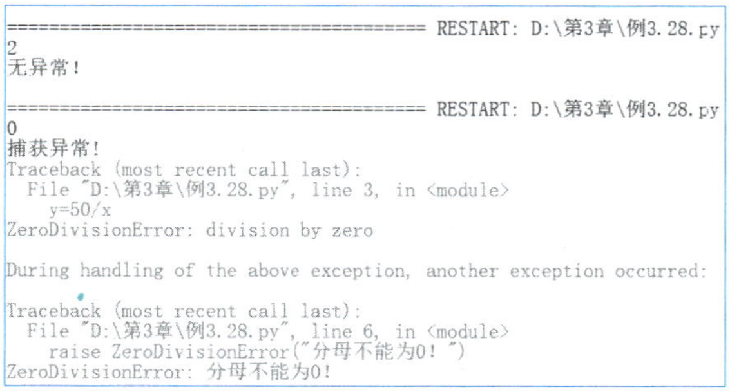

图 3-36　例 3.28 程序运行结果

3. assert

assert（断言）用来断定条件是否成立，如果不成立，给出异常并终止程序运行。其作用是帮助调试程序，以保证程序运行的正确性，语法格式如下：

```
assert <条件表达式> [<,字符串表达式>]
```

说明： assert语句有两参数。第1个参数是<条件表达式>，如果值为True，则什么也不做；如果为False，则断言不通过，抛出一个AssertionError异常。第2个参数是错误描述，即断言失败时输出的信息，可以省略。

【例3.29】对下列程序，分析其执行结果。

```
x, y = eval(input("请输入2个整数x,y:"))
assert y != 0, "除数不能为0！"
```

```
    z = x / y
    print(z)
```

运行程序，当输入数据为2, 1时，结果为2.0；当输入为2, 0时，结果异常。程序运行结果如图3-37所示。

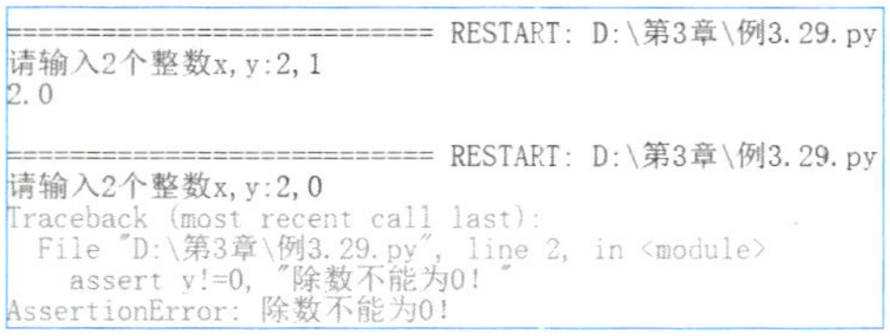

```
========================== RESTART: D:\第3章\例3.29.py
请输入2个整数x,y:2,1
2.0

========================== RESTART: D:\第3章\例3.29.py
请输入2个整数x,y:2,0
Traceback (most recent call last):
  File "D:\第3章\例3.29.py", line 2, in <module>
    assert y!=0, "除数不能为0!"
AssertionError: 除数不能为0!
```

图 3-37　例 3.29 程序运行结果

3.7 应用实例

前面章节分别介绍了Python的数据类型、表达式、内置函数以及程序控制结构。综合运用这些知识，可以用来解决实际应用中出现的各种问题，编写出符合要求的程序代码。当然，熟练掌握与运用程序设计技巧，需要经过长时间的训练与不断实践。

本节将归纳总结在Python程序设计中常遇到的编程问题，起一个抛砖引玉的作用。希望读者能够举一反三，触类旁通，逐步掌握Python的编程方法及技巧。

3.7.1 累加与累乘

累加与累乘的应用是程序设计中解决问题的两种常见手段。因为需要反复进行加法及乘法运算，所以常设计为循环结构。而且，在进行累加或累乘操作时，还会经常遇到整除及取余数的操作。

1. 累加

累加是一种循环操作，表示重复若干次加法运算，通常在循环体中设置一个累加器来实现。首先定义一个变量用来存放和值，例如s，并赋初值0，设x为每次累加的数值，则累加器为：s=s+x或s+=x。可用for循环结构或while循环结构实现循环。累加操作的循环控制条件设计是编程的关键。累加操作通常用于求一系列具有一定规律的数值之和，例如：

① $1+2+3+\cdots+n$

② $1!+3!+5!+\cdots+n!$

③ $1-1/2+1/3-1/4+\cdots$

2. 累乘

累乘也是一种循环操作，表示重复若干次乘法运算，通常在循环体中设置一个累乘器来实现。首先定义一个内存变量用来存放积值，例如p，并赋初值1，设x为每次累乘的数值，则累乘器为：p=p*x或p*=x。可用for循环结构或while循环结构实现循环。累乘操作的循环控制条件设计是编程的关键。累乘操作通常用于求一系列具有一定规律的数值之积，例如：

① $n!$

② $1!\times3!\times5!\times\cdots\times n!$

③ $1\times(-1/2)\times1/3\times(-1/4)\times\cdots$

3. 整除

用来实现判断一个整数能否被另一个整数整除的功能。例如，设m和n是两个整型数值数据，判断m能否被n整除，有以下三种常见的条件判断结构。

```
    if int(m / n) == m / n # 第一种：如果m除以n，商的整数部分与商相等，则m能被n整除
    if m // n == m / n     # 第二种：如果m整除n的结果与商相等，则m能被n整除
```

```
if m % n == 0            # 第三种：如果m除以n，余数为0，则m能被n整除
```

4. 取余数

用来获取一个整数被另一个整数相除后的余数，余数也是一个整数。例如，设m和n是两个整型数值数据，求m除以n的余数，有以下两种常见方法：

```
m % n                    # 第一种：用%实现求余数
m - int(m / n) * n       # 第二种：用被除数减去商的整数部分与除数之积实现求余数，
                           等价于m-(m//n)*n
```

【例3.30】求自然常数e（自然对数的底）的近似值，保留4位小数，其近似公式为：e=1+1/1!+1/2!+1/3!+…+1/*n*!，要求计算到最后一项的值小于10^{-6}为止。

分析：该题既涉及累加运算，又涉及累乘运算，而且循环次数未知。因此，定义两个变量s和p分别用来保存和值及积值，利用while结构实现循环，循环的条件是不小于10^{-6}。在循环时，步长值为1。

根据分析，参考程序代码如下：

```
s, p, n = 1, 1, 1
while 1 / n >= 10e-6:
    p = p * n
    s = s + 1 / p
    n += 1
print("自然常数e的近似值为:{:.4f}".format(s))
```

运行程序，结果为“自然常数e的近似值为：2.7183”。

【例3.31】统计2～500之间的所有素数，以每行10个数输出显示，并计算其个数和总和。

分析：例3.21解决了任意输入一个数，判断是否素数的问题。本例在此基础上增加了获取指定范围内的数的操作。因此，可增加一层循环实现取数，在循环体内进行素数个数统计和累加运算。如果是素数，按要求进行输出显示，以及进行求个数和求和，可以分别放在两个变量r和s中。

根据分析，参考程序代码如下：

```
from math import *
s, r = 0, 0
for n in range(2, 501):
    for k in range(2, int(sqrt(n)) + 1):
        if n % k == 0:
            break
    else:
        if r % 10 == 0: print()
        r += 1
        s += n
        print(n, end = "\t")
print()
print("2~500之间的所有素数个数为:{}".format(r))
print("2~500之间的所有素数之和为:{}".format(s))
```

运行该程序，结果如图3-38所示。

```
================================ RESTART: D:\第3章\例3.31.py ==============

2       3       5       7       11      13      17      19      23      29
31      37      41      43      47      53      59      61      67      71
73      79      83      89      97      101     103     107     109     113
127     131     137     139     149     151     157     163     167     173
179     181     191     193     197     199     211     223     227     229
233     239     241     251     257     263     269     271     277     281
283     293     307     311     313     317     331     337     347     349
353     359     367     373     379     383     389     397     401     409
419     421     431     433     439     443     449     457     461     463
467     479     487     491     499
2~500之间的所有素数个数为:95
2~500之间的所有素数之和为:21536
```

图 3-38　例 3.31 程序运行结果

3.7.2　极值

极值问题用来获取一系列数据中的最大值和最小值。Python的内置函数max()和min()可获取序列（如列表、元组、集合等）数据中的最大值与最小值，前提是序列中的数据类型必须相同。

这里介绍的是用来求解极值的常规方法。其算法一般为：假定其中一个数据（通常是第一个数据）作为最大值或最小值，然后和其余数据比较，并将找到的较大或较小数据重新替换为最大值或最小值，直到比较完所有数据为止。

【例3.32】任意输入n（n≥2）个实数，求其最大值和最小值，并计算该n个数的总和及平均值，结果保留2位小数。

分析：可以先将输入的第一个实数作为最大值和最小值，然后设计一个循环结构，输入其余数据，分别和暂存最大值和最小值的变量进行比较，看是否替代该变量的值，同时进行累加求和。最后再求平均值，并输出各类结果。

根据分析，参考程序代码如下：

```
n = int(input("请确定输入数据的个数n(n>=2):"))
x = float(input("请输入第1个实数:"))
m_max = m_min = x
s, i = x, 0
for i in range(2, n + 1):
    x = float(input("请输入第{}个实数:".format(i)))
    s += x
    i += 1
    if m_max < x:  m_max = x
    if m_min > x:  m_min = x
print("\n这{}个实数的最大值为:{}".format(n, m_max))
print("这{}个实数的最小值为:{}".format(n, m_min))
print("这{}个实数的和值为:{:.2f}".format(n, s))
print("这{}个实数的平均值为:{:.2f}".format(n, s / n))
```

运行程序，如果确定输入实数的个数为5，结果如图3-39所示。

```
请确定输入数据的个数n(n>=2):5
请输入第1个实数:3
请输入第2个实数:-2.3
请输入第3个实数:6.1
请输入第4个实数:2.3
请输入第5个实数:5.3

这5个实数的最大值为:6.1
这5个实数的最小值为:-2.3
这5个实数的和值为:14.40
这5个实数的平均值为:2.88
```

图 3-39　例 3.32 程序运行结果

3.7.3　枚举法

枚举法又称穷举法，此算法将所有可能出现的情况都进行运算，从中找出符合条件的结果。解决这类问题的关键是分析相应变量的取值范围，然后依靠循环结构实现穷举。

【例3.33】已知一元以下的硬币中有一分、二分、五分三种面值，实现将一元兑换成硬币的所有兑换方法，要求每种硬币至少10枚。

分析：假设一分的硬币有 i 枚，二分的有 j 枚，五分的有 k 枚，可以得到如下两个等式：$i+j+k=100$，$i+2j+5k=100$。因为每种硬币至少10枚，可以得出 i 的取值范围[10, 30]，j 的取值范围[10, 20]，k 的取值范围[10, 14]。可以利用三重循环结构穷举实现取各种范围的值，如果满足 $i+2j+5k=100$，可得到对应的组合。

根据分析，参考程序代码如下：

```
count = 0
for i in range(10, 31):
    for j in range(10, 21):
        for k in range(10, 15):
            if i + 2 * j + 5 * k == 100:
                count = count + 1
                print("一分:{}枚\t二分:{}枚\t五分:{}枚".format(i, j, k))
print("共{}种组合方法!".format(count))
```

运行程序，一分、二分、五分三种面值的组合方法共有29种。

3.7.4 二维图形

这里的二维图形是指由简单符号（字母、数字、特殊符号等）作为基元构成的多行多列的图形。在生成这类图形时，可利用循环结构嵌套形式来实现。一般情况下，采用双重循环嵌套形式，外循环用来控制行数，内循环用来控制每行的基元个数，通过换行实现多行输出。

【例3.34】打印输出如图3-40所示的图形。

```
 A A A A A
  B B B B
   C C C
    D D
     E
```

图 3-40　例 3.34 输出图形

分析：该图形为多行多列的字母构成，行数为5行，各行字母个数正好倒过来，从5到1，而且各行字母对应上一行的空白处。可采用双重循环结构来控制，其中，外循环用来控制行数，内循环用来控制每行中的基元个数。本例的基元是由一个空格加字母组成。字母的转换可用函数chr(64+i)来实现，i对应行号。每行的基元个数与行数的关系为6–i。每行输出完毕，换行到下一行继续输出。每行的第一个基元前会产生若干个空格，并随着行数的增加，空格数在增加，增加的空格数与行数相等。因此，可用另外一个内循环结构来控制空格数。

根据分析，参考程序代码如下：

```
for i in range(1, 6):
    for j in range(0, i):
        print(" ", end = "")
    for k in range(1, 7 - i):
        ch = chr(64 + i)
        print(" {}".format(ch), end = "")
    print()
```

3.7.5 递推与迭代

递推是从初值出发反复进行某一运算得到所需结果。迭代是不断对前一旧值运算得到新值直到达到精度。迭代是一个不断反复的过程，直到最终收敛，收敛的条件一般是第 $n+1$ 个值和第 n 个值的差小于设定值。而递推一般没有收敛条件的考虑，很多情况是根据关系式不断推出新值的过程。例3.16中的斐波那契数列（Fibonacci sequence）公式：$F(0)=1$，$F(1)=1$，$F(n)=F(n-1)+F(n-2)$（$n\geqslant 2$，$n\in \mathbf{N}^*$）就是一个典型的递推公式。接下来举例说明递推与迭代相关的编程应用。

【例3.35】求三角数列1, 3, 6, 10, 15, …，第n项（$n\geqslant 2$）的值。n由键盘输入，并返回前n项的和值及平均值，结果保留2位小数。

分析：三角数列有一定的规律，从第二项起，每一项的值为前一项和当前位置数之和。在数学上，这一数列可以定义为：$F(1)=1$，$F(n)=F(n-1)+n$（$n\geqslant 2$，$n\in \mathbf{N}^*$）。定义两个变量，分别用来保存初值及和值。利用递推公式可求出后续元素的值以及进行累加运算。最后根据和值求出平均值。

根据分析，参考程序代码如下：

```
n = int(input("请输入n(n>=2):"))
f1, s = 1, 1
for i in range(2, n + 1):
    f2 = f1 + i
    s += f2
    f1 = f2
print("第{}项的值为:{}".format(n, f2))
print("前{}项的和值为:{}".format(n, s))
print("前{}项的平均值为:{:.2f}".format(n, s / n))
```

运行程序，共运行两次。当输入的n值分别为3和50，结果如图3-41所示。

【例3.36】求任意一个正数的平方根，保留4位小数。

分析：求平方根是一个典型的迭代运用，通常采用“牛顿迭代法”。假设求a的平方根，首先设一个初值$x_0=a/2$，然后根据迭代公式$x_n=(x_{n-1}+a/x_{n-1})/2$，算出$x_1$，再将$x_1$代入公式的右边算出$x_2$。反复迭代，直到算出的$x_n$和$x_{n-1}$差的绝对值小于某个值（一般设为$10^{-6}$），即认为找到了精确的平方根。

根据分析，参考程序代码如下：

```
a = float(input("请输入一个实数a(a>0):"))
x0 = a / 2
x1 = (x0 + a / x0) / 2
while abs(x1 - x0) > 1e-6:
    x0 = x1
    x1 = (x0 + a / x0) / 2
print("实数{}的平方根为:{:.4f}".format(a, x0))
```

运行程序，共运行两次。当输入的数据分别为2和11.5时，结果如图3-42所示。

```
========================== RESTART: D:\第3章\例3.35.py
请输入n(n>=2):3
第3项的值为:6
前3项的和值为:10
前3项的平均值为:3.33

========================== RESTART: D:\第3章\例3.35.py
请输入n(n>=2):50
第50项的值为:1275
前50项的和值为:22100
前50项的平均值为:442.00
```

图3-41　例3.35程序运行结果

```
========================== RESTART: D:\第3章\例3.36.py
请输入一个实数a(a>0):2
实数2.0的平方根为:1.4142

========================== RESTART: D:\第3章\例3.36.py
请输入一个实数a(a>0):11.5
实数11.5的平方根为:3.3912
```

图3-42　例3.36程序运行结果

PDF

中国古代数学之美

拓展知识——中国古代数学之美

在学习本章Python的程序控制结构知识中，有很多数学问题，其中也有部分是中国古代数学问题，例如百鸡问题、圆周率、九九乘法表等。这些数学知识，如同造纸、火药、指南针、印刷术四大发明一样，是中华民族传统文化的重要组成部分，也是中华民族对世界文明的重大贡献，是一份值得传承的宝贵财富。

让我们扫描侧边栏中的二维码，一起来领略中国古代数学之美吧！

习　　题

一、选择题

1. 在结构化程序设计中，下列关于算法特点的描述，不正确的是（　　）。
   A. 有一个或多个输出　　B. 只有一个输入
   C. 有效性　　D. 确定性
2. 关于Python语言的描述，下列选项中，正确的是（　　）。
   A. 条件 10<=12<23 是合法的，输出 True
   B. 条件 10<=12<23 是合法的，输出 False
   C. 条件 10<=12<23 是不合法的
   D. 条件 10<=12<23 是不合法的，抛出异常
3. 在Python中，下列关于程序控制结构的描述，错误的是（　　）。
   A. Python的单分支结构里，包含else语句
   B. Python的多分支结构，既可能包含else语句块，又可能包含elif语句块
   C. 使用range(1, 10)函数，指定语句块的循环次数是9次
   D. Python的for循环结构是对遍历对象中的各元素进行处理
4. 关于Python中的循环结构，以下选项中，描述错误的是（　　）。
   A. break用来提前终止本层for或者while循环结构
   B. continue语句用来提前终止当前层次的循环结构
   C. 遍历循环中的结构可以是字符串、组合数据类型和range()函数等
   D. 通过for、while等保留字提供遍历循环和无限循环结构
5. 在Python中，关于下列代码的说法，以下选项中，正确的是（　　）。

```
for i in range(5):
    for j in range(5):
        print("*", end = "")
print()
```

   A. 语句print("*", end="")总共会运行25次
   B. 语句print()总共会运行25次
   C. 语句print("*", end="")总共会运行10次
   D. 因为print()没有打印任何东西，所以可以省略，运行结果不会发生任何改变
6. 给出如下代码：

```
b = 3
```

```
while b > 0:
    b -= 1
    print(b, end = " ")
```

以下选项中，描述错误的是（ ）。

A. b-=1 等价于b=b–1
B. 若将b>0修改为b<0，程序将进入死循环
C. 使用while保留字可创建无限循环
D. 输出内容为2 1 0

7. 有以下程序段：

```
k = p = 0
while p != 100 and k < 3:
    p = int(input())
    k += 1
```

while循环结束的条件是（ ）。

A. p值不等于100并且k的值小于3
B. p值等于100并且k的值大于等于3
C. p值不等于100或k的值小于3
D. p值等于100或k的值大于等于3

8. 执行下列程序，若运行结果是：冰墩墩冰墩墩雪容融，那么横线处应填写的正确语句是（ ）。

```
for i in range(______, 4):
    print("冰墩墩", end = "")
print("雪容融")
```

A. 0
B. 1
C. 2
D. 3

9. 执行下列代码，输出结果是（ ）。

```
for x in range(1, 6):
    if x % 3 == 0:
        break
    else:
        print(x, end = ",")
```

A. 1,2,3,
B. 1,2,3,4,5,6
C. 1,2,
D. 1,2,3,4,5,

10. 关于Python异常处理try语句块的说法，以下选项中，不正确的是（ ）。

A. try必须与except或finally块一起使用
B. try语句块后可以接一个或多个except块
C. try语句块后可以接一个或多个finally块
D. finally语句块中的代码始终要被执行

二、程序改错题

下列各题，每题的程序代码中各有两处错误。请根据题目描述，将错误代码改正过来，使程序能够正确执行。

1. 输入一个三位正整数，输出数位中最大的数字。

```
n = int(input("请输入一个三位数:"))
g = n // 10
s = n // 10 % 10
b = n // 100
print(min(g, s, b))
```

2. 女儿今年12岁，父亲比女儿大30岁，试计算多少年后父亲年龄是女儿的两倍，那时他们的年龄各是多少？

```
i = 0
daughter = 12
father = 30
while father <= 2 * daughter:
    daughter += 1
    father += 1
    i += 1
print("Year,father,daughter", i, father, daughter)
```

3. 输出1～N之间的所有奇数的阶乘之和，$N \leqslant 20$且为整数，从键盘输入。即求：1!+3!+5!+ …。

```
n = input("请输入一个正整数：")
s = 0
for i in range(1, n, 2):
    p = 1
    for j in range(1, i)
        p *= j
    s += p
print(s)
```

三、程序填空题

下列各题，每题的程序代码中各有两处空格。请根据题目描述，将空格处的代码补充完整，使程序能够正确执行。

1. 求两个正整数的最大公约数。

```
print("输入2个正整数m,n:")
m, n = eval(input())
if m____(1)____
    a, b = max(m, n), min(m, n)
    while b:
        a, b = ____(2)____
    gys = a
    print("最大公约数:", gys)
else:
    print("输入的数据不对!")
```

2. 输入三角形三条边的长度。如果三条边可以组成三角形，计算出它的面积，否则给出提示信息“非三角形，重新输入!”，让用户重新输入数据。计算面积时采用海伦公式，结果保留两位小数。

```
while True:
    print("输入三角形三边的长a,b,c:")
    a, b, c = eval(input())
    if a + b > c and b + c > a and c + a > b:
        p = (a + ____(1)____
        s = (p * (p - a) ____(2)____
        print(f"面积为{round(s, 2)}")
        break
    else:
        print("非三角形，重新输入!")
```

3. 输入一个正整数，求其质因子，输出的质因子间隔两个空格。

```
print("输入一个正整数:")
n = int(input())
print("该数的质因子有:")
for i in range(2, n + 1):
    while n != i:
        if ____(1)____
            print(i, end = " ")
            n /= i
        else:
            ____(2)____
print(int(n))
```

四、编程题

1. 有 $\pi/4=1-1/3+1/5-1/7+\cdots$，求 π 的近似值，直到某项的绝对值小于 10^{-6} 为止。

2. 求 S=1−1/3!+1/5!−1/7!+⋯+(−1)^(n−1)/(2×n−1)! ($n \geqslant 1$)，n 从键盘输入。

3. 从键盘输入 n 个实数，求最大数与最小数之和。

4. 求2～500之间所有素数的和，结果保存在变量 s 中。

5. 从键盘输入一个由数字构成的数据，例如输入的数据为252634186，分别求：

① 其中包含的数字4的个数；

② 奇数与偶数的个数；

③ 奇数与偶数之和。

6. 求2000年～3000年之间的所有闰年年份，每行打印5个，以“\t”间隔。

7. 求解经典的“百马百担”问题，有一百匹马，驮一百担货，大马驮三担，中马驮两担，两只小马驮一担，问大、中、小马各几匹？

8. 求100～999之间的所有水仙花数。

9. 打印输出如图3-42所示的九九乘法表：

```
1) 1
2) 2 4
3) 3 6 9
4) 4 8 12 16
5) 5 10 15 20 25
6) 6 12 18 24 30 36
7) 7 14 21 28 35 42 49
8) 8 16 24 32 40 48 56 64
9) 9 18 27 36 45 54 63 72 81
```

图 3-42 输出九九乘法表

10. 打印输出如图3-43所示的图形。

```
*********          A
 *******          BBB
  *****          CCCCC
   ***          DDDDDDD
    *          EEEEEEEEE
```

图 3-43 输出倒三角图形和正三角图形

第 4 章 序列与计算

序列数据类型是Python的高级数据结构，属于容器类结构，可以包含0个、1个或多个元素，用于存储大量数据。

本章主要介绍五种序列数据类型：字符串（str）、列表（list）、元组（tuple）、字典（dict）和集合（set），主要内容包括序列（序列概述、序列共性操作、序列内置函数）、字符串（字符串创建、字符串操作与计算、字符串格式化）、列表（列表创建、列表操作与计算、列表推导式）、元组（元组创建、元组操作与计算、元组生成器推导式）、字典（字典创建、字典操作与计算、字典推导式）、集合（集合创建、集合操作与计算、集合推导式）和正则表达式（基本语法、运算符优先级、re 模块）等内容。

学习目标

知识目标：

◎理解和掌握序列分类、序列共性操作和序列内置函数；

◎掌握字符串、列表、元组、字典和集合的创建、操作与计算方法；

◎掌握字符串格式化方法；

◎理解和掌握使用列表、字典与集合推导式和元组生成器推导式的方法；

◎理解和掌握正则表达式基本语法、运算符优先级和 re 模块。

技能目标：

◎能够灵活运用序列数据类型处理数据信息；

◎能够结合控制结构与序列数据类型开发与设计 Python 应用程序；

◎具备一定的程序优化技能。

素质目标：

◎提高使用序列数据类型解决问题的能力，培养善于观察、勤于思考的习惯，提高解决问题的分析与归纳能力，树立解决问题的工程化思想；

◎传承中华优秀传统文化，增强文化自信。

知识导图

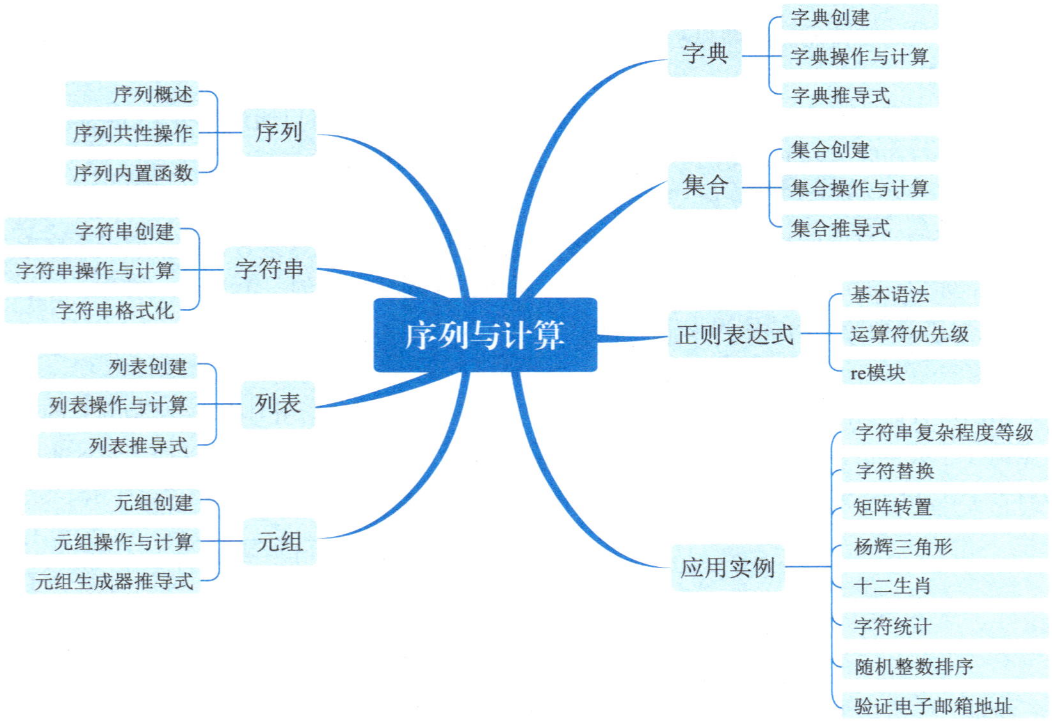

4.1 序　列

视频4-1
序列概述与共性操作

在第2章已对字符串、列表、元组、字典和集合有了初步认识。本节首先从分类的角度概述序列，然后重点介绍序列共性操作和序列内置函数。

4.1.1 序列的分类

1. 根据序列的元素是否有序分类

根据序列的元素是否有序，可以将序列分为有序序列和无序序列。列表、元组和字符串属于有序序列，字典和集合属于无序序列。有序序列的元素可以按照一定的顺序进行访问和操作，而无序序列的元素没有固定的顺序，不能通过索引来访问和操作。

2. 根据序列是否可以被修改分类

根据序列是否可以被修改，可以将序列分为可变序列和不可变序列。列表和字典属于可变序列，元组和字符串属于不可变序列。集合可分为可变集合和不可变集合。另外，对于元组数据类型，如果元组中包含列表、字典等可变序列，那么这部分的元素可以修改。

根据以上所述，序列的分类如图4-1所示，这里的集合指的是可变集合。

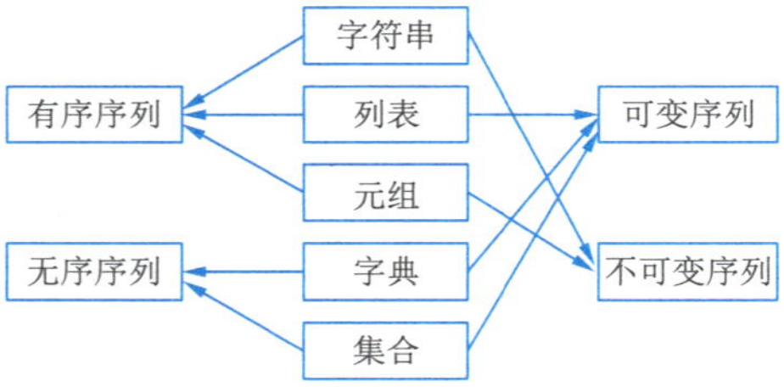

图 4-1　序列的分类

4.1.2　序列共性操作

Python 为序列提供了一些共性操作。有序序列支持索引、切片、重复、连接和比较等操作，所有序列均支持成员运算和遍历操作。

1. 索引

Python 支持字符串、列表和元组等有序序列中每个元素都可以通过索引（index），也称为下标，进行访问。Python 使用一对方括号“[]”表示索引，其语法格式如下：

```
序列名[index]
```

另外，序列可以嵌套，也支持使用索引对嵌套的序列中的元素进行访问。假设有序序列 seqa 中下标为 i 的元素是有序序列 seqb，这时 seqb 是序列 seqa 中的一个元素。则对 seqb 中下标为 j 的元素进行访问的索引可以表示为：

```
seqa[i][j]
```

索引可分为正向索引和反向索引。正向索引中第 1 个元素的索引号为 0，其他元素的索引号是前一个元素的索引号增 1；反向索引中最后一个元素的索引号为 -1，其他元素的索引号是后一个元素的索引号减 1。包含 n 个元素的序列的正向索引和反向索引如图 4-2 所示。

	元素1	元素2	元素3	…	元素(n−1)	元素n
正向索引	0	1	2	…	n−2	n−1
反向索引	−n	−(n−1)	−(n−2)	…	−2	−1

图 4-2　序列的正向索引和反向索引

例如，字符串 'Hello World' 的正向索引和反向索引如图 4-3 所示。

	H	e	l	l	o		W	o	r	l	d
正向索引	0	1	2	3	4	5	6	7	8	9	10
反向索引	−11	−10	−9	−8	−7	−6	−5	−4	−3	−2	−1

图 4-3　字符串 'Hello World' 的正向索引和反向索引

使用索引访问序列的元素时，如果索引不在正确范围内（称为越界），程序会抛出异常。例如：

```
>>> lista = ['apple', 'orange', 'grape']     # 创建一个包含三个字符串的列表
>>> lista[0]                                 # 访问列表的第一个元素
'apple'
>>> lista[0][0]                              # 访问列表的第一个元素中的第一个元素
'a'
>>> lista[4]                                 # 索引越界，抛出异常
IndexError: list index out of range
>>> tupa = (1, 2, 3, 4, 5, 6, 7)             # 创建包含七个整数型元素的元组
>>> tupa[-2]                                 # 访问元组的倒数第二个元素
6
>>> stra = '路漫漫其修远兮，吾将上下而求索' # 创建一个字符串
>>> stra[0]                                  # 使用正向索引访问字符串的第一个元素
'路'
>>> stra[-2]                                 # 使用反向索引访问字符串的倒数第二个元素
'求'
```

字典和集合属于无序序列，不支持使用序号的索引操作。访问字典的元素时，以“键”为下标可以访问与“键”对应的值。如果以序号为索引访问字典和集合则会抛出异常。

```
>>> dicta = {'子':'鼠', '丑':'牛'}  # 创建包含两个元素的字典
>>> dicta[1]                        # 使用索引访问字典元素时抛出异常
KeyError: 1
>>> dicta['丑']                     # 使用字典的键访问元素
'牛'
>>> seta = {1, 2, 3}                # 创建一个集合
>>> seta[1]                         # 使用索引访问字典时，抛出异常
TypeError: 'set' object is not subscriptable
```

利用索引和赋值语句可以修改可变序列（如列表）的元素，但不可以修改不可变序列（如元组和字符串）的元素。但是，如果元组中包含列表、字典等可变序列，那么这部分的元素可以修改。

```
>>> lista = ['apple', 'orange', 'grape']
>>> lista[2] = 'peach'
>>> lista
['apple', 'orange', 'peach']
>>> stra = 'Hello World'
>>> stra[-5] = 'w'                  # 修改倒数第五个字符出错
TypeError: 'str' object does not support item assignment
>>> tupa = ([1, 2, 3], 4, 5)
>>> tupa[0][1] = 6                  # 修改元组中的可变序列的元素
>>> tupa
([1, 6, 3], 4, 5)
```

2. 切片

通过索引可以访问有序序列的某一元素，如果想要访问有序序列的多个元素可以使用切片。切片操作不改变原序列，这是它的最大特点。与索引相同，切片也支持从正向和反向访问序列。切片的语法格式如下：

```
序列名[start:end:step]
```

参数说明：

参数start和end：是序列元素的索引号；参数start表示切片开始位置，默认值为0，此时可以省略；参数end表示切片截止位置，需要注意的是访问的元素不包含end位置上的元素，end默认为序列长度，此时可以省略；参数start、end和step都是整数型数值；

参数step：表示切片的步长，默认值为1，此时可以省略，同时可以省略最后一个冒号；当step为负整数时，表示反向切片，这时start表示的位置应位于end表示的位置的右侧，例如，反向切片str3[–3:–5:–1]中，索引号–3位于索引号–5的右侧。

例如：

```
>>> stra = 'Believe in yourself.'
>>> stra[:7]            # 返回stra的第0个至第七个（不包含第七个）元素，步长为1
'Believe'
>>> stra                # 切片操作不改变原字符串内容
'Believe in yourself.'
>>> strb = "浙江省嘉兴市是红船精神的发源地"
```

```
>>> print(strb[7:11])                    # step参数取默认值1
红船精神
>>> strc = "人与自然和谐共生的美丽中国"
>>> strc[-4::]           # 反向索引，end参数取默认值-1，step参数取默认值1
'美丽中国'
>>> strc[-4:]            # 省略第二个和第三个参数时，可以只用一个“:”
'美丽中国'
>>> strc[-3:-5:-1]                       # 反向切片
'丽美'
```

与使用索引作为下标访问序列元素的方法不同，切片操作不会因为下标越界而出错，而是简单地在序列尾部截断或者返回一个空序列。例如：

```
>>> lista = [1, 2, 3]
>>> lista[1:5]           # start参数大于lista的最大索引号，序列从尾部截断
[2, 3]
```

与索引的使用类似，利用切片和赋值语句也可以修改可变序列的元素，但不可以修改不可变序列的元素。

```
>>> lista = [1, 2, 3, 4, 5]
>>> lista[1:3] = [7, 8]                  # 切片长度与给定序列的元素个数相同
>>> lista
[1, 7, 8, 4, 5]
>>> lista[1:3] = [9, 10, 11]             # 切片长度小于给定序列的元素个数
>>> lista
[1, 9, 10, 11, 4, 5]
>>> lista[1:3] = 12                      # 赋值语句右侧应为可迭代对象，否则会报错
TypeError: can only assign an iterable
>>> lista[1:3] = [12]                    # 切片长度大于给定序列的元素个数
>>> lista
[1, 12, 11, 4, 5]
>>> tupa = ('陶瓷', '剪纸', '花灯')
>>> tupa[::-1]                           # 使用切片实现序列逆序
('花灯', '剪纸', '陶瓷')
```

3. 重复

Python支持字符串、列表和元组等有序序列与整数的乘法（*）运算，表示序列重复，返回一个新的序列，不改变原序列，其语法格式如下：

```
序列名 * n
```

或

```
n * 序列名
```

其中，n为整数，表示复制的次数。例如：

```
>>> stra = 'abc123'
>>> stra * 3                             # 将字符串stra复制3次，返回新字符串
'abc123abc123abc123'
>>> stra
'abc123'                                 # 重复操作不改变原来的字符串
```

```
>>> lista = [1, 2, 3]
>>> 2 * lista                          # 将列表lista复制2次，返回新列表
[1, 2, 3, 1, 2, 3]
>>> lista                              # 重复操作不改变原来的列表
[1, 2, 3]
>>> {1, 2, 3} * 2                      # 集合不支持重复操作
TypeError: unsupported operand type(s) for *: 'set' and 'int'
>>> {'语文':95, '数学':100} * 2        # 字典不支持重复操作
TypeError: unsupported operand type(s) for *: 'dict' and 'int'
```

4. 连接

Python支持使用“+”运算符连接两个同类型的有序序列，返回一个新的序列，不改变原序列，其语法格式如下：

```
序列a + 序列b
```

例如：

```
>>> stra = '绿水'
>>> strb = '青山'
>>> stra + strb                        # 连接两个字符串
'绿水青山'
>>> print(stra, strb, sep = '\t', end = '#')      # 输出stra和strb
绿水	青山#
>>> ['Python'] + '程序设计'            # 不支持不同类型的序列连接
TypeError: can only concatenate list (not "str") to list
```

注意：

连接运算如果涉及大量数据的复制，效率会非常低，因此，连接运算不适合大量的长的有序序列的连接。

5. 成员运算

可以使用成员运算符（in和not in）来判断序列中是否存在/不存在与某个对象相等的元素，返回True或False。如果是对字典进行成员运算，是判断字典是否存在/不存在某个键。其语法格式如下：

```
对象 in 序列名
```

和

```
对象 not in 序列名
```

例如：

```
>>> stra = '德'
>>> strb = '国无德不兴，人无德不立'
>>> stra in strb               # 判断strb中是否有与stra相等的元素
True
>>> 'He' in 'Hello World!'     # 判断'Hello World!'中是否有与'He'相等的元素
True
>>> 'C' in 'Python is a language.'  # 不存在时，返回False
False
>>> 2 in [1, 2, 3, 4, 5]             # 列表与in运算
True
>>> dicta={'子':'鼠', '丑':'牛'}     # 字典与in运算
>>> '子' in dicta
True
```

```
>>> 'Visual Foxpro' in {'Python', 'Java'}          # 集合与in运算
False
>>> 'Visual Foxpro' not in {'Python', 'Java'}      # 集合与not in运算
True
```

6. 比较

在Python中，两个具有相同数据类型元素的有序序列可以通过关系运算符（>、<、>=、<=、==、!=）进行比较。比较方法如下：

① 自左向右，逐个元素进行比较；

② 数值型元素按照数值的大小进行比较；

③ 字符串类型元素，按照字符的Unicode码的值决定大小；

④ 当一个序列与另一个序列中前面部分子序列相等时，长度长的序列为大。

如果待比较的两个有序序列包含的数据类型不同，则：

① 只要元素之间可以进行关系运算符的操作，就可以对这两个序列进行比较；

② 如果两个序列的元素数据类型不能比较大小，则仅支持“==”和“!=”运算，不支持其他关系运算。

例如：

```
>>> 'abcd' > 'abed'              # 字符串类型按照Unicode码比较大小
False
>>> 'abc' > 'ab' # 序列'ab'与序列'abc'前部分元素组成的子序列相等，长度长的序列大
True
>>> 'abcd' <= 'abcd'             # 序列相等的情况
True
>>> '语' < '言'                  # 中文组成的字符串的比较
False
>>> lista = [1, 2, 3]
>>> listb = [1.0, 2.0, 3.0]
>>> lista == listb               # 包含可比较的不同数据类型元素的序列进行比较
True
>>> listc = [2, 3]
>>> lista < listc                # 数值型元素按照数值的大小进行比较
True
>>> listd = ['a', 'b', 'c']
>>> lista != listd               # 数值型元素与字符串类型元素不相等
True
>>> lista < listd                # 数值型元素与字符串类型元素不可以比较大小
TypeError: '<' not supported between instances of 'int' and 'str'
```

7. 遍历

序列中的元素可以通过for循环语句进行遍历，依次访问其中的每一个元素，称为迭代。能够进行迭代的对象，称为可迭代对象，所以序列都是可迭代对象。

例如：

```
>>> stra = 'Spring Festival'           # 创建字符串
>>> for i in stra:                     # 遍历字符串元素
```

```
        print(i, end = '**')

S**p**r**i**n**g** **F**e**s**t**i**v**a**l**
>>> lista = ['造纸术', '指南针', '火药', '印刷术']          # 创建列表
>>> for i in lista:                                          # 遍历列表元素
        print(i, end = ' ')

造纸术 指南针 火药 印刷术
>>> tupa = ('《大学》', '《中庸》', '《论语》', '《孟子》')  # 创建元组
>>> for i in tupa:                                           # 遍历元组元素
        print(i)

《大学》
《中庸》
《论语》
《孟子》
>>> dicta = {'春季':['立春', '雨水', '惊蛰', '春分', '清明', '谷雨'], '夏季':['立夏', '小满', '芒种', '夏至', '小暑', '大暑'], '秋季':['立秋', '处暑', '白露', '秋分', '寒露', '霜降'], '冬季':['立冬', '小雪', '大雪', '冬至', '小寒', '大寒']}     # 创建字典
>>> for i in dicta:                                          # 遍历字典元素
        print(i)

春季
夏季
秋季
冬季
>>> seta = {1, 5, 2}                                         # 创建集合
>>> for j in seta:                                           # 遍历集合元素
        print(j)

1
2
5
```

4.1.3　序列内置函数

视频4-2

序列内置函数

Python 提供了一些对序列进行计算的内置函数，常用的见表4-1。

表 4-1　序列内置函数

函　　数	功 能 说 明
dict(seq)	将序列 seq 转换成字典，并返回该字典
enumerate(seq[, start])	返回一个元组迭代器，该迭代器的元素是由 seq 中元素的索引和值组成的元组，通过可选参数 start 可以指定索引的起始值，默认为 0
len(seq)	返回序列 seq 中元素的个数
list(seq)	将序列 seq 转换成列表，并返回该列表
max(seq[, key][, default]))	返回序列 seq 中最大的元素，通过可选参数 key 指定计算规则，通过可选参数 default 指定结果为空时的返回值
min(seq[, key][, default]))	返回序列 seq 中最小的元素，通过可选参数 key 指定计算规则，通过可选参数 default 指定结果为空时的返回值

续表

函　　数	功 能 说 明
reversed(seq)	返回一个反向迭代序列的迭代器
set(seq)	将序列 seq 转换成集合，并返回该集合
sorted(seq[, key][, reverse])	对序列 seq 中的元素进行排序并返回排序后的列表，通过可选参数 key 指定元素比较规则，通过可选参数 reverse 指定排序方式，默认为升序排序
str(seq)	将序列 seq 转换成字符串，并返回该字符串
sum(seq[, start])	返回序列 seq 中各元素以及可选参数 start 的和，参数 start 的默认值为 0
tuple(seq)	将序列 seq 转换成元组，并返回该元组
zip(seqa[, seqb][...])	返回一个元组迭代器，每个元组包含参数序列中的相应项

下面按功能分类介绍部分函数的使用方法。

1. 类型转换函数

函数 str()、list()、tuple()、dict() 和 set() 分别将可迭代对象转换成字符串、列表、元组、字典和集合。例如：

```
>>> stra = '北国风光，千里冰封，万里雪飘。'
>>> list(stra)                                    # 将字符串转换成列表
['北', '国', '风', '光', '，', '千', '里', '冰', '封', '，', '万', '里
', '雪', '飘', '。']
>>> lista = ['锦', '绣', '江', '山']
>>> str(lista)                                    # 将列表转换成字符串
"['锦', '绣', '江', '山']"
>>> tuple(lista)                                  # 将列表转换成元组
('锦', '绣', '江', '山')
>>> set(lista)                                    # 将列表转换成集合
{'绣', '山', '锦', '江'}
```

注意：字典的元素为键值对，使用 dict() 函数进行类型转换时，待转换对象的元素应存在映射关系。下面举例说明。

```
>>> dicta = dict([('张三', 95), ('李四', 90), ('钱五', 92)])
                          # 列表元素是具有映射关系的元组
>>> dicta
{'张三':95, '李四':90, '钱五':92}
>>> dictb = dict((('张三', 95), ('李四', 90), ('钱五', 92)))
                          # 元组元素是具有映射关系的元组
>>> dictb
{'张三':95, '李四':90, '钱五':92}
>>> lista = ['锦', '绣', '江', '山']
>>> dict(lista)           # 列表元素不具有映射关系，程序抛出异常
ValueError: dictionary update sequence element #0 has length 1; 2 is required
```

2. 序列计算函数

Python 的内置函数提供了序列长度计算、最值、求和、排序、枚举、元组生成迭代器等功能。

（1）长度计算

len() 函数返回指定对象的长度，即序列包含的元素个数。例如：

```
>>> len('千门万户曈曈日，总把新桃换旧符')        # 求字符串的长度
15
>>> len({'子':'鼠', '丑':'牛'})              # 求字典的长度
2
>>> len([1, 2, [3, 4]])        # 求列表的长度，列表作为列表中的元素时，是一个元素
3
```

（2）最值与求和

函数max(seq[, key][, default])、min(seq[, key][, default])和sum(seq[, start])分别用于计算有限个元素的可迭代对象中所有元素最大值、最小值以及所有元素之和。函数max()和min()要求序列元素之间可比较大小；函数sum()要求序列的元素为数值型，可选参数start的默认值为0。

对于不同类型的序列，计算最值的依据不同。对于数值型元素按照数值的大小计算最值及和；对于字符串类型，是按字符的Unicode值计算最值；对于字典类型，是计算键的最值及和。例如：

```
>>> max([1, 2, 3])                          # 求列表的数值型元素的最大值
3
>>> min((1, 2, 3))                          # 求元组的数值型元素的最小值
1
>>> sum([1, 2, 3])                          # 求列表的数值型元素的和
6
>>> sum([1, 2, 3], 5)                       # 求序列各元素及数值5的和
11
>>> max('Python')                           # 求字符串中元素的最大值
'y'
>>> sum('Python')                           # 字符串类型不支持sum()函数
TypeError: unsupported operand type(s) for +: 'int' and 'str'
```

函数max()和min()的default参数用来指定序列为空时，默认返回的最大值或最小值；key参数用来指定比较大小的依据或规则，可以是函数名或lambda表达式（lambda表达式的内容参见第5章）。例如：

```
>>> max(['Python', 'Computer'])             # 按照字符串的比较规则求最值
'Python'
>>> max(['Python', 'Computer'], key = len)  # 按照字符串的长度求最值
'Computer'
>>> print(min([], default = None))          # 指定最小值为空时，返回None
None
```

（3）排序

sorted(seq[, key][, reverse])函数和reversed(seq)函数是Python提供的两个常用排序函数，分别实现按大小排序和对序列逆序（翻转）排序。下面对这两个函数进行详细介绍。

sorted(seq[, key][, reverse])函数对序列seq进行排序并返回新列表，原序列seq不变。通过可选参数key设置排序的依据或规则，通过可选参数reverse设置排序的方式（升序或降序），默认为升序排序。特别地，对于字符串类型，是按字符的Unicode值进行排序；对于字典类型，根据键的值进行排序。例如：

```
>>> lista = [5, 7, 3, 2, 6]
>>> sorted(lista)                           # 默认按升序排序
```

```
[2, 3, 5, 6, 7]
>>> lista                                          # 原序列不变
[5, 7, 3, 2, 6]
>>> sorted(lista, reverse = True)                  # 通过reverse参数实现降序排序
[7, 6, 5, 3, 2]
>>> stra = 'Python'
>>> sorted(stra)                                   # 对字符串升序排序
['P', 'h', 'n', 'o', 't', 'y']
>>> sorted({'Chinese':95, 'Math':97})              # 对字典升序排序
['Chinese', 'Math']
>>> sorted(stra, reverse = True)                   # 对序列降序排序
['y', 't', 'o', 'n', 'h', 'P']
>>> sorted({'Chinese':95, 'Math':97}, reverse = True)   # 对字典降序排序
['Math', 'Chinese']
```

函数reversed(seq)返回一个对序列seq进行反向翻转（首尾交换）的迭代器。迭代器可以理解为表示数据流的对象，迭代器的元素在遍历的过程中产生，每次产生一个元素，占用的内存空间少。通过类型转换函数list()、tuple()和set()可以将迭代器分别转换为列表、元组和集合。例如：

```
>>> lista = [5, 7, 3, 2, 6]
>>> itera = reversed(lista)                        # 生成可迭代的reversed对象
>>> itera                                          # 每次运行的结果可能不同
<list_reverseiterator object at 0x000002273FB7EEC0>
>>> list(itera)                                    # 转换成列表，与lista反向
[6, 2, 3, 7, 5]
```

（4）枚举

enumerate(seq[, start])函数用来枚举可迭代对象中的元素，返回可迭代的enumerate对象。enumerate对象的每个元素是包含索引和操作序列对象seq的元素的元组，通过参数start可以设置索引的起始值，默认索引从0开始。与reversed()函数产生的迭代器相同，enumerate对象的元素在遍历的过程中产生（即惰性求值特征）。通过类型转换函数list()、tuple()和set()可以将enumerate对象分别转换为列表、元组和集合。例如：

```
>>> itera = enumerate('Python')         # 枚举字符串中的元素
>>> itera                               # 查看迭代器，每次运行的结果可能不同
<enumerate object at 0x00000182BE2DE1B0>
>>> list(itera)                         # 将enumerate对象转换为列表
[(0, 'P'), (1, 'y'), (2, 't'), (3, 'h'), (4, 'o'), (5, 'n')]
>>> list(enumerate([1, 2, 3]))          # 枚举列表中的元素
[(0, 1), (1, 2), (2, 3)]
>>> list(enumerate([1, 2, 3], 2))       # 将索引设置为从2开始
[(2, 1), (3, 2), (4, 3)]
```

另外，通过for循环语句可以直接遍历enumerate对象中的元素。例如：

```
>>> for i, j in enumerate(range(1, 5)):   # 枚举range()对象中的元素
    print((i, j), end = '\t')

(0, 1)  (1, 2)  (2, 3)  (3, 4)
```

（5）zip() 函数

zip(seqa[, seqb[...]]) 函数的功能是返回一个元组迭代器，其中每个元组的元素由参数 seqa，seqb，... 中对应位置上的元素组成，如同拉拉链一样。当作为参数的多个序列对象长度不同时，以最短的序列进行匹配。例如：

```
>>> itera = zip([1, 2, 3])                                # zip() 参数个数为 1
>>> itera                                                 # 每次运行的结果可能不同
<zip object at 0x0000011DF66FF480>
>>> list(itera)                                           # 将 zip 对象转换为列表
[(1,), (2,), (3,)]
>>> tupa = tuple(zip([1, 2, 3], ['a', 'b', 'c']))  # zip() 函数有两个参数，并将 zip() 对象转换为元组
>>> tupa
((1, 'a'), (2, 'b'), (3, 'c'))
>>> lista = list(zip([1, 2], ['a', 'b', 'c']))      # 作为参数的序列对象长度不同时，以最短的进行匹配
>>> lista
[(1, 'a'), (2, 'b')]
```

另外，通过 for 循环语句可以直接遍历 zip 对象中的元素，例如：

```
for i in zip((1, 2, 3), ('a', 'b', 'c')):               # 创建 zip 对象，并访问 zip 对象中的元素
    print(i, end = '\t')

(1, 'a')  (2, 'b')  (3, 'c')
```

4.2 字　符　串

字符串是常用的 Python 数据类型之一。除了可以使用运算符和内置函数对字符串进行操作，Python 还提供了大量字符串对象的方法用于对字符串进行查找、切分、连接、替换和排版等操作与计算。另外，Python 还提供了格式化输出字符串的方法。

本节首先介绍字符串创建，然后介绍字符串操作与计算以及字符串格式化。

4.2.1　字符串创建

创建字符串的方法有两种：

方法一：使用字符串定界符（包括单引号、双引号、三个单引号和三个双引号）创建字符串，并且不同的定界符之间可以互相嵌套，通过结合赋值语句可以创建字符串变量（详见第 2 章有关内容）。

方法二：使用 str() 函数可以创建空字符串，并且可以将其他可迭代对象转换成字符串对象（详见 4.1.3 节相关内容）。

注意：使用赋值语句将一个变量名赋值给另一个变量名时，两个变量指向同一字符串对象，未创建新的字符串对象。

例如：

```
>>> stra = 'Python'; strb = stra   # 创建字符串类型变量 stra，并将 stra 赋给 strb
```

```
>>> stra is strb                        # stra与strb指向同一对象
True
```

视频4-3

字符串操作与计算

注意： 字符串对象是不可变的，调用“改变”字符串的方法返回的是新字符串，原始字符串对象没有发生变化。

4.2.2 字符串操作与计算

方法也是函数，但调用方式不同。函数调用是采用func(<object>)的方式，而方法调用是采用<object>.func()方式，其中func()为函数/方法名称，<object>为操作对象。常用的字符串方法及其功能见表4-2，其中s代表一个字符串对象。

表 4-2 常用字符串操作方法

方　法	功 能 说 明
s.caption()	返回仅首字母大写的字符串
s.center(width)	返回宽度为 width 且字符串在该宽度内居中的字符串
s.count(sub[, start[, end]])	返回字符串 sub 在字符串 s 指定范围（s[start:end]）（默认为整个字符串）中出现的次数
s.endswith(sub[, start[, end]])	检查字符串 s 指定范围（s[start:end]）（默认为整个字符串）是否以 sub 结尾，如果是，返回 True，否则返回 False
s.find(sub[, start[, end]])	返回字符串 sub 在字符串 s 指定范围（s[start:end]）（默认为整个字符串）首次出现的位置，如果不存在则返回 -1
s.format(…)	用于实现字符串格式设置，将字符串中用大括号分隔的字段替换为相应的参数，再返回结果
s.index(sub[, start[, end]])	返回字符串 sub 在字符串 s 指定范围（s[start:end]）（默认为整个字符串）首次出现的位置，如果不存在将报错
s.isalnum()	检查字符串 s 中的字符是否都是字母或数字，如果是，返回 True，否则返回 False
s.isalpha()	检查字符串 s 中的字符是否都是字母，如果是，返回 True，否则返回 False
s.islower()	检查字符串 s 中的字母是否都是小写，如果是，返回 True，否则返回 False
s.isspace()	检查字符串 s 中的字符是否是空白字符，如果是，返回 True，否则返回 False
s.istitle()	检查字符串 s 是否是“标题化”（所有单词的首字母为大写，其他字母为小写），如果是，返回 True，否则返回 False
s.isupper()	检查字符串 s 中的字母是否都是大写，如果是，返回 True，否则返回 False
s.join(iter)	以字符串 s 为连接符，将 iter 中所有的字符串元素合并，返回一个新的字符串
s.ljust(width[, fillchar])	返回一个长度为 max(len(s),width) 的新字符串，字符串 s 的副本居左位于新字符串中，新字符串的其他部分使用 fillchar（默认为空格）进行填充
s.lower()	将字符串中所有大写字母转换为小写字母，并返回结果
s.lstrip([chars])	将字符串开头所有的 chars（默认为空白字符，如空格、制表符和换行符）都删除，并返回结果
str.maketrans(intab, outtab)	返回字典，字典的键是字符串 intab 中字符的 Unicode 码，字典的值是字符串 outtab 中字符的 Unicode 码，intab 和 outtab 必须长度相等且一一对应。返回的字典称为字符映射表
s.partition(sep)	从左往右搜索，返回包含三个字符串元素（sep 前面的部分，sep，sep 后面的部分）的元组
s.replace(old, new[, max])	将字符串中的 old 替换成 new，并返回结果，如果给定了 max，则替换次数不超过 max
s.rfind(sub[, start[, end]])	返回字符串 sub 在字符串 s 指定范围（s[start:end]）（默认为整个字符串）最后出现的位置，如果不存在则返回 -1
s.rindex(sub[, start[, end]])	返回字符串 sub 在字符串 s 指定范围（s[start:end]）（默认为整个字符串）最后出现的位置，如果不存在将报错
s.rjust(width[, fillchar])	返回一个长度为 max(len(s),width) 的新字符串，字符串 s 的副本居右位于新字符串中，新字符串的其他部分使用 fillchar（默认为空格）进行填充
s.rpartition(sep)	从右往左搜索，返回包含三个字符串元素（sep 前面的部分、sep 和 sep 后面的部分）的元组

续表

方　法	功能说明
s.rsplit([sep[, maxsplit]])	返回一个列表，其中包含以 sep（默认为空白字符）为分隔符从右向左对字符串进行拆分得到的子串，如果给定了 maxsplit，则拆分次数不超过 maxsplit
s.rstrip([chars])	将字符串末尾所有的 chars（默认为空白字符，如空格、制表符和换行符）都删除，并返回结果
s.split([sep[, maxsplit]])	返回一个列表，其中包含以 sep（默认为空白字符）为分隔符从左向右对字符串进行拆分得到的子串，如果给定了 maxsplit，则拆分次数不超过 maxsplit
s.startswith(sub[, start[, end]])	检查字符串 s 指定范围（s[start:end]）（默认为整个字符串）是否以 sub 开头，如果是，返回 True，否则返回 False
s.strip([chars])	将字符串首、尾所有的 chars（默认为空白字符，如空格、制表符和换行符）都删除，并返回结果
s.swapcase()	将字符串中大写字母转换为小写字母，小写字母转换为大写字母，并返回结果
s.title()	"标题化"（所有单词的首字母为大写，其他字母为小写）字符串，并返回结果
s.translate(table)	根据使用 maketrans() 方法创建的字符映射表来转换字符串 s
s.upper()	将字符串中的所有字母转化为大写，并返回结果

下面对表4-2中字符串的一些常用方法进行归纳和示例说明。

1. 访问和统计

方法 s.find(sub[, start[, end]]) 和 s.rfind(sub[, start[, end]]) 分别返回另一个字符串 sub 在当前字符串 s 的指定范围 s[start:end]（默认是整个字符串）中首次和最后一次出现的位置，如果不存在，则返回 –1。

方法 s.index(sub[, start[, end]]) 和 s.rindex(sub[, start[, end]]) 也是分别返回另一个字符串 sub 在当前字符串 s 的指定范围 s[start:end]（默认是整个字符串）中首次和最后一次出现的位置。与方法 find() 和 rfind() 不同的是，如果当前字符串 s 不存在字符串 sub，则程序抛出异常。

s.count(sub[, start[, end]]) 方法用来返回另一个字符串 sub 在当前字符串 s 中出现的次数。如果当前字符串 s 不存在字符串 sub，则返回 0。

例如：

```
>>> stra = 'If you are doing your best, you will not have to worry about failure.'
>>> stra.find('you')                  # 返回首次出现的位置
3
>>> stra.rfind('you')                 # 返回最后一次出现的位置
28
>>> stra.find('you', 5)               # 从指定位置开始查找
17
>>> stra.find('you', 5, 20)           # 在指定范围中进行查找
17
>>> stra.find('young')                # 查找的字符串不在当前字符串时，返回 -1
-1
>>> stra.index('young')
ValueError: substring not found       # 查找的字符串不在当前字符串时，抛出异常
>>> stra.count('you')                 # 统计字符串出现次数
3
```

2. 拆分

方法s.split([sep[, maxsplit]])和s.rsplit([sep[, maxsplit]])以指定字符串sep为分隔符，分别从左向右和从右向左将当前字符串拆分成多个字符串，并返回包含拆分结果的列表。可选参数maxsplit是指定的最大拆分次数（注意，不是必须拆分的次数），默认是对整个字符串s进行拆分，当指定的最大拆分次数大于可拆分次数时，以可拆分次数进行拆分。如果不指定分隔符，则以空白符号（包括空格、换行符、制表符等）为分隔符，且把连续的多个空白字符作为一个分隔符。例如：

```
>>> stra = 'a##b##c##d'
>>> lsa = stra.split('#')      # 使用'#'进行分隔，默认对整个字符串进行拆分
>>> print(lsa)
['a', '', 'b', '', 'c', '', 'd']
>>> lsb = stra.split('##')     # 使用'##'进行拆分
>>> print(lsb)
['a', 'b', 'c', 'd']
>>> lsc = stra.split('##', 2)# 指定拆分次数
>>> print(lsc)
['a', 'b', 'c##d']
>>> lsd = stra.rsplit('##', 2) # 从右向左拆分字符串
>>> lsd
['a##b', 'c', 'd']
>>> s = '\n\nhello\t\t world \n\n\n'
>>> s.split()                  # 连续的多个空白字符作为一个分隔符
['hello', 'world']
```

方法s.partition(sep)和s.rpartition(sep)分别从左往右和从右往左以遇到的第一个指定的字符串sep为分隔符，将当前字符串s拆分为三个部分，即分隔符sep之前的字符串、分隔符sep和分隔符sep之后的字符串，并返回这三个字符串组成的元组。如果指定的字符串sep不在当前字符串s中，则返回当前字符串s和两个空字符串。

```
>>> stra = '富强、民主、文明、和谐，自由、平等、公正、法治，爱国、敬业、诚信、友善'
>>> stra.partition('，')       # 从左侧开始，以“，”为分隔符，拆分为三部分
('富强、民主、文明、和谐', '，', '自由、平等、公正、法治，爱国、敬业、诚信、友善')
>>> stra.rpartition('，')      # 从右侧开始，以“，”为分隔符，拆分为三部分
('富强、民主、文明、和谐，自由、平等、公正、法治', '，', '爱国、敬业、诚信、友善')
>>> stra.partition('；')       # 指定的分隔符不在当前字符串中
('富强、民主、文明、和谐，自由、平等、公正、法治，爱国、敬业、诚信、友善', '', '')
```

3. 连接

方法s.join(seq)是指以指定的字符串s为连接符，将序列seq中的字符串元素进行连接，形成一个新的字符串，并返回该字符串。其中，s可以为空字符串。需要注意的是，如果seq中的元素不是字符串，程序报错。例如：

```
>>> lista = ['春节', '清明节', '端午节', '中秋节'] # 列表元素是字符串
>>> ','.join(lista)
'春节,清明节,端午节,中秋节'
>>> ','.join('海上升明月，天涯共此时')           # 连接字符串对象的元素
'海,上,升,明,月,，,天,涯,共,此,时'
>>> lista=[1, 2, 3]
```

```
>>> ','.join(lista)                    # lista中的元素不是字符串，程序报错
TypeError: sequence item 0: expected str instance, int found
>>> lista = ['1', 2, 3]
>>> ','.join(lista)                    # lista包含字符串和数值型数据，程序报错
TypeError: sequence item 1: expected str instance, int found
```

4. 转换大小写

方法s.lower()、s.upper()、s.capitalize()、s.title()和s.swapcase()分别用来将字符串s转换为小写字符串、将字符串s转换为大写字符串、将字符串s首字母变为大写且其他字母为小写、将字符串s的每个单词的首字母变为大写且其他字母为小写以及将字符串s的所有字母的大写或小写形式进行转换，并返回转换后的字符串。例如：

```
>>> stra = 'Pandas are One of the Most Precious Animals in the World.'
>>> stra.lower()                       # 返回小写字符串
'pandas are one of the most precious animals in the world.'
>>> print(stra)                        # 调用方法不改变原字符串
Pandas are One of the Most Precious Animals in the World.
>>> stra.upper()                       # 返回大写字符串
'PANDAS ARE ONE OF THE MOST PRECIOUS ANIMALS IN THE WORLD.'
>>> stra.capitalize()                  # 字符串首字母大写
'Pandas are one of the most precious animals in the world.'
>>> stra.title()                       # 每个单词的首字母大写
'Pandas Are One Of The Most Precious Animals In The World.'
>>> stra.swapcase()                    # 大小写互换
'pANDAS ARE oNE OF THE mOST pRECIOUS aNIMALS IN THE wORLD.'
```

5. 替换

方法s.replace(old, new[, max])将原字符串s中指定子字符串old替换为另一指定字符串new，该功能类似于Microsoft Office、WPS Office、记事本等文本编辑器的“全部替换”功能。如果给定了max，则替换次数不超过max。与其他字符串对象方法一样，该方法并不修改原字符串，而是返回一个新字符串。例如：

```
>>> stra = '中国戏曲主要是由民间歌舞、说唱和滑稽戏三种不同艺术形式中合而成'
>>> stra.replace('中合', '综合')
'中国戏曲主要是由民间歌舞、说唱和滑稽戏三种不同艺术形式综合而成'
```

方法str.maketrans(intab, outtab)和s.translate(table)通常组合使用。方法maketrans()用来创建字符映射表。字符映射表是字典数据类型，字典的键是字符串intab中字符的Unicode码，字典的值是字符串outtab中对应字符的Unicode码。intab和outtab必须长度相等且一一对应。方法translate()根据字符映射表转换字符串。

使用这两种方法可以同时处理多个不同的字符。例如：

```
>>> intab = 'abc'
>>> outtab = '123'
>>> table = str.maketrans(intab, outtab)   # 创建字符映射表
>>> table  #'a'的Unicode码是97，'1'的Unicode码是49，可使用ord()函数进行验证
{97: 49, 98: 50, 99: 51}
>>> stra = 'bac'
>>> stra.translate(table)                  # 按字符映射表进行转换
'213'
```

6. 删除空白或指定字符

s.strip([chars])、s.rstrip([chars])和s.lstrip([chars])这三个方法分别用来删除字符串两端、右端和左端的空白字符（默认情况下）或指定字符（通过可选参数chars指定）。需要注意的是，这三个方法指定的字符串不是作为一个整体对待，而是在当前字符串相应位置删除参数字符串中包含的所有字符，直至遇到不包含在指定字符串中的字符为止。例如：

```
>>> stra = ' \n\tPython is a programming language.  \n\n'
>>> stra.strip()                          # 删除两端的空白字符
'Python is a programming language.'
>>> strb = 'aaaPythonccc'
>>> strb.rstrip('c')                      # 删除字符串右侧指定字符
'aaaPython'
>>> strb.lstrip('a')                      # 删除字符串左侧指定字符
'Pythonccc'
>>> strb.rstrip('ac')                     # 直至遇到不在指定字符串'ac'中的字符为止
'aaaPython'
```

7. 判断开始、结束字符串

方法s.startswith(sub[, start[, end]])和s.endswith(sub[, start[, end]])分别用来判断字符串s是否以指定字符串sub开始或结束，返回逻辑值。通过可选参数start和end可以限定在字符串s中的检测范围。例如：

```
    >>> stra = 'The Spring Festival, Chinese New Year, is the most important
festival for all of us.'
    >>> stra.startswith('The')            # 检测整个字符串
    True
    >>> stra.startswith('The', 5)         # 指定检测范围的起始位置
    False
    >>> stra.startswith('The', 0, 10)     # 指定检测范围的起始和结束位置
    True
```

另外，这两个方法还可以接收元素为字符串的元组作为参数。例如：

```
    >>> stra = 'The Spring Festival, Chinese New Year,is the most important
festival for all of us.'
    >>> stra.startswith(('The', 'pr'), 5)   # 检测字符串s的指定范围内是否以'The'
或'pr'开始
    True
```

8. 判断字母、数字、空格、大小写

方法s.isalnum()、s.isalpha()、s.isdigit()、s.isspace()、s.isupper()和s.islower()分别用来判断字符串s的字符是否为整数字符或字母、是否为字母、是否为整数字符、是否为空白字符、是否为大写字母以及是否为小写字母，返回逻辑值True或False。例如：

```
>>> 'WPS 2023'.isalnum()                  # 判断是否全部为整数字符或字母
False
>>> 'WPS2023'.isalnum()                   # 判断是否全部为整数字符或字母
True
>>> 'Python'.isalpha()                    # 判断是否全部为字母
True
```

```
>>> 'Python is a language'.isalpha()       # 判断是否全部为字母
False
>>> '12345'.isdigit()                      # 判断是否全部为整数字符
True
>>> '12345.6'.isdigit()                    # 判断是否全部为整数字符
False
>>> 'Python is a language'.isspace()       # 判断是否全部为空白字符
False
>>> 'PYTHON'.isupper()                     # 判断是否全部为大写字母
True
>>> 'Python'.isupper()                     # 判断是否全部为大写字母
False
>>> 'python'.islower()                     # 判断是否全部为小写字母
True
```

9. 字符串对齐

方法center()、ljust()和rjust()用于对字符串进行排版，返回指定宽度的新字符串。通过调用这三个方法原字符串分别居中、左对齐或右对齐出现在新字符串中。如果指定的宽度大于原字符串长度，则使用指定的字符（默认是空格）进行填充。例如：

```
>>> 'Mid-Autumn Festival'.center(30)       # 居中，两端默认以空格进行填充
'     Mid-Autumn Festival      '
>>> 'Mid-Autumn Festival'.center(30, '-')  # 居中，两端以'-'进行填充
'-----Mid-Autumn Festival------'
>>> 'Mid-Autumn Festival'.ljust(30, '#')   # 左对齐，右侧以'#'进行填充
'Mid-Autumn Festival###########'
>>> 'Mid-Autumn Festival'.rjust(30, '=')   # 右对齐，左侧以'='进行填充
'===========Mid-Autumn Festival'
```

4.2.3　字符串格式化

在Python中，按照一定格式标准（如对齐方式、数值的精度）输出字符串的方法有三种：使用%运算符、使用format()方法、使用f-字符串。

1. 使用 % 运算符进行字符串格式化

使用%运算符号格式化字符串的语法格式如下：

```
'%[-][+][0][m][.n]格式字符' % expression
```

说明：

① 第二个“%”为格式运算符，其之前的部分为格式字符串（以第一个“%”开始），之后的部分为需要进行格式化输出的待转换的表达式；

② [-]：指定左对齐输出；

③ [+]：对正数加正号；

④ [0]：指定空位填充0；

⑤ [m]：指定最小宽度；

⑥ [.n]：指定精度；

⑦ 格式字符：指定类型；

⑧ expression：待转换的表达式。

其中，格式字符规定了要转换的类型。Python 支持大量的格式字符，常用的格式字符及其说明见表4-3。

表 4-3　常用的格式字符

格式字符	说　明	格式字符	说　明
%s	字符串	%E	指数（基底写为 E）
%c	单个字符	%f、%F	浮点数
%d、%i	十进制整数	%g	指数（e）或浮点数（根据显示长度）
%o	八进制整数	%G	指数（E）或浮点数（根据显示长度）
%x	十六进制整数	%%	格式化为一个“%”符号
%e	指数（基底写为 e）		

使用这种方式进行字符串格式化时，要求被格式化的内容和格式字符之间的数量和顺序都必须一一对应。要对多个对象进行格式化时，可以将这些对象组成一个元组进行传递。例如：

```
>>> var = 255
>>> '%o' % var              # 格式化为八进制整数
'377'
>>> '%8o' % var             # 宽度设置为8
'     377'
>>> '%-8o' % var            # 指定左对齐输出
'377     '
>>> '%+8o' % var            # 对正数加正号
'    +377'
>>> "%x" % var              # 格式化为十六进制整数
'ff'
>>> "%e" % var              # 格式化为指数形式
'2.550000e+02'
>>> '%d,%x' % (65, 65) # 使用元组格式化，按位置将格式字符与待转换的对象进行对应
'65,41'
>>> '%8.2f' % x             # 格式化为宽度为8、精度为2的浮点数
'  255.00'
>>> '%08.2f' % x            # 格式化为宽度为8、不足8位用0填充、精度为2的浮点数
'00255.00'
>>> '%s' % set(range(2))     # 把集合格式化为字符串
'{0, 1}'
```

视频4-4

字符串格式化

2. 使用 format() 方法进行字符串格式化

使用Python提供的format()方法能够更加灵活方便地进行字符串格式化，其语法格式如下：

```
s.format(对象0, 对象1, …)
```

其中，s是需要格式化的字符串。s中包含一系列槽（{序号:格式控制标记}）作为占位符。槽内的序号表示输出format()方法参数的第几个对象。当序号与待输出的对象按位置依次对应时，可省略序号；槽内的冒号（:）是引导符号。槽内的格式控制标记包括六个可选字段：<填充><对齐><宽度><,><.精度><类型>。这些字段可以组合使用，各字段的说明见表4-4。

表 4-4　槽中格式控制标记

<填充>	<对齐>	<宽度>	<,>	<.精度>	<类型>
用于填充的单个字符	<左对齐 >右对齐 ^居中	输出宽度	数制的千分分隔符，适用于整数和浮点数	浮点数的精度或字符串的最大输出长度	整数类型 b、c、d、o、x、X；浮点数类型 e、E、f、%（百分）

例如：

```
>>> "{}{}{}".format("圆周率：", 3.141592, "...")    # 按顺序接收参数
'圆周率：3.141592...'
>>> "{1}{0:.2f}".format(3.141592, "圆周率：")      # 按索引接收参数，输出精度为2的浮点数
'圆周率：3.14'
```

除了按位置接收待转换的参数，也可按照关键字进行接收。例如：

```
>>> "姓名:{name}，分数:{score}".format(name = '张三', score = 90) # 按关键字接收参数
'姓名:张三，分数:90'
```

由于 format() 方法不要求用于格式控制的槽与待格式化的对象之间按照顺序严格一致，因此，相比使用“%”运算符的字符串格式化方法，更加灵活方便。

3. 使用 f- 字符串进行格式化

从 Python 3.6.x 开始，Python 支持一种新的字符串格式化方法，官方称为 formatted string literals（格式化字符串常量），其含义与字符串对象的 format() 方法类似，但形式更加简洁。该方法是在字符串前面加字母“f”或“F”，简称 f- 字符串，其格式为：

```
f'xxx'
```

或

```
F'xxx'
```

字符串中槽（{}）里面包含待转换对象的名称。如果当前作用域中没有该对象的定义，则抛出异常。大括号和里面的变量名表示占位符，在进行格式化时，使用前面定义的同名变量的值对格式化字符串中的占位符进行替换。例如：

```
>>> Province = 'Zhejiang'
>>> capital = 'Hangzhou'
>>> f'The capital of {Province} Province is {capital}'
'The capital of Zhejiang Province is Hangzhou'
>>> fillchar = '0'
>>> width = 10
>>> precision = 3
>>> value = 2 / 3
>>> f'result:{value:{fillchar}{width}.{precision}}'
'result:000000.667'
>>> f'The radius of the circle is {radius}.'
NameError: name 'radius' is not defined     # 没有radius对象，抛出异常
>>> width = 10
>>> precision = 4
>>> value = 11 / 3
>>> f'result:{value:{width}.{precision}}'
```

```
'result:        3.7'
>>> f'my address is {address}'              # 没有 address 变量，抛出异常
NameError: name 'address' is not defined
```

4.3 列　　表

列表包含若干元素，占用连续的内存空间。在形式上，列表的所有元素放在一对方括号“[]”中，相邻元素之间使用逗号分隔，没有任何元素的列表称为空列表。同一个列表中元素的数据类型可以各不相同，可以同时包含整数、实数等基本类型的元素，也可以包含字符串、列表、元组、字典和集合等序列。本节主要介绍列表的创建、列表操作与计算以及列表推导式。

4.3.1 列表创建

创建列表的方法有四种：使用方括号“[]”、使用list()函数、使用copy()方法进行浅拷贝、使用列表推导式。

1. 使用方括号“[]”

将列表元素使用方括号“[]”括起来即可创建列表，结合赋值语句可创建列表变量。例如：

```
>>> lista = []                     # 创建空列表，并赋给变量lista
>>> listb = [1, 3.14, 20]          # 创建包含整型和浮点型数据的列表，并赋给变量listb
>>> listc = ['鲁菜', '川菜', '粤菜', '苏菜']        # 创建包含字符串元素的列表
>>> listc
['鲁菜', '川菜', '粤菜', '苏菜']
>>> listd = [1, '高级程序设计语言', ['Python', 'C++']]  # 创建包含多种数据类型的列表
```

2. 使用 list() 函数

使用list()函数也可创建空列表，例如：

```
>>> lista = list()
>>> lista
[]
```

另外，list()函数可以将字符串、元组、迭代器等可迭代对象转换成列表，详见4.1.3节。

3. 使用 copy() 方法进行浅拷贝

使用copy()方法可以对列表进行浅拷贝，与使用赋值语句复制列表的不同之处是，该方法生成的新变量与原来的变量不指向同一对象。对于列表中的数值型元素，copy()方法实现的是值复制，改变一个变量的数值型元素时，另一变量的对应元素不变，而对于列表中的序列类型元素（如列表、字典等），copy()方法实现的是引用复制，改变一个变量的序列类型元素时，另一变量的对应元素也发生改变。例如：

```
>>> lista = [1, 2, 3, ['a', 'b', 'c']]
>>> listb = lista.copy()                    # 浅拷贝
>>> listb
[1, 2, 3, ['a', 'b', 'c']]
>>> lista is listb                          # 判断是否是同一对象
False
>>> listb[1] = 5                            # 改变listb的整型元素
```

```
>>> listb
[1, 5, 3, ['a', 'b', 'c']]
>>> lista                                           # lista的整型不变
[1, 2, 3, ['a', 'b', 'c']]
>>> listb[3][0] = 'd'                               # 改变listb的列表元素
>>> listb
[1, 5, 3, ['d', 'b', 'c']]
>>> lista                                           # lista的列表元素不变
[1, 2, 3, ['d', 'b', 'c']]
```

4. 使用列表推导式

使用列表推导式也可以生成列表，例如：

```
>>> lista = [x ** 3 for x in range(5)]       # 创建0~5（不包含5）的整数的立方组成的列表
>>> lista
[0, 1, 8, 27, 64]
```

关于列表推导式的内容将在4.3.3节进行详细介绍。

注意：使用赋值语句可以将一个列表变量赋给另一个列表变量，此时这两个列表变量指向同一个列表对象，未创建新的列表对象。

例如：

```
>>> lista = [1, 2, 3]                 # 创建一个列表并赋给变量lista
>>> listb = lista                     # 将lista赋给listb
>>> id(lista)                         # lista的地址，每次运行的结果可能不同
1493229169792
>>> id(listb)                         # listb的地址，与lista相同
1493229169792
>>> lista is listb                    # 是同一对象
True
>>> listb[1] = 5                      # 修改listb的元素
>>> lista                             # lista的元素也发生改变
[1, 5, 3]
```

4.3.2　列表操作与计算

视频4-5

列表操作与计算

列表除了支持前面介绍的序列共性操作与内置函数以外，还提供了列表对象的方法以实现对列表对象的操作。

常用的列表方法及其功能说明见表4-5，其中lst代表一个列表对象。

表 4-5　常用的列表方法

方　法	功 能 说 明
lst.append(x)	在列表 lst 的尾部追加元素 x
lst.copy()	返回列表 lst 的浅拷贝
lst.count(x)	返回 lst 中与 x 相等的元素个数
lst.extend(iter)	在列表 lst 的尾部追加与可迭代对象 iter 中元素相等的元素
lst.index(x[, i][, j])	返回列表 lst 中位于位置 i 与位置 j（不包含位置 j）间与 x 相等的首个元素的位置；i 和 j 缺省时，在整个 lst 中进行查找
lst.insert(i, x)	在列表 lst 中 i 处插入与 x 相等的元素

续表

方　法	功 能 说 明
lst.pop([i])	删除并返回列表 lst 中 i 处的元素，默认为最后一个元素
lst.remove(x)	删除列表 lst 中第 1 个与 x 相等的元素
lst.reverse()	将列表 lst 中的元素反序
lst.sort([key][, reverse])	将列表 lst 中的元素进行排序，可选参数 key 用于设置排序的依据或规则，可选参数 reverse 设置排序的方式（升序或降序），默认为升序排序

下面按功能分类介绍列表方法的使用。

1. 访问元素

lst.index(x[, i][, j]) 方法用于返回与指定数据 x 相等的元素在列表 lst 中首次出现的位置，如果列表中不存在此元素，则程序抛出异常。例如：

```
>>> lista = [1, 2, 3, 2, 2]
>>> lista.index(2)              # 返回列表lista中首次出现元素值为2的位置
1
>>> lista.index(4)              # 列表lista中没有元素4，程序报错
ValueError: 4 is not in list
```

2. 增加元素

lst.append(x)、lst.insert(i, x) 和 lst.extend(iter) 方法都可以向列表添加元素，但参数的个数、数据类型、元素添加的数量和位置存在差异。append() 方法用于向列表尾部追加一个元素，参数是要添加的元素；insert() 方法用于向列表任意指定位置插入一个元素，参数是待插入的位置和元素；extend() 方法的参数是可迭代对象，用于向列表 lst 尾部追加可迭代对象 iter 中的所有元素。例如：

```
>>> lista = ['礼']
>>> lista.append('射')                   # 在尾部追加值为'射'的元素
>>> lista
['礼', '射']
>>> lista.insert(1, '乐')                # 在索引为1的位置追加值为'乐'的元素
>>> lista
['礼', '乐', '射']
>>> lista.extend(['御', '书'])           # 在尾部追加列表中每个元素
>>> lista
['礼', '乐', '射', '御', '书']
>>> listb = ['数']
>>> lista.extend(listb)                  # 序列名作为参数
>>> lista
['礼', '乐', '射', '御', '书', '数']
>>> listb                                # 作为extend()方法的参数的内容不变
['数']
```

3. 删除元素

lst.pop([i]) 方法的参数 i 是可选的。i 缺省时，删除并返回最后一个元素；如果指定了 i，则删除并返回位置 i 处的元素。如果指定位置 i 不是正确的索引，则程序报错。lst.remove(x) 方法用于删除列表中第一个与指定值 x 相等的元素，没有返回值。如果列表中不存在指定元素，则程序报错。例如：

```
>>> lista = ['《诗经》', '《尚书》', '《礼记》', '《周易》', '《春秋》']
>>> lista.pop()                      # 删除并返回最后位置的元素
'《春秋》'
>>> lista                            # pop() 方法改变了列表
['《诗经》', '《尚书》', '《礼记》', '《周易》']
>>> lista.pop(1)                     # 删除并返回索引号为1的元素
'《尚书》'
>>> lista.pop(9)                     # 指定位置不是正确的索引，程序报错
IndexError: pop index out of range
>>> listb = [1, 3, 4, 5, 6, 7, 8]
>>> listb.append(1)
>>> listb
[1, 3, 4, 5, 6, 7, 8, 1]
>>> listb.remove(1)                  # 删除首个值为1的元素，没有返回值
>>> listb
[3, 4, 5, 6, 7, 8, 1]
>>> listb.remove(2)                  # 列表listb中不存在指定元素2，程序报错
ValueError: list.remove(x): x not in list
```

4. 统计元素

lst.count(x)方法返回列表lst中与参数x相等的元素个数。例如：

```
>>> lista = [1, 2, 2, 3, 3, 3, 3]
>>> lista.count(3)
4
>>> lista.count(4)
0
```

5. 元素排序

lst.sort([key][, reverse])方法用于按指定的规则对列表对象的所有元素进行排序。可选参数key可以设置排序依据（如字符串大小、长度等），默认是依据列表元素的大小。可选参数reverse用于设置排序方式（升序或降序），默认为升序排序。lst.reverse()方法用于将列表所有元素逆序。例如：

```
>>> lista = [1, 5, 2, 100, 21]
>>> lista.sort()                              # 按数值的大小排序
>>> lista
[1, 2, 5, 21, 100]
>>> listb = ['Python', 'Information', 'Computer']
>>> listb.sort()                              # 默认按字符串的大小排序
>>> listb
['Computer', 'Information', 'Python']
>>> listc = [1, 5, 2, 100, 21]
>>> listc.sort(key = str)                     # 将列表元素按字符串比较大小
>>> listc
[1, 100, 2, 21, 5]
>>> listd = ['Python', 'Information', 'Computer']
>>> listd.sort(key = len)                     # 将列表元素按字符串长度比较大小
>>> listd
```

```
['Python', 'Computer', 'Information']
>>> liste = [1, 5, 2, 100, 21]
>>> liste.reverse()                               # 将列表liste逆序
>>> liste
[21, 100, 2, 5, 1]
```

注意： sort()方法与sorted函数、reverse()方法与reversed()函数在使用方法和功能上是不同的。sorted()和reversed()函数是将操作的序列对象作为参数，返回一个新的序列对象，原序列对象不变。而sort()和reverse()方法是作为序列对象的属性进行调用，不返回内容，其改变了原序列对象。

例如：

```
>>> listb = ['Python', 'Information', 'Computer']
>>> sorted(listb)      # 待操作的列表listb作为sorted()函数的参数，返回新列表
['Computer', 'Information', 'Python']
>>> listb                           # 列表listb不变
['Python', 'Information', 'Computer']
```

视频4-5

列表推导式

4.3.3 列表推导式

列表推导式又称列表解析式，是Python的一种特有技术。它是一种通过for语句结合if语句，对已有列表或其他可迭代对象的元素进行遍历、筛选或再次计算，高效创建满足特定需求的新列表的方法。语法格式如下：

```
[表达式 for 变量1 in 序列1 [if 条件1]
        for 变量2 in 序列2 [if 条件2]
        …
        for 变量n in 序列n [if 条件n]]
```

其中：

① 最外层的方括号“[]”不可缺少。

② 由实际场景决定for语句的个数，多个for语句相当于循环嵌套。

③ if语句是可选的。

下面举例说明列表推导式的使用。

【例4.1】生成一个包含整数1～20（包含20）的列表lista。

参考语句代码如下：

```
>>> lista = [i for i in range(1, 21)]          # 列表推导式
>>> lista                                      # 显示lista
[1, 2, 3, 4, 5, 6, 7, 8, 9, 10, 11, 12, 13, 14, 15, 16, 17, 18, 19, 20]
```

功能上相当于：

```
>>> lista = []
>>> for i in range(1, 21):
        lista.append(i)
```

【例4.2】生成一个包含0～20（包含20）中偶数的立方的列表listb。

参考语句代码如下：

```
>>> listb = [i ** 3 for i in range(20) if i % 2 == 0]
                                                  # 通过if条件筛选偶数
```

```
>>> listb                                              # 显示listb
[0, 8, 64, 216, 512, 1000, 1728, 2744, 4096, 5832]
```

【例4.3】生成包含0～10（包含10）中的偶数的平方和奇数的立方的列表listc。

参考语句代码如下：

```
>>> listc = [i * i if i % 2 == 0 else i ** 3 for i in range(11)]
                                                       # 包含if语句和else语句
>>> listc                                              # 显示listc
[0, 1, 4, 27, 16, 125, 36, 343, 64, 729, 100]
```

【例4.4】生成列表listd，其元素为(i, j)，其中i是0～5（包含5）之间的奇数，j是0～5（包含5）之间的偶数。

参考语句代码如下：

```
>>> listd = [(i, j) for i in range(6) if i % 2 != 0 for j in range(6)
if j % 2 == 0]                                         # 包含两个for语句
>>> listd                                              # 显示listd
[(1, 0), (1, 2), (1, 4), (3, 0), (3, 2), (3, 4), (5, 0), (5, 2), (5, 4)]
```

可见，列表推导式是非常简洁的创建列表的方法。另外，Python对列表推导式的内部实现做了大量优化，可以保证较快的运行速度，是推荐使用的一种技术。

视频4-7

元组

4.4 元　组

元组包含若干元素，占用连续的内存空间。在形式上，元组的所有元素放在一对圆括号“()”中，相邻元素之间使用逗号分隔。元组的元素可以是不同的数据类型（如列表、元组等）。

本节主要介绍元组创建、元组操作与计算以及元组生成器推导式（Python官网没有元组生成器推导式的定义，但它与列表推导式类似，区别是返回的是生成器对象，需要对其进行类型转换得到元组，因此本书称为元组生成器推导式）。

4.4.1 元组创建

创建元组的方法有三种：使用圆括号“()”、使用tuple()函数、使用元组生成器推导式。

1. 使用圆括号“()”

将元组元素使用圆括号“()”括起来即可创建元组，结合赋值语句可创建元组变量。当元组只有一个元素时，需要在这个元素的后面添加一个逗号，否则圆括号会被当作运算符使用。例如：

```
>>> tupa = (1, 2, 3)                     # 元组元素为数值型数据
>>> tupb = (1, [2, 3], 'Python')         # 元组元素包含数值型数据、列表和字符串
>>> tupb
(1, [2, 3], 'Python')
>>> tupc = (1,)                          # 只有一个元素时，添加逗号
>>> tupc
(1,)
>>> vara = (1)                           # 只有一个元素时，若不添加逗号，不是元组
>>> vara
1
```

```
>>> varb = ('唐诗')      # 圆括号内只有一个字符串，不添加逗号时，创建的是字符串
>>> varb
'唐诗'
```

2. 使用 tuple() 函数

使用tuple() 函数可以将字符串、列表、迭代器等可迭代对象转换成元组数据类型的对象，详见4.1.3节。

3. 使用元组生成器推导式

使用元组生成器推导式也可以生成元组。例如：

```
>>> tupa = tuple((x ** 3 for x in range(5))) # 创建0~5（不包含5）的整数的立方组成的元组
>>> tupa
(0, 1, 8, 27, 64)
```

关于元组生成器推导式的内容将在4.4.3节进行详细介绍。

注意：使用赋值语句可以将一个元组变量赋给另一个元组变量，此时这两个元组变量指向同一个元组对象。

例如：

```
>>> tupa = ('泰山','华山','衡山','恒山','嵩山')     # 创建包含五岳名称的元组
>>> tupb = tupa                                    # 使用赋值语句
>>> tupa is tupb
True
```

4.4.2 元组操作与计算

元组是不可变序列，无法增加或删除元组元素，也不能直接修改元组中元素的值。所以，元组没有append()、extend()、insert()、remove()和pop()等更改序列对象的方法。但是，元组支持访问方法index()和统计方法count()。下面介绍这两个方法的使用。

> 注意：
> Python 对元组内部实现做了大量优化，访问速度比列表更快。如果定义的是序列常量值，主要用途是对序列进行遍历读取，而不需要对序列进行任何修改，那么建议使用元组而不是列表。另外，元组不允许修改其元素值，从而使得代码更加安全。例如，调用函数时使用元组传递参数可以防止在函数中修改元组。

1. 访问元素

使用元组的index()方法的语法格式如下：

```
tup.index(x[, i][, j])
```

其功能为：返回元组tup中位于位置i与位置j（不包含位置j）间与x相等的首个元素的位置；i和j缺省时，在整个元组tup中进行查找。

例如：

```
>>> tupa = (0, 2, 1, 3, 1, 4, 5)
>>> tupa.index(1)              # 返回元组tupa中与1相等的首个元素的位置
2
>>> tupa.index(1, 3, 5)        # 返回位于tupa索引3和5之间与1相等的首个元素的位置
4
```

2. 统计元素

count()方法返回元组中与方法的参数相等的元素个数。例如：

```
>>> tupa = (0, 2, 1, 3, 1, 4, 5, 1)
>>> tupa.count(1)              # 返回tupa中与1相等的元素的个数
3
```

4.4.3　元组生成器推导式

元组生成器推导式的语法格式与列表推导式相似，不同之处在于将列表推导式中的方括号“[]”修改为圆括号“()”。元组生成器推导式的语法格式如下：

```
(表达式 for 变量1 in 序列1 [if 条件1]
        for 变量2 in 序列2 [if 条件2]
        …
        for 变量n in 序列n [if 条件n])
```

其中：

① 最外层的圆括号“()”不可缺少。

② 由实际场景决定for语句的个数，多个for语句相当于循环嵌套。

③ if语句是可选的。

下面介绍元组生成器推导式的使用举例。

【例4.5】 使用元组生成器推导式生成一个包含10个1～100的随机整数的元组并输出。

分析： 使用标准库random的函数randint()可以生成指定范围内的随机整数，结合for循环语句可以生成指定数量的随机整数。

根据分析，参考程序代码如下：

```
import random                                              # 导入random标准库
RandGen = (random.randint(1, 100) for i in range(10))     # 创建元组生成器
RandTup = tuple(RandGen)                                   # 将元组生成器转换成元组
print("随机数元组为：", RandTup)
```

运行程序，结果如图4-4所示。

```
============================ RESTART: D:\第4章\例4.5.py
===
随机数元组为： (68, 50, 94, 94, 96, 39, 73, 76, 9, 26)
```

图 4-4　例 4.5 程序运行结果

【例4.6】 使用元组生成器推导式生成一个包含1～10共10个元素的生成器对象NumGen，然后使用for循环语句遍历NumGen，并输出每个元素的值，最后将NumGen转换为元组并输出。

分析： 使用for循环语句每访问一次生成器对象NumGen。NumGen将生成一个元素。循环结束时，NumGen转换成的元组是空的。

根据分析，参考程序代码如下：

```
NumGen=(x for x in range(1, 11))
for i in NumGen:
    print(i, end = '  ')
print(tuple(NumGen))
```

运行程序，结果如图4-5所示。

```
============================ RESTART: D:\第4章\例4.6.py
===
1  2  3  4  5  6  7  8  9  10  ()
```

图 4-5　例 4.6 程序运行结果

注意： 使用元组生成器推导式生成的结果不是一个元组，而是一个生成器对象。如果要使用元组生成器推导式创建元组，则需要使用 tuple() 函数将其转换为元组。

小贴士： 可以使用 for 循环语句遍历元组生成器对象。需要注意的是，遍历之后生成器对象就不存在了。

4.5 字　典

字典是无序可变序列，包含若干用冒号分隔开的“键”（key）和“值”（value）组成的元素，元素之间用逗号分隔，所有元素放在一对大括号“{}”中。“键:值”作为字典的元素也称为键值对，表示一种映射或对应关系，又称关联数组。

字典中元素的“键”可以是Python中任意不可变数据，如整数、实数、复数、字符串、元组等，但不能使用列表、集合、字典或其他可变类型作为字典的“键”。字典中的“键”具有唯一性，不允许重复，“值”是可以重复的。

视频4-8

字典创建与字典元素访问

本节主要介绍字典创建、字典操作与计算以及字典推导式。

4.5.1 字典创建

创建字典的方法有四种：使用大括号“{}”、使用dict()函数、使用fromkeys()方法、使用字典推导式。

1. 使用大括号“{}”

将字典元素使用一对大括号“{}”括起来即可创建字典。结合使用赋值语句即可将字典对象赋给字典变量。例如：

```
>>> dicta = {}                                          # 创建空字典
>>> dicta
{}
>>> dictb = {'子':'鼠', '丑':'牛'}                       # 创建包含两个元素的字典
>>> dictb
{'子':'鼠', '丑':'牛'}
>>> dictc = {'东岳':'泰山', '西岳':'华山', '南岳':'衡山', '北岳':'恒山',
'中岳':'嵩山'}
>>> dictc
{'东岳':'泰山', '西岳':'华山', '南岳':'衡山', '北岳':'恒山', '中岳':'嵩山'}
```

2. 使用 dict() 函数

使用dict()函数可以创建空字典，也可以结合关键字参数创建字典，还可以结合zip()函数创建字典。例如：

```
>>> dicta = dict()                                      # 创建空字典
>>> type(dicta)
<class 'dict'>
# 结合关键字参数创建字典
>>> dictb = dict(东岳 = '泰山', 西岳 = '华山', 南岳 = '衡山', 北岳= '恒山',
中岳 = '嵩山')
>>> dictb
{'东岳':'泰山', '西岳':'华山', '南岳':'衡山', '北岳':'恒山', '中岳':'嵩山'}
>>> dictc = dict(zip(('张三', '李四', '钱五'), [95, 90, 92])) # 结合
zip()函数创建字典
>>> dictc
{'张三':95, '李四':90, '钱五':92}
```

另外，可以将元素存在映射关系的可迭代对象转换为字典，详见4.1.3节。

3. 使用 fromkeys() 方法

通过 fromkeys(seq[, val]) 方法可以创建一个值都相等的字典。参数 seq 是一个可迭代对象，可选参数 val 是字典的值，val 的缺省值为 None。该方法通常用来初始化字典。例如：

```
>>> dicta = dict.fromkeys(['张三', '李四', '钱五'], 100)  # 创建值都为100的字典
>>> dicta
{'张三':100, '李四':100, '钱五':100}
```

4. 使用字典推导式

使用字典推导式也可以创建字典，例如：

```
>>> dicta = {i:i+2 for i in range(1, 6)}  # 生成字典，键为1~6的整数，值为键的值加2
>>> dicta
{1:3, 2:4, 3:5, 4:6, 5:7}
```

关于字典推导式的详细内容将在 4.5.3 节介绍。

4.5.2 字典操作与计算

Python 提供了字典操作与计算的方法，常用的字典对象的方法及其功能说明见表 4-6，其中 dct 代表一个字典对象。

表 4-6 常用字典操作方法

方　法	功能说明
dct.clear()	清空字典所有元素
dct.copy()	返回字典的拷贝
dct.fromkeys(seq[, val])	创建以参数 seq 的元素为“键”，以 val 为所有元素的“值”的字典，val 的缺省值为 None
dct.get(key[, default])	如果字典 dct 中存在键 key，则返回对应的值，否则返回默认值 default。如果不指定默认值 default，则没有输出
dct.items()	返回以键和值组成的元组为元素的列表
dct.keys()	返回字典的键构成的列表
dct.pop(key[, default])	删除字典中键等于 key 的元素，并返回 key 对应的值；如果不存在，返回 default
dct.setdefault(key[, default])	如果存在等于 key 的键，返回对应的值；如果不存在等于 key 的键，则增加键值对，值为 default。default 的缺省值为 None
dct.update(dicta)	将字典 dicta 中的键值对添加到字典 dct 中，若键已经存在，则更新键的值
dct.values()	返回字典的值构成的列表

接下来，对字典操作与计算的方法按功能分类进行示例说明。

1. 访问元素

字典的每个元素由键值对（键:值）组成，访问字典元素的方法有以下五种：

① 以“键”为下标返回字典的值。

② 使用 get() 方法返回字典的值。

③ 使用 keys() 方法返回字典的键构成的列表。

④ 使用 values() 方法返回字典的值构成的列表。

⑤ 使用 items() 方法返回以键和值组成的元组为元素的列表。

各种方法的详细说明及示例如下：

（1）以“键”为下标返回字典的值

以“键”为下标返回字典的值的语法格式如下：

```
dct[key]
```

其功能为返回字典dct中键key对应的值。如果字典dct中不存在等于key的键，则程序会抛出异常。例如：

```
>>> dicta = {'张三':95, '李四':90, '钱五':92}
>>> dicta['李四']                                # 返回指定的“键”对应的“值”
90
>>> dicta['王二']                                # 指定的键不存在，抛出异常
>>> KeyError: '王二'
```

（2）使用 get() 方法返回字典的值

字典的dct.get(key[, default])也可以用来返回指定“键”对应的“值”，如果不指定“键”，程序会抛出异常；如果不存在指定的“键”，程序没有返回值，程序不抛出异常；通过使用default参数，可以设置不存在指定的“键”时，返回的值。例如：

```
>>> dicta = {'张三':95, '李四':90, '钱五':92}
>>> dicta.get()                        # 不指定键，抛出异常
TypeError: get expected at least 1 argument, get 0
>>> dicta.get('钱五')                  # 返回指定的键对应的值
92
>>> dicta.get('王二')     # 指定的键不存在，也没有默认值时，不返回值，也不报错
>>> dicta.get('王二', 'Null')          # 指定的键不存在，返回默认值
'Null'
```

（3）使用 keys() 方法返回字典的键构成的列表

字典的keys()方法返回view（视图）对象。该视图对象包含列表形式的字典键。例如：

```
>>> dicta = {'东岳':'泰山', '西岳':'华山', '南岳':'衡山', '北岳':'恒山',
'中岳':'嵩山'}
>>> dicta.keys()
dict_keys(['东岳', '西岳', '南岳', '北岳', '中岳'])
```

（4）使用 values() 方法返回字典的值构成的列表

字典的values()方法返回view（视图）对象。该视图对象包含列表形式的字典的“值”。例如：

```
>>> dicta = {'东岳':'泰山', '西岳':'华山', '南岳':'衡山', '北岳':'恒山',
'中岳':'嵩山'}
>>> dicta.values()
dict_values(['泰山', '华山', '衡山', '恒山', '嵩山'])
```

（5）使用 items() 方法返回以键和值组成的元组为元素的列表

字典的items()方法可以返回一个view（视图）对象。该视图对象包含字典的键值对，形式为列表中的元组。例如：

```
>>> dicta = {'东岳':'泰山', '西岳':'华山', '南岳':'衡山', '北岳':'恒山',
'中岳':'嵩山'}
>>> dicta.items()
dict_items([('东岳', '泰山'), ('西岳', '华山'), ('南岳', '衡山'), ('北岳
', '恒山'), ('中岳', '嵩山')])
```

视频4-9

增加、修改、删除字典元素

2. 增加与修改元素

可以通过字典的“键”对“值”进行修改以及为字典增加键值对，另外还可以使用update()方法和setdefault()方法添加字典元素。

（1）以“键”为下标添加或修改字典元素

当以指定“键”为下标为字典元素赋值时，若该“键”存在，则表示修改该“键”对应的值；若该“键”不存在，则表示添加一个新的“键:值”对，也就是添加一个新元素。例如：

```
>>> dicta = {'张三':95, '李四':90, '钱五':92}
>>> dicta['张三'] = 97                           # 修改字典的“值”
>>> dicta['王二'] = 100                          # 添加新元素
>>> dicta
{'张三':97, '李四':90, '钱五':92, '王二':100}
```

（2）使用 update() 方法添加字典元素

使用字典对象的dct.update(dicta)方法可以将另一个字典dicta的元素全部添加到当前字典dct中，如果两个字典中存在相同的“键”，则将当前字典dct中对应的“值”修改为字典dicta中对应的“值”。例如：

```
>>> dicta = {'张三':95, '李四':90, '钱五':92}
>>> dictb = {'张三':97, '王二':100}
>>> dicta.update(dictb)                          # 修改键的值，同时添加新元素
>>> dicta
{'张三':97, '李四':90, '钱五':92, '王二':100}
```

（3）使用 setdefault() 方法添加字典元素

使用字典对象的setdefault(key[, default])方法可以为字典添加元素，但前提是字典中不存在与参数key相等的“键”，此时在字典中添加键值对“key:default”，并返回default（缺省值为None）。如果字典中存在与参数key相等的“键”，返回与其对应的“值”，此时该方法的功能与方法get()相似。例如：

```
>>> dicta = {'张三':95, '李四':90, '钱五':92}
>>>  dicta.setdefault('王二', 100)  # 字典中不存在键'王二'，则添加元素，并返回“值”
100
>>> dicta
{'张三':95, '李四':90, '钱五':92, '王二':100}
>>> dicta.setdefault('赵六')                     # default缺省值为None，无返回值
>>> dicta
{'张三':95, '李四':90, '钱五':92, '王二':100, '赵六':None}
>>> dicta.setdefault('张三')                     # 字典中有'张三'，返回对应的值
95
>>> dicta
{'张三':95, '李四':90, '钱五':92, '王二':100, '赵六':None}
>>> dicta.setdefault('张三', 97)                 # 键存在，不修改键的值
95
>>> dicta
{'张三':95, '李四':90, '钱五':92, '王二':100, '赵六':None}
```

3. 删除元素

删除字典元素的方式有del命令、clear()方法和pop()方法。

（1）del 命令

使用del命令可以删除字典中指定的元素。如果字典中不存在指定要删除的“键”，则程序抛出异常。例如：

```
>>> dicta = {'张三':95, '李四':90, '钱五':92}
>>> del dicta['张三']                    # 删除字典中的元素
>>> dicta
{'李四':90, '钱五':92}
>>> del dicta['王二']                    # 指定的键不存在，抛出异常
KeyError: '王二'
```

（2）clear() 方法

使用方法dct.clear()可以删除字典中所有元素。例如：

```
>>> dicta = {'张三':95, '李四':90, '钱五':92}
>>> dicta.clear()                       # 删除字典中所有元素
>>> dicta
{}
```

（3）pop() 方法

字典对象的pop(key[, default])方法用于删除字典中指定元素时，根据字典中是否存在指定的键key，以及是否指定可选参数default。它的返回值有以下三种情况：

① 如果字典中存在与key相等的键，返回对应的值。

② 如果字典中不存在与key相等的键，返回指定的默认值default。

③ 如果字典中不存在与key相等的键也没有指定default，抛出异常。

例如：

```
>>> dicta = {'张三':95, '李四':90, '钱五':92}
>>> dicta.pop('张三')              # 删除字典中键等于“张三”的元素，并返回对应的值
95
>>> dicta
{'李四':90, '钱五':92}
>>> dicta.pop('王二', 'None')      # 字典中不存在键等于“王二”的元素，返回默认值None
'None'
>>> dicta.pop('王二')              # 键不存在，也不指定default时，程序报错
KeyError: '王二'
```

4.5.3 字典推导式

字典推导式与列表推导式类似，区别是要将方括号“[]”改成大括号“{}”，而且字典的元素是键值对。语法格式如下：

```
{键表达式:值表达式 for 变量1 in 序列1 [if 条件1]
                  for 变量2 in 序列2 [if 条件2]
                  …
                  for 变量n in 序列n [if 条件n]}
```

其中：

① 最外层的大括号“{}”不可缺少。

② 由实际场景决定for语句的个数，多个for语句相当于循环嵌套。

③ if语句是可选的。

字典推导式的示例如下：

【例4.7】已知lista=[1, 2, 3, 4, 5, 6, 7]，listb=['Monday', 'Tuesday', 'Wednesdy', 'Thursday', 'Friday', 'Saturday', 'Sunday']，编程实现通过使用字典推导式将lista和listb合并为一个字典dicta，并从键盘接收一个lista中的元素值，输出对应的英文翻译。

分析：使用索引可以访问列表中的元素，结合for循环语句可以访问列表中的每个元素，将lista和listb中的元素分别作为字典的键和值，从而使用字典推导式生成字典dicta。以输入的字符串作为索引可以访问字典dicta，返回的是字典的值，即对应的英文翻译。

根据分析，参考程序代码如下：

```
lista = ['星期一', '星期二', '星期三', '星期四', '星期五', '星期六', '星期日']
listb = ['Monday', 'Tuesday', 'Wednesdy', 'Thursday', 'Friday', 'Saturday', 'Sunday']
dicta = {lista[i]:listb[i] for i in range(len(lista))}
flag = 1
while flag:
    day = input('输入星期几：')
    if day in lista:
        eDay = dicta[day]
        print(f'{day}的英文是：{eDay}')
        flag = 0
    else:
        print('输入的格式不正确！')
        flag = 1
```

运行程序两次，结果如图4-6所示。

```
============================ RESTART: D:\第4章\例4.7.py
===
输入星期几：星期一
星期一的英文是：Monday

============================ RESTART: D:\第4章\例4.7.py
===
输入星期几：星期2
输入的格式不正确！
输入星期几：星期二
星期二的英文是：Tuesday
```

图 4-6　例 4.7 程序运行结果

4.6 集　合

Python中集合的概念与数学中集合的概念一样，是一个无序不重复元素的组合，使用一对大括号“{}”作为定界符，元素之间使用逗号分隔。Python中集合又分为可变集合（set）和不可变集合（frozenset）。集合的元素只能是数字、字符串、元组等不可变类型的数据，不能是列表、字典、集合等可变类型的数据。并且，集合元素具有唯一性，不能重复。本节主要介绍集合创建、集合操作与计算以及集合推导式。

视频4-10

集合

4.6.1 集合创建

创建集合的方法有三种：使用大括号“{}”、使用函数set()和frozenset()、使用集合推导式。

1. 使用大括号“{}”

集合和字典都是使用大括号“{}”作为定界符。如果使用一对空的大括号“{}”，则创建的是字典对象，所以，使用大括号“{}”创建集合时，要在大括号“{}”里面列出集合的元素。例如：

```
>>> var = {}                                    # 创建的是字典对象
>>> type(var)
<class 'dict'>
>>> seta = {1, 2, 3}                            # 创建数值型数据的集合
>>> seta
{1, 2, 3}
>>> setb = {'京剧', '越剧', '黄梅戏', '评剧', '豫剧'} # 创建字符串元素的集合
>>> setb
{'评剧', '豫剧', '黄梅戏', '京剧', '越剧'}
>>> setc = {1, [2, 3]}                          # 集合元素不能是可变类型的数据
TypeError: unhashable type: 'list'
```

2. 使用函数 set() 和 frozenset()

使用set()函数可以将列表、元组、字符串、range对象等可迭代对象转换成可变集合。如果原来的可迭代对象中存在重复元素，则在转换时只保留一个元素；如果原来的数据有不可散列的值，则无法转换成集合，程序会抛出异常。

关于一个对象“可散列”和“不可散列”的说明：对于Python内建类型的对象来说，创建之后无法修改的数据类型都是“可散列”（hashable），也称为“可哈希”，比如字符串和元组。可修改的数据类型都是“不可散列”（unhashable），也称为“不可哈希”，比如列表、字典和集合。

使用函数set()和frozenset()创建集合的示例如下：

（1）使用 set() 函数创建可变集合

```
>>> seta = set()                      # 创建空集合
>>> seta
set()
>>> setb = set('diligent')            # 将字符串转换为集合，转换时去掉重复元素
>>> setb
{'g', 'l', 'd', 'n', 'e', 'i', 't'}
>>> lista = [('星期一', 'Mon.'), ('星期二', 'Tue.')]   # 列表的元素是不可变的元组
>>> setc = set(lista)
>>> setc
{('星期二', 'Tue.'), ('星期一', 'Mon.')}
>>> listb = [['星期一', 'Mon.'], ['星期二', 'Tue.']]   # 列表的元素是可变的列表，
转换时报错
>>> setd = set(listb)
TypeError: unhashable type: 'list'
```

（2）使用 frozenset() 函数创建不可变集合

```
>>> fSet = frozenset('diligent')
>>> fSet
frozenset({'g', 'l', 'd', 'n', 'e', 'i', 't'})
>>> type(fSet)
```

```
<class 'frozenset'>
```

3. 使用集合推导式

使用集合推导式也可以创建集合。例如：

【例4.8】生成一个包含整数1～20（包含20）的集合seta。

参考语句代码如下：

```
>>> seta = {i for i in range(1, 21)}
>>> seta
{1, 2, 3, 4, 5, 6, 7, 8, 9, 10, 11, 12, 13, 14, 15, 16, 17, 18, 19, 20}
```

关于字典推导式的详细内容将在4.6.3节介绍。

4.6.2 集合操作与计算

Python中的集合具有同数学中集合一样的基本运算，另外还提供了集合操作与计算的方法。

1. 集合运算

使用集合运算符和集合对象方法都可以实现集合运算。集合运算符包括成员运算符（in和not in）、关系运算符（==、!=、<、<=、>和>=），以及用于交集、合集、差补或相对补集以及对称差集等的运算符，见表4-7，其中seta和setb为集合对象。

表 4-7　集合运算符

集合运算符	功 能 说 明	集合运算符	功 能 说 明
x in seta	x 是否是集合 seta 的成员	seta > setb	判断集合 seta 是否是集合 setb 的真超集
x not in seta	x 是否不是集合 seta 的成员	seta >= setb	判断集合 seta 是否是集合 setb 的超集
seta == setb	判断集合 seta 与 setb 是否相等	seta & setb	计算并返回集合 seta 与集合 setb 的交集
seta != setb	判断集合 seta 与 setb 是否不相等	seta | setb	计算并返回集合 seta 与集合 setb 的合集
seta < setb	判断集合 seta 是否是集合 setb 的真子集	seta – setb	计算并返回集合 seta 与集合 setb 的差集
seta <= setb	判断集合 seta 是否是集合 setb 的子集	seta ^ setb	计算并返回集合 seta 与集合 setb 的对称差集

用于实现集合运算的集合对象方法见表4-8，其中seta和setb为集合对象。

表 4-8　集合运算方法

方　法	功 能 说 明
seta.difference(setb)	返回由属于集合 seta 但不属于集合 setb 的元素组成的新集合
seta.intersection(setb)	返回集合 seta 和集合 setb 的交集
seta.issubset(setb)	判断集合 seta 是否是集合 setb 的子集
seta.issuperset(setb)	判断集合 seta 是否是集合 setb 的超子集
seta.symmetric_difference(setb)	返回由只属于集合 seta 和集合 setb 之一的元素组成的新集合
seta.union(setb)	返回集合 seta 和集合 setb 的并集

集合运算示例如下：

```
>>> '指南针' in {'造纸术', '指南针', '火药', '印刷术'} # 判断是否是集合的成员
True
>>> 2 not in {1, 3, 5}                              # 判断是否不是集合的成员
True
>>> {1, 2, 3} == {2, 1, 3}                          # 判断两个集合是否相等
True
>>> {1, 2, 3} != {2, 1, 3}                          # 判断两个集合是否不相等
False
```

```
>>> {1, 2} < {1, 2, 3}                           # 使用运算符判断是否是真子集
True
>>> {1, 2, 3} < {2, 3, 1}                        # 不是真子集
False
>>> {1, 2, 3} <= {2, 3, 1}                       # 是子集
True
>>> {1, 2, 3}.issubset({2, 3, 1})                # 使用方法判断是否是子集
True
>>> {1, 2, 3} > {2, 3, 1}                        # 不是真超集
False
>>> {1, 2, 3}.issuperset({1, 2})                 # 使用方法判断是否是超集
True
>>> {1, 2, 3} >= {2, 3, 1}                       # 是超集
True
>>> {1, 2, 3} & {2, 4, 6}                        # 使用运算符交集交集
{2}
>>> {1, 2, 3}.intersection({2, 4, 6})            # 使用方法计算交集
{2}
>>> {1, 2, 3} | {2, 4, 6}                        # 返回合集
{1, 2, 3, 4, 6}
>>> {1, 2, 3}.union({2, 4, 6})                   # 使用方法计算合集
{1, 2, 3, 4, 6}
>>> {1, 2, 3} - {2, 4, 6}                        # 返回差集
{1, 3}
>>> {1, 2, 3}.difference({2, 4, 6})              # 使用方法计算差集
{1, 3}
>>> {1, 2, 3} ^ {2, 4, 6}                        # 返回对称差集
{1, 3, 4, 6}
>>> {1, 2, 3}.symmetric_difference({2, 4, 6}) # 使用方法计算对称差集
{1, 3, 4, 6}
```

2. 元素的增加、删除与修改

对于可变集合，Python还提供了增加、删除与修改集合元素的方法，见表4-9，其中seta和setb表示集合对象。

表 4-9　可变集合适用的方法

方　法	功 能 说 明
seta.add(x)	在集合 seta 中添加元素 x
seta.clear()	清空集合 seta 中的所有元素
seta.difference_update(setb)	修改集合 seta，使得集合 seta 只包含属于集合 seta 但不属于集合 setb 的元素
seta.discard(x)	从集合 seta 中删除与 x 相等的元素
seta.intersection_update(setb)	修改集合 seta，使得集合 seta 只包含属于集合 seta 和集合 setb 交集的元素
seta.pop()	从集合 seta 中随机删除一个元素，并返回这个元素
seta.remove(x)	从集合 seta 中删除与 x 相等的元素，如果不存在元素 x，则报错
seta.symmetric_difference_update(setb)	修改集合 seta，使得集合 seta 包含只属于 seta 和 setb 其中一个集合的元素
seta.update(seq)	向集合 seta 中添加序列 seq 中的元素，如果 seta 与 seq 有重复元素，则只保留一个

下面按功能分类对表4-9中的方法进行介绍。

（1）增加集合元素

使用seta.add(x)方法和seta.update(seq)方法可以向集合seta中添加元素，但这两个方法的

参数不同：使用add()方法时，要添加的元素只能是数字、字符串和布尔类型（True或False）等，不能使用列表、元组等可迭代对象；使用update()方法向集合追加的数据必须是序列，比如列表、元组、字典等。例如：

```
>>> seta = {'春节', '元宵节', '端午节'}
>>> seta.add('中秋节')                        # 添加单个元素
>>> seta
{'端午节', '元宵节', '中秋节', '春节'}
>>> seta.update(['重阳节', '除夕'])           # 添加多个元素
>>> seta
{'重阳节', '元宵节', '春节', '端午节', '除夕', '中秋节'}
>>> setb = {1, 2, 3}
>>> setb.update((1, 2, 4, 5))                 # 有重复元素时，只保留一个
>>> setb
{1, 2, 3, 4, 5}
```

（2）删除集合元素

使用方法seta.discard(x)、seta.remove(x)、seta.pop()和seta.clear()可以删除集合的元素。方法discard()和remove()都可用于删除集合中与给定参数相等的元素，没有返回值，区别是：如果不存在与给定参数相等的元素时，方法discard()不报错，而方法remove()报错。集合是无序序列，使用方法pop()删除元素时，随机删除集合中的一个元素，并返回该元素。方法clear()用于删除集合的所有元素。例如：

```
>>> seta = {1, 2, 3, 4, 5}
>>> seta.discard(1)                           # 删除值为1的元素
>>> seta
{2, 3, 4, 5}
>>> seta.discard(6)                           # 集合中没有值为6的元素，不报错
>>> seta.remove(6)                            # 集合中没有值为6的元素，报错
KeyError: 6
>>> seta.remove(2)                            # 删除值为2的元素
>>> seta
{3, 4, 5}
>>> seta.pop()                                # 随机删除一个元素，并返回该元素
3
>>> seta
{4, 5}
>>> seta.clear()                              # 清空集合
>>> seta
set()
```

（3）修改集合元素

方法seta.difference_update(setb)、seta.intersection_update(setb)和seta.symmetric_difference_update(setb)都不改变集合setb，而对集合seta分别进行以下修改：使得seta只包含属于集合seta但不属于集合setb的元素；使得集合seta只包含属于集合seta和集合setb交集的元素；使得集合seta只包含仅属于seta和setb其中一个集合的元素。例如：

```
>>> seta = {1, 2, 3, 5}
>>> setb = {1, 3, 5, 7}
```

```
>>> seta.difference_update(setb)  # 使得集合seta只包含属于seta不属于setb的元素
>>> seta
{2}
>>> seta = {1, 2, 3, 5}
>>> seta.intersection_update(setb) # 使得seta只包含既属于seta也属于setb的元素
>>> seta
{1, 3, 5}
>>> seta = {1, 2, 3, 5}
>>> seta.symmetric_difference_update(setb) # 使seta只包含仅属于seta或setb的元素
>>> seta
{2, 7}
>>> setb                                   # setb不变
{1, 3, 5, 7}
```

4.6.3 集合推导式

集合推导式与列表推导式是相似的，唯一区别是集合推导式使用的是大括号“{}”而不是方括号“[]”。语法格式如下：

```
{表达式 for 变量1 in 序列1 [if 条件1]
        for 变量2 in 序列2 [if 条件2]
        …
        for 变量n in 序列n [if 条件n]}
```

其中：

① 最外层的大括号“{}”不可缺少。

② 由实际场景决定for语句的个数，多个for语句相当于循环嵌套。

③ if语句是可选的。

④ 注意与字典推导式的区别，字典推导式包含键表达式和值表达式，用于计算键值对，而集合推导式只包含一个计算集合元素的表达式。

集合推导式举例：

【例4.9】生成一个包含0～20（包含20）中偶数的立方的集合seta。

参考语句代码如下：

```
>>> seta = {i ** 3 for i in range(20) if i % 2 == 0}      # 通过if条件筛选偶数
>>> seta                                  # 集合是无序序列，每次运行结果不同
{0, 64, 512, 1728, 4096, 8, 1000, 5832, 2744, 216}
```

4.7 正则表达式

正则表达式是用于处理字符串的强大工具，描述了一种字符串匹配的模式（pattern），用来检查一个字符串是否含有某种子字符串、替换匹配的子字符串或者从某个字符串中取出符合某个条件的子字符串等。

4.7.1 基本语法

正则表达式是由普通字符与特殊字符组成的文字模式。普通字符是指能够描述其自身的字符，包括所有大小写字母、数字、标点符号和一些其他符号。普通字符需要做精确匹配，

而特殊字符指定的匹配模式则对应了用于模糊匹配的规则。正则表达式中还提供了特殊序列以表示特殊的含义，其由“\”和一个字符组成。“\”后面的字符可以是数字，也可以是部分英文字母。

常用的正则表达式匹配模式见表4-10。

表 4-10　常用的正则表达式匹配模式

匹配模式	说　明
.	匹配换行外的任一字符。例如，对于正则表达式 "ab.c"，其与 "abec" 和 "abmc" 匹配，但与 "abc"、"adbc" 不匹配
^	匹配字符串开头的若干字符。例如，对于正则表达式 "^py"，其与 "python" 匹配，与 " puppy " 不匹配
$	匹配字符串末尾的若干字符。例如，对于正则表达式 " py$"，其与 " puppy " 匹配，与 "python" 不匹配
[xyz]	字符集合，对应位置可以是该集合中的任一字符。例如，正则表达式 "[abc]" 可以匹配 " apple " 的 "a"
[a-z]	字符范围。匹配指定范围内的任一字符。例如，正则表达式 "[a-z]" 可以匹配 "a" 到 "z" 范围内的任一字符
[^a-z]	匹配不在指定范围内的任一字符。例如，正则表达式 "[^0-9]" 表示匹配不在 0 至 9 之间的字符
*	匹配前一个模式 0 次或多次。例如，对于正则表达 "a[0-9]*d"，其与 "ad"、"a1d" 和 "a01d" 匹配，但与 "acd" 不匹配
+	匹配前一个模式 1 次或多次。例如，对于正则表达 "a[0-9]+d"，其与 "a1d" 和 "a01d" 匹配，但与 "ad" 和 "acd" 不匹配
?	匹配前一个模式 0 次或 1 次。例如，对于正则表达 "a[0-9]?d"，其与 "ad" 和 "a1d" 匹配，但与 "a01d" 和 "acd" 不匹配
{n}	匹配前一个模式 n 次。例如，对于正则表达式 "f[o]{2}d"，其与 "food" 匹配，但与 "fod" 不匹配
{n,m}	n<=m，匹配前一个模式 n 至 m 次；省略 m 则匹配前一个模式 n 次至无限次。例如，对于正则表达式 "a[0-9]{1,3}d"，其与 "a0d" 和 "a02d" 匹配，但与 "ad" 和 "abd" 不匹配
x|y	匹配 x 或 y 中的任一模式。例如，正则表达式 "z|food" 能匹配 "z" 或 "food"；正则表达式 "a[b|d]c"，其与 "abc" 或 "adc" 匹配，但与 "ac"、"aec" 和 "abdc" 不匹配
(pattern)	用圆括号“()”括起来的内容表示一个分组。在匹配完成后，可以获取每个分组在字符串中匹配到的内容。例如，正则表达式 "(.*?)abc"，其与 "123abc456abc" 匹配结果为 "123" 和 "456"；正则表达式 "(.*)abc"，其与 "123abc456abc" 匹配结果为 "123abc456"。"*?" 和 "*" 的区别在于："*?" 每次匹配尽可能少的字符；而 "*" 每次会匹配尽可能多的字符
\	转义符，使后面一个字符改变原来的含义。例如，在正则表达式中要精确匹配字符 "$"，则需要写成 "\$*"；要精确匹配字符 "\"，则需要写成 "\\"
\number	number 表示一个数字，"\number" 用于引用同一编号的分组中的模式（分组编号从 1 开始）。例如，对于正则表达式 "([a-z])123\1"，其中 "\1" 就表示引用第 1 个分组中的模式 "[a-z]"，即等价于 "([a-z])123([a-z])"，匹配一个以字母开头、字母结尾、中间是数字 123 的字符串
\A	匹配字符串开头的若干字符，同 "^"
\b	单词边界符，也就是指单词和空格间的位置，即 "\b" 两边的字符应该一个是非单词字符、另一个是单词字符，或者一个是单词字符、另一个是空字符（即字符串的开头或末尾）。例如，"er\b " 可以匹配 "never" 中的 "er"，但不能匹配 "verb" 中的 "er"
\B	非单词边界符，与 "\b" 功能相反。例如，"er\B " 不能匹配 "never" 中的 "er"，能匹配 "verb" 中的 "er"
\d	匹配任一数字字符，等价于 "[0-9]"。
\D	与 \d 作用相反，匹配任一非数字字符，等价于 "[^0-9]"
\w	匹配字母、数字、下划线在内的任一可能出现在单词中的字符，等价于 "[A-Za-z)-9_]"
\W	匹配非字母、数字、下划线，等价于 "[^A-Za-z)-9_]"
\f	匹配一个换页符
\n	匹配一个换行符
\r	匹配一个回车符

续表

匹配模式	说　明
\t	匹配一个制表符
\v	匹配一个垂直制表符
\s	匹配任一空白字符，包括空格、制表符、换页符等，等价于 "[\f\n\r\t\v]"
\S	匹配任何非空白字符，等价于 "[^\f\n\r\t\v]"

4.7.2　运算符优先级

与算术表达式类似，正则表达式运算顺序遵循按优先级先高后低、同一优先级从左到右进行运算的规则。表4-11将正则表达式运算符的优先级按从上到下、由高到低进行说明。

表 4-11　正则表达式运算符的优先级

运　算　符	说　明
\	转义符
()，[]	圆括号和中括号
*，+，?，{n}，{n,}，{n, m}	限定符
^，$，\ 任何特殊字符，任何字符	定位点（位置）和序列（顺序）
|	替换、“或”操作

4.7.3　re 模块

视频4-11

re模块

Python标准库中的re模块提供了用于实现使用正则表达式进行字符串操作的函数。可以直接使用re模块提供的函数（如search()、match()、findall()）等进行字符串处理，也可以先使用re模块的compile()函数将模式字符串转换为正则表达式对象，然后再使用该正则表达式对象的相关方法来处理字符串。re模块中常用函数及功能说明见表4-12，其中，pattern是一个字符串形式的正则表达式；string是要匹配的字符串；flags指定了匹配选项，可以使用按位或（|）运算符将多个选项连接起来；flags的默认值为0，表示没有任何匹配选项。表4-13列出了flags参数对应的匹配选项及描述。

表 4-12　re 模块常用函数

函　数	功 能 说 明
compile(pattern[, flags])	用于将一个字符串形式的正则表达式编译成一个正则表达式对象，然后使用正则表达式对象方法来处理字符串，可以提高字符串处理速度
findall(pattern, string[, flags])	从左向右扫描字符串 string，从字符串中找到所有与正则表达式 pattern 匹配的子串，返回与正则表达式模式匹配的所有字符串。如果匹配成功，则将匹配的数据以列表的形式返回；如果匹配失败，则返回空列表
match(patterm, string[, flags])	检查字符串 string 的开始是否与 pattern 匹配，如果匹配，返回匹配对象，否则，返回 None。
search(pattern, string[, flags])	从左向右扫描字符串 string，查找与 pattern 模式匹配的第一个位置，并返回相应的匹配对象
split(pattern, string[, maxsplit=0])	按与 pattern 的匹配项拆分字符串
sub(pattern, repl, string[, count=0])	将字符串 string 中所有与 pattern 匹配的项用 repl 替换，返回新字符串；count 为替换的最大次数，默认为 0，表示替换所有匹配项

表 4-13　flags 参数对应的匹配选项及描述

匹配选项	描　　述
re.I	匹配时不区分大小写
re.L	支持本地字符集的字符
re.M	使匹配模式中的 ^ 能够匹配每行的开头若干字符，$ 能够匹配每行的结尾若干字符
re.S	使匹配模式中的 .（点）能够匹配任一字符（包括换行符）
re.X	忽略正则表达式中的空格和 # 注释
re.U	使用 \ 特殊序列中的 \w、\W、\b、\B 等时，仅作 Unicode 码的匹配
re.A	使用 \ 特殊序列中的 \w、\W、\b、\B 等时，仅作 ASCII 码的匹配

下面分别举例说明了使用re模块中的findall()函数和compile()函数处理字符串的用法。

【例4.10】使用findall()函数处理字符串。

```
import re                                   # 导入 re 模块
stra = "one1two2three3four4"
rlt = re.findall("(\D+)", stra)             # 查找所有单词
print(rlt)
```

运行程序，结果如下：

```
['one', 'two', 'three', 'four']
```

【例4.11】使用compile()函数处理字符串。

```
import re
stra = "Computer aided diagnosis can provide decision supports for doctors."
patt = re.compile(r"\b[C|c]\w+\b")         # 查找以“C”或“c”为首的单词
rlt = patt.findall(stra)
print(rlt)
```

运行程序，结果如下：

```
['Computer', 'can']
```

4.8 应用实例

本章主要介绍了字符串、列表、元组、字典和集合等Python语言中的高级数据类型的相关知识。本节将介绍应用这些知识的综合实例。通过这些应用实例可以让读者进一步理解并掌握序列对象的创建、操作与计算方法。

【例4.12】假设依据字符串中包含数字、小写字母、大写字母和特殊符号的种类和字符串长度将字符串复杂程度划分为四个等级：

① 低：字符串长度小于8或只包含一类字符。

② 中低：字符串长度大于8且包含两类字符。

③ 中高：字符串长度大于8且包含三类字符。

④ 高：字符串长度大于8且包含四类字符。

编程实现从键盘接收一个字符串，判断该字符串的复杂程度。

分析：遍历字符串中的每个字符，识别字符所属类别，并统计字符串包含的字符类别的种类。根据种类的数量和字符串长度来判断该字符的复杂程度。

根据分析，参考程序代码如下：

```
s = input('请输入一个字符串：')
print('该字符串的复杂程度为：')
if len(s) < 8:
    print('低')
else:
    num = False                                          # 标识是否包含数字字符
    lcase = False                                        # 标识是否包含小写字母
    ucase = False                                        # 标识是否包含大写字母
    schar = False                                        # 标识是否包含特殊符号
    dic = {1:'低', 2:'中低', 3:'中高', 4:'高'}            # 定义字典
    snum = ['0', '1', '2', '3', '4', '5', '6', '7', '8', '9']
    scharl=['%', '#', '$', '@']                          # 定义特殊符号
    for i in s:
        if i in snum:
            num = True
            continue
        elif i.islower() == True:
            lcase = True
            continue
        elif i.isupper() == True:
            ucase = True
            continue
        elif i in scharl:
            schar = True
    tl = [num, lcase, ucase, schar]
    n = tl.count(True)                                   # 统计符号种类
    deg = dic.get(n)                                     # 根据键，查找复杂程度
    print(deg)
```

运行程序五次，结果如图4-7所示。

```
========================== RESTART: D:\第4章\例4.12.py
===
请输入一个字符串：123abc
该字符串的复杂程度为：
低

========================== RESTART: D:\第4章\例4.12.py
===
请输入一个字符串：12345678
该字符串的复杂程度为：
低

========================== RESTART: D:\第4章\例4.12.py
===
请输入一个字符串：123abcde
该字符串的复杂程度为：
中低

========================== RESTART: D:\第4章\例4.12.py
===
请输入一个字符串：123abcABC
该字符串的复杂程度为：
中高

========================== RESTART: D:\第4章\例4.12.py
===
请输入一个字符串：123abcAB#
该字符串的复杂程度为：
高
```

图 4-7　例 4.12 程序运行结果

【例4.13】密码系统常涉及字符替换。编程实现从键盘接收一个字符串作为原文，使用

Python提供的方法maketrans()和translate()，将原文中某些英文字母替换成其他字符。

分析：首先使用方法maketrans()建立字符映射表，然后使用方法translate()对原文进行转换。

根据分析，参考程序代码如下：

```
s = input('请输入要转换的字符串：\n')
intab = 'abcefgABCDEFG'
outtab = '12345*&#@^%MN'
table = str.maketrans(intab,outtab)                    # 创建字符映射表
print('转换后的字符串为：', s.translate(table), sep='\n') # 输出转换后的字符串
```

运行程序，结果如图4-8所示。

```
=========================== RESTART: D:\第4章\例4.13.py =======
===
请输入要转换的字符串：
The dumping, or Jiaozi in Chinese, are a common food in China.
转换后的字符串为：
Th4 dumpin*, or Ji1ozi in @hin4s4, 1r4 1 3ommon 5ood in @hin1.
```

图 4-8　例 4.13 程序运行结果

【例4.14】已知列表matrix=[[1, 2, 3, 4, 5], [6, 7, 8, 9, 10], [11, 12, 13, 14, 15]]表示3 × 5的矩阵，编程实现矩阵的转置，并使用列表tmatrix表示转置后的5 × 3矩阵，分行输出tmatrix的每个元素。

分析：tmatrix[0]是matrix[0][0]、matrix[1][0]和matrix[2][0]组成的列表。同样，tmatrix[1]是matrix[0][1]、matrix[1][1]和matrix[2][1]组成的列表，以此类推，可知tmatrix[2]、tmatrix[3]和tmatrix[4]的元素组成。因此，可以使用两层for循环构建tmatrix列表，内层循环使用append()方法将相应元素添加到tmatrix的每个列表元素，外层循环使用append()方法将内层循环构造的每个列表元素添加到tmatrix。

根据分析，参考程序代码如下：

```
matrix = [[1, 2, 3, 4, 5], [6, 7, 8, 9, 10], [11, 12, 13, 14, 15]]
tmatrix = []                    # 创建列表表示转置矩阵
for i in range(5):              # 每执行一次循环语句，创建tmatrix矩阵的一个元素trow
    trow = []
    for row in matrix:          # 将row[i]添加到tmatrix矩阵的trow行
        trow.append(row[i])
    tmatrix.append(trow)
for j in tmatrix:               # 输出tmatrix的每个元素
    print(j)
```

运行程序，结果如图4-9所示。

```
============================= RESTART: D:\例4.14.py ============================
=
[1, 6, 11]
[2, 7, 12]
[3, 8, 13]
[4, 9, 14]
[5, 10, 15]
```

图 4-9　例 4.14 程序运行结果

【例4.15】编写程序，从键盘输入要显示的杨辉三角形的行数，输出相应的杨辉三角形，每行的数据使用一个空格间隔。

小贴士：

杨辉三角形，又称贾宪三角形、帕斯卡三角形，是二项式系数在三角形的一种几何排列。在我国南宋数学家杨辉所著的《详解九章算术》（1261 年）一书中用图 4-10 所示的三角形解释二项和的乘法规律。

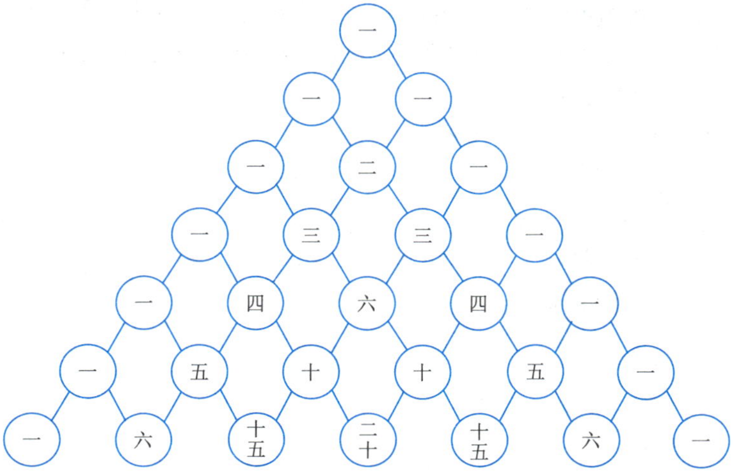

图 4-10　杨辉三角形

分析： 每行的第 1 个和最后 1 个数据都是 1，从第 3 行开始，中间的数据为上一行的相应位置上的数据之和。例如，第 4 行第 2 个数据为第 3 行第 1 个数据和第 2 个数据之和，第 3 个数据为第 3 行第 2 个数据和第 3 个数据之和。根据这个规律可以得到每行的数据。使用列表存放每行的数据，遍历列表的数据并输出到屏幕。

根据分析，参考程序代码如下：

```
n = int(input("请输入杨辉三角形的行数:"))
print('{}行的杨辉三角形为:'.format(n))
old_line = [1]                                  # 第 1 行数据
print(1)
for i in range(1, n):
    new_line = [1]
    for j in range(len(old_line) - 1):
        new_line.append(old_line[j] + old_line[j + 1])  # 添加列表元素
    new_line.append(1)                          # 添加最后 1 个元素
    old_line = new_line
    for j in old_line:
        print(j, end = ' ')                     # 输出每行数据，数据之间用一个空格间隔
    print()
```

运行程序，结果如图 4-11 所示。

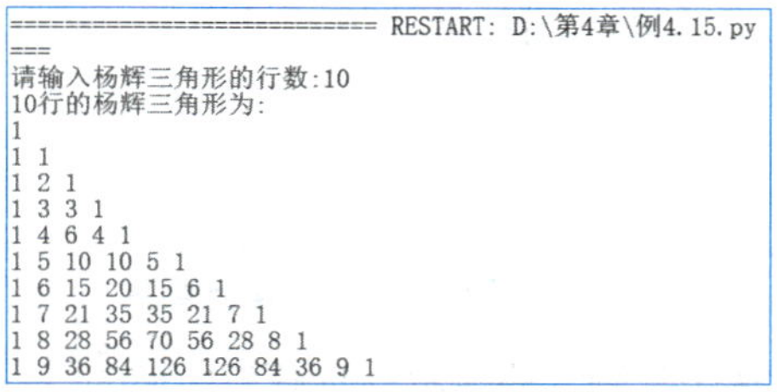

```
============================ RESTART: D:\第4章\例4.15.py
===
请输入杨辉三角形的行数:10
10行的杨辉三角形为:
1
1 1
1 2 1
1 3 3 1
1 4 6 4 1
1 5 10 10 5 1
1 6 15 20 15 6 1
1 7 21 35 35 21 7 1
1 8 28 56 70 56 28 8 1
1 9 36 84 126 126 84 36 9 1
```

图 4-11　例 4.15 程序运行结果

【例 4.16】 编写程序，使用元组存储十二生肖，输入 1900—2115 的一个年份，输出对应

的生肖。

小贴士：

十二生肖又称属相，是将十二地支与十一种动物以及传说中的龙相结合进行记年的方法，即：子鼠、丑牛、寅虎、卯兔、辰龙、巳蛇、午马、未羊、申猴、酉鸡、戌狗、亥猪。部分十二生肖的年份对照情况如下：

子鼠：1900、1912、1924......

丑牛：1901、1913、1925......

......

亥猪：1911、1923、1935......

分析：年份对应的生肖是以12为单位循环重复，因此可以使用年份差除以12得到余数，使用余数作为索引来访问元组中的生肖。

根据分析，参考程序代码如下：

```
ShengXiao = ('子鼠', '丑牛', '寅虎', '卯兔', '辰龙', '巳蛇', '午马', '未羊', '申猴', '酉鸡', '戌狗', '亥猪')
flag = 1
while flag == 1:
    year = int(input('请输入年份(1900-2115):'))
    if year >= 1900 and year <= 2115:
        x = (year - 1900) % 12                  # 计算余数
        print('生肖是:',ShengXiao[x])           # 使用索引访问元组元素
        flag = 0
    else:
        print('请输入1900-2115范围内的年份! ') # 输入的年份不在范围时，重新输入
        flag = 1
```

运行程序两次，结果如图4-12所示。

```
=========================== RESTART: D:\第4章\例4.16.py
===
请输入年份(1900-2115):1900
生肖是: 子鼠

=========================== RESTART: D:\第4章\例4.16.py
===
请输入年份(1900-2115):1
请输入1900-2115范围内的年份!
请输入年份(1900-2115):2024
生肖是: 辰龙
```

图 4-12　例 4.16 程序运行结果

【例4.17】创建一个包含50个随机大写英文字母的字符串，统计并输出每个字符出现的频次和频率（保留小数点后一位）。

分析：创建由所有大写字母构成的字符串，利用random库的choice()函数可以返回字符串的随机元素。结合列表推导式，可以创建随机大写字母组成的列表。将列表中的字母连接成字符串，即可创建题目要求的字符串。通过for循环遍历字符串中的元素，并统计出现次数，将结果保存在字典里，最后输出统计结果。

根据分析，参考程序代码如下：

```
import random
s = 'ABCDEFGHIGKLMNOPQRSTUVWXYZ'
rList = [random.choice(s) for i in range(50)]  # 创建50个随机大写字母组成的列表
rString = ''.join(rList)                       # 将列表中的字母连接成一个字符串
print('随机生成的字符串为:',rString)
dCount = {}                      # 创建空字典，用于存放rString中的字母及出现次数
for i in rString:
    dCount[i] = rString.count(i)               # 统计每个字母出现的次数
for key in dCount:
    print('''{}的次数:{}, 频率:{:.1%}'''.format(key, dCount[key], dCount[key]/
len(rString)))
```

运行程序，结果如图4-13所示（字符串是随机生成的，每次运行结果不同）。

```
========================== RESTART: D:\第4章\例4.17.py ===============
===
随机生成的字符串为: VGSWGLIZXYTADMSFPLQSQGCWCSCGWAGGRXCBOSZWRPSGBXHCXK
V的次数:1, 频率:2.0%
G的次数:7, 频率:14.0%
S的次数:6, 频率:12.0%
W的次数:4, 频率:8.0%
L的次数:2, 频率:4.0%
I的次数:1, 频率:2.0%
Z的次数:2, 频率:4.0%
X的次数:4, 频率:8.0%
Y的次数:1, 频率:2.0%
T的次数:1, 频率:2.0%
A的次数:2, 频率:4.0%
D的次数:1, 频率:2.0%
M的次数:1, 频率:2.0%
F的次数:1, 频率:2.0%
P的次数:2, 频率:4.0%
Q的次数:2, 频率:4.0%
C的次数:5, 频率:10.0%
R的次数:2, 频率:4.0%
B的次数:2, 频率:4.0%
O的次数:1, 频率:2.0%
H的次数:1, 频率:2.0%
K的次数:1, 频率:2.0%
```

图 4-13　例 4.17 程序运行结果

【例4.18】随机生成10个不重复的两位整数，并按从小到大的顺序输出到屏幕。

分析：利用random库的randint()函数可以生成随机整数。集合元素具有不重复性，可以用于存储生成的随机数。将集合的长度作为循环条件，可以生成要求数量的随机数。集合具有无序性，将集合转换成列表，利用列表的sort()方法可以对随机数进行排序。

根据分析，参考程序代码如下：

```
import random
numSet = set()
while len(numSet) < 10:                  # 生成10个随机数
    num = random.randint(10, 100)
    numSet.add(num)
numList = list(numSet)                   # 将集合转换成列表
numList.sort()                           # 对列表排序，默认为升序
for i in numList:
    print(i, end = '  ')
```

运行程序，结果如下（每次运行结果可能不同）：

```
31  33  40  41  44  49  64  67  88  94
```

【例4.19】假定一个电子邮箱的地址为xxxxx@xxxxx.xxxxx，其中x为匹配字母、数字、下划线在内的任一可能出现在单词中的字符。要求编写程序验证一个字符串是否为有效的电子邮箱地址。

分析：使用re模块的compile()函数将正则表达式匹配规则编译成正则表达式对象，利用match()函数检查字符串是否与正则表达式对象匹配。

根据分析，参考程序代码如下：

```
import re
stra = input("请输入一个字符串：\n")
remail = re.compile(r'^[\w]+@[\w]+\.[\w]+')
if not remail.match(stra):
    print(stra, '是无效的电子邮箱地址', sep = '')
else:
    print(stra, '是有效的电子邮箱地址', sep = '')
```

运行程序两次，结果如图4-14所示。

```
=========================== RESTART: D:\第4章\例4.19.py
===
请输入一个字符串：
abcd.qq.com
abcd.qq.com是无效的电子邮箱地址

=========================== RESTART: D:\第4章\例4.19.py
===
请输入一个字符串：
abcd@qq.com
abcd@qq.com是有效的电子邮箱地址
```

图 4-14　例 4.19 程序运行结果

拓展知识——源远流长的中华优秀传统文化

中华民族在几千年历史中创造和延续的中华优秀传统文化，是中华民族的根和魂。它为中华民族克服困难、生生不息提供了强大精神支撑。

让我们扫描侧边栏中的二维码，一起来感受源远流长的中华优秀传统文化吧！

PDF

源远流长的中华优秀传统文化

习　　题

一、选择题

1. 已知s1= '15'，s2= '6'，则以下算式返回结果为True的是（　　）。

   A. s1>s2　　B. s1=s2　　C. s1<s2　　D. s1==s2

2. 已知s1= '123'，s2= '345'，则print(s1+s2)的输出结果是（　　）。

   A. 468　　B. 123345　　C. s1+s2　　D. 123+345

3. 已知s= '12'，则print(s*2)的输出结果是（　　）。

   A. 24　　B. 144　　C. 1212　　D. 12*2

4. print(len('中国(China)'))的输出结果是（　　）。

   A. 8　　B. 9　　C. 10　　D. 11

5. print(max('Python'))的输出结果是（　　）。

A. P　　B. y　　C. t　　D. h

6. print('this is a test'.islower()) 的输出结果是（　　）。

A. this is a test　　B. THIS IS A TEST

C. True　　D. False

7. print('abc'.find('d')) 的输出结果是（　　）。

A. 0　　B. 1　　C. −1　　D. 报错

8. print('abc'.index('d')) 的输出结果是（　　）。

A. 0　　B. 1　　C. −1　　D. 报错

9. 以下程序的输出结果是（　　）。

```
ls1 = ['Python', '1989']
ls1.append(2024)
ls1.append([2024])
print(ls1)
```

A. ['Python', '1989', 2024, 2024]　　B. ['Python', '1989', 2024, [2024]]

C. ['Python', '1989', '2024', [2024]]　　D. ['Python', '1989', '2024', ['2024']]

10. 以下程序的输出结果是（　　）。

```
dict1 = {'张三':90, '李四':88}
print(dict1['张三'], dict1.get('李四', 100))
```

A. 90 88　　B. 90 100

C. '张三':90 '李四':88　　D. '张三':90 '李四':100

11. 下面关于Python序列的描述，正确的是（　　）。

A. 列表的索引是从1开始的　　B. 元组创建以后，可以向元组添加元素

B. 字典的键可以是整数、字符串和列表　　D. 可变集合支持添加元素

12. 以下程序的输出结果是（　　）。

```
list1 = [1, 2, 3, 4, 5]
list2 = list1
list2.reverse()
print(list1)
```

A. 1, 2, 3, 4, 5　　B. 5, 4, 3, 2, 1　　C. [1, 2, 3, 4, 5]　　D. [5, 4, 3, 2, 1]

13. 与正则表达式'^(AB)?\d{10}$'匹配的字符串是（　　）。

A. '1234567891'　　B. 'AC12345678'　　C. '123456789'　　D. 'BAX12345Y'

二、填空题

1. 两个相同类型的有序序列可以使用________运算符进行首尾连接，且中间没有空格。
2. 在正向索引中，n个元素的索引从________开始到________结束。
3. 在逆向索引中，n个元素的索引从________开始到________结束。
4. ________是序列长度函数，可以计算序列包含多少个元素。
5. ________方法将字符串的字符全部改为大写。

三、编程题

1. 输入一个字符串，统计并输出字母a和字母e出现的次数，输出格式中次数之间用英

文‘,’分隔。

2. 将英文文本中的单词进行倒置。假设单词之间使用一个或多个空格进行分隔。比如，英文文本“A grain of millet is planted in spring and thousands of seeds are harvested in autumn”被倒置后为“autumn in harvested are seeds of thousands and spring in planted is millet of grain A”。

3. 斐波那契数列，又称黄金分割数列，指的是这样一个数列：0、1、1、2、3、5、8、13、21、34…。在数学上，被以递归的方法定义：$F(0)=0$，$F(1)=1$，$F(n)=F(n-1)+F(n-2)(n>=2, n\in \mathbf{N}^*)$。编程实现：输入n(n>=2)，输出斐波那契数列。

4. 中国载人航天工程取得了举世瞩目的成就。编写程序，创建一个字典dicta，使用飞船的名称作为字典的键，发射时间作为对应的字典的值，即：

```
dicta={'神舟一号':'1999年11月20日', '神舟二号':'2001年01月10日', \
       '神舟三号':'2002年03月25日', '神舟四号':'2002年12月30日', \
       '神舟五号':'2003年10月15日', '神舟六号':'2005年10月12日', \
       '神舟七号':'2008年09月25日', '神舟八号':'2011年11月01日', \
       '神舟九号':'2012年06月16日', '神舟十号':'2013年06月11日', \
       '神舟十一号':'2016年10月17日', '神舟十二号':'2021年06月17日', \
       '神舟十三号':'2021年10月16日', '神舟十四号':'2022年06月05日', \
       '神舟十五号':'2022年11月29日', '神舟十六号':'2023年05月30日', \
       '神舟十七号':'2023年10月26日', '神舟十八号':'2024年04月25日'}
```

并且，用户可以输入飞船名称，查询发射时间。

5. 某学校举办了语文和数学两门课程的竞赛。语文竞赛前10名的学生名单是：宋合，许雅婷，王胜茹，冯程轩，林静怡，陈韶涵，张志文，叶博宇，刘佳宇，吴惠美。数学竞赛前10名的学生名单是：许雅婷，赵亚顺，黄静雯，陈韶涵，王宗清，刘佳宇，蔡郑欣，张明瀚，李佳德，林志鹏。编程实现：使用集合运算，求同时进入两门课程竞赛前10名的学生姓名。

第5章
函　　数

在使用程序解决实际问题时，函数在计算机编程中发挥着非常重要的作用。利用函数对需要反复执行的代码进行封装，可以使代码更加易于理解和维护，同时还可以提高开发效率和代码质量。

本章将介绍函数的概念、函数的定义与调用、函数嵌套与递归以及变量作用域等内容。

学习目标

知识目标：

◎掌握函数的定义方法和函数常用的调用方法；

◎理解函数形参、实参的概念及形参类型；

◎掌握函数嵌套的定义、调用方法和递归的定义及调用方法；

◎了解匿名函数的定义和使用方法；

◎理解全局变量、局部变量、闭包变量的概念及其作用域关系。

技能目标：

◎在处理复杂问题时，程序设计者能够使用函数的思想，分解问题、降低编程难度、分而治之；

◎在处理复杂问题时，程序设计者能使用函数，进行代码复用，实现代码共享；

◎提高开发效率和代码质量，具备使用函数优化程序设计的技能。

素质目标：

◎熟练软件开发过程，培养团结协作的品质，培养模块化编程思维，提高分析及解决问题的能力。

◎传承中华优秀传统文化，增强文化自信。

知识导图

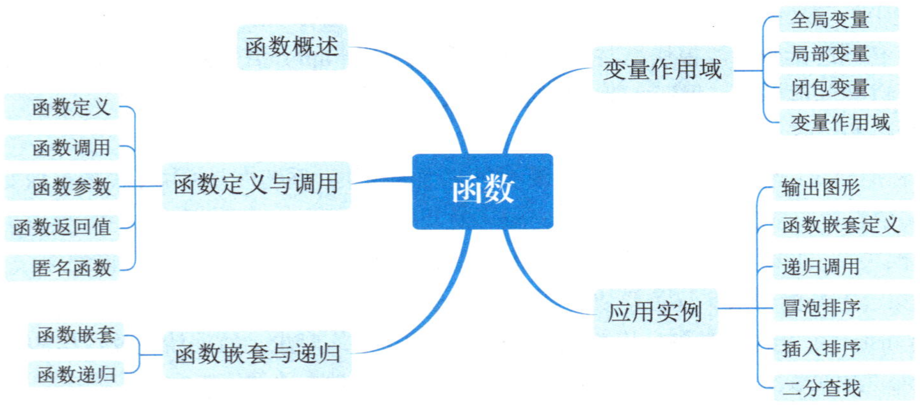

5.1 函数概述

函数是程序设计中的基本概念之一，它为人们提供了一种组织和复用代码的方式，使得程序员可以更加高效地解决问题，同时也增强了代码的可重用性。本节介绍函数的基本概念，以及与其密切相关的模块和包。

1. 函数

视频5-1

函数定义与调用

函数（function）是把完成某种特定功能的一组语句，通过一定的格式进行组织从而形成的程序。每个函数有对应的函数名。通过函数名可实现对函数的调用。调用函数可通过程序调用语句或调用函数来实现。调用时需要确定被调用的函数名和相应的参数。被调用的函数执行完成后，把结果返回给调用语句或调用函数，然后执行调用语句的下一行语句或返回调用函数的下一行语句。

使用函数一般有下面两个目的：

① 分解问题、降低编程难度。把一个复杂的问题分解成若干个更小且相对独立的子问题，每个子问题对应程序的一个功能函数，从而把复杂问题简单化，分而治之，以方便程序员编程。

② 代码复用，即一个相同的函数可以在一个程序中的不同位置或不同程序中多次使用，也可用在模块中让其他程序员使用，从而实现代码共享，减少代码量。

Python语言中的函数分为以下几类：系统内置函数、Python标准库函数、第三方库函数和用户自定义函数。其中，系统内置函数可以被用户直接使用；Python标准库函数需要导入相应的标准库方能使用；第三方库函数也称为第三方库或扩展模块，也需要导入才能使用；用户自定义函数需要先定义然后才能使用。

2. 模块

模块是Python语言中组织程序代码的另一种方法。把彼此联系且相互独立的多个函数组织在一起称为模块。

函数所包含的代码量相对较小，若想封装代码量比较大的程序则可以使用模块来组织。

合理的模块规划能让代码好用易懂。在逻辑结构层面，模块只是一个概念，但在存储时每一个模块均是一个独立的Python文件，有自己唯一的名称，其后缀名为“.py”。

模块中可定义函数、变量和类（将在第7章介绍），也可以是可执行的代码。不同的模块中可以有相同的函数名。模块是共享的，在编程时通过import语句导入。引用模块的方式有多种：可以被其他模块、程序、脚本或者交互式的解释器引用。

模块分为以下几种：

① 标准模块：包括系统内置模块和标准库里面的模块。系统内置模块不需要单独安装，安装Python语言后，系统自带，例如，datetime（时间处理）模块、sys（系统文件）模块、random（随机）模块等。而标准库里面的模块少数不需要单独安装，大多数需要安装才能使用。

② 第三方开源模块：这类模块有开源的代码，由他人封装好供大家使用。使用时，需要通过pip install命令进行安装。其主要用于科学计算、网络爬虫、数据清洗及数据的可视化处理等。pip是官方默认的第三方库管理工具，主要用于维护在线的第三方库。

③ 自定义模块：用户自己编写的模块，自定义模块的名称不能和系统内置模块名称相同，否则会出现同名，导致不能被导入引用。

3. 包

包是比模块还大的程序组织单位，把多个有联系的模块组织在一起称为包，用于包含多个模块或子包。包实际上是一个包含“__init__.py”文件的目录，这个目录下可以有多个模块或子包。

包的作用是实现程序的重用。通过使用包，可以将相关的模块组合在一起，形成一个独立的单元。这有助于提高代码的可读性、可维护性和复用性，同时还可以解决模块名冲突的问题。

综上，对需要反复执行的代码可进行封装形成函数。对彼此联系且相互独立的多个函数进行组织形成模块。包是组织模块的单位，相当于文件夹，是一种分层次的文件目录结构。

5.2 函数定义与调用

函数有函数名。使用函数前需要先定义函数。通过函数名可以调用函数。本节主要介绍函数的定义和函数调用形式。

5.2.1 函数定义

在Python语言中，通过def关键字（保留字）定义函数，其语法格式如下：

```
def 函数名([参数列表]):
    函数体
```

函数定义包含以下几个部分：def关键字、函数名、参数列表（有时可无参数）和函数体。

说明：

① def关键字：表示函数的开始，后面需要有空格，括号后面必须有冒号（英文状态）。

② 函数名：可以是Python语言中任何有效的标识符。一般定义函数时，函数名需反映出函数的功能。

③ 参数列表：可有0个、1个或多个，多个参数时需要用英文状态下的逗号（,）隔开。

参数列表中的参数被称为形式参数，简称“形参”。

④ 函数体：由一行或多行代码组成，是函数被调用时执行的代码，需要统一的缩进。

函数定义时，不需指明函数返回值类型，返回值可由函数体中return语句确定。return语句的功能是根据实际情况返回调用者一个对应的结果并退出函数。如果函数体没有return语句，相当于返回None。

【例5.1】定义一个无参数函数myprint()，实现打印字符串“Good Luck”。

参考程序代码如下：

```
def myprint():
    print("Good Luck")
myprint()                                  # 调用函数
```

【例5.2】定义带一个参数n的函数mysum(n)，求出公式1−2+3−4+5−6+......+$(-1)^{n+1}n$的值，其中$n(n\geqslant 2)$由键盘输入。

参考程序代码如下：

```
def mysum(n):
    sum = 0
    for i in range(1, n + 1):
        if i % 2 != 0:
            sum += i
        else:
            sum -= i
    return sum
m = int(input("请输入一个n>2的正整数:"))
print(mysum(m))
```

函数mysum(n)有一个形参n，用于接收传进来的参数m的值。程序运行结果通过return语句返回。

运行程序，共运行两次。第一次输入5，第二次输入105，运行结果如图5-1所示。

```
============================ RESTART: D:\第5章\例5.2.py
请输入一个n>2的正整数:5
3

============================ RESTART: D:\第5章\例5.2.py
请输入一个n>2的正整数:105
53
```

图5-1　例5.2程序运行结果

【例5.3】定义一个函数myadd(x, y, z)，返回三个数值之和。

参考程序代码如下：

```
def myadd(x, y, z):
    result = x + y + z
    return result
a, b, c = eval(input("请输入三个整数:"))
print(myadd(a, b, c))
```

函数定义中参数x,y,z是形参，用于调用该函数时接收传进来的三个参数a,b,c的值。

运行程序，共运行两次。第一次输入2,3,5，第二次输入4,-7,5，运行结果如图5-2所示。

```
============================ RESTART: D:\第5章\例5.3.py
请输入三个整数:2,3,5
10

============================ RESTART: D:\第5章\例5.3.py
请输入三个整数:4,-7,5
2
```

图5-2　例5.3程序运行结果

5.2.2 函数调用

函数定义以后，可以通过函数名实现对函数的调用。既可在当前程序中调用，又可在其他模块中调用。函数调用的语法格式如下：

```
函数名([实参列表])
```

函数定义时，参数列表中的参数被称为形式参数，简称“形参”。函数调用时，参数列表中的参数被称为是实参列表实际参数，简称“实参”。并且在函数被调用时为其参数分配内存空间；实参可以是0个、1个或多个，多个实参用逗号分隔。即使没有参数，调用时参数列表的括号( )也不能省略。在形参有默认值时，实参的个数可少于形参的个数。在函数调用时实参和形参的绑定关系才生效，为其参数分配内存空间，在函数调用结束后解除绑定关系，释放内存空间。

函数调用的基本形式通常有以下三种：函数语句、函数参数和函数表达式。

1. 函数语句

通过函数语句调用函数时，被调用的函数单独以一条语句的形式出现，执行后得到相应结果。

【例5.4】定义一个函数str_link(xstr, ystr, zstr)，实现三个字符串xstr、ystr和zstr的连接。字符串之间通过空格连接，并输出连接后的结果。

参考程序代码如下：

```
def str_link(xstr, ystr, zstr):
    print(xstr + ' ' + ystr + ' ' + zstr)
astr = input("请输入第1个字符串:")
bstr = input("请输入第2个字符串:")
cstr = input("请输入第3个字符串:")
str_link(astr, bstr, cstr)        # 通过语句调用函数
```

运行程序，运行结果如图5-3所示。

```
============================ RESTART: D:\第5章\例5.4.py
请输入第1个字符串:浙江
请输入第2个字符串:嘉兴
请输入第3个字符串:南湖
浙江 嘉兴 南湖
```

图 5-3 例 5.4 程序运行结果

2. 函数参数

函数也可作为函数的参数被调用，即被调用的函数作为调用者的一个参数，相当于被调用函数的值作为调用者函数的一个实际参数来使用。

【例5.5】求出两个数值的最小值并输出。

参考程序代码如下：

```
def min_num(x, y):
    if x < y :
        return x
    else:
        return y
a, b = eval(input("请输入两个整数:"))
print(min_num(a, b))        # 函数作为函数的参数调用
```

这里min_num(a, b)作为print()函数的参数。运行程序，共运行两次。第一次输入25,38，第二次输入5,-7，运行结果如图5-4所示。

```
============================ RESTART: D:\第5章\例5.5.py
请输入两个整数:25,38
25
============================ RESTART: D:\第5章\例5.5.py
请输入两个整数:5,-7
-7
```

图 5-4 例 5.5 程序运行结果

【例5.6】求出三个数值中的最小值并输出。

参考程序代码如下：

```
def  min_num(x, y):
    if x < y:
        return x
    else:
        return y
m, n, k = eval(input("请输入三个整数:"))
print(min_num(m, min_num(n, k)))    # 函数作为函数的参数调用
```

在语句print(min_num(m, min_num(n, k)))中，num_min(m, min_num(n, k))作为print()函数的参数。min_num(n, k)又作为语句min_num(m, min_num(n, k))的一个参数，实现多层函数参数调用。

运行程序，共运行两次。第一次输入m，n，k的值分别是25,15,27。第二次输入m，n，k的值分别是19,8,30。运行结果如图5-5所示。

```
============================= RESTART: D:\第5章\例5.6.py
请输入三个整数:25,15,27
15

============================= RESTART: D:\第5章\例5.6.py
请输入三个整数:18,8,30
8
```

图5-5　例5.6程序运行结果

3. 函数表达式

函数表达式调用函数，被调用函数在表达式中，调用者需要的是被调用函数的返回值。

【例5.7】定义一个函数g_y_s(x, y)，求两个正整数的最大公约数。

分析：公约数最常用的求解方法是先比较两个数值的大小，求出其中的最小值，然后从1开始循环到最小值，能同时被两个数值整除的那个最大因子便是两个数值的最大公约数。

根据分析，参考程序代码如下：

```
def g_y_s(x, y):
    if x > 0 and y > 0:
        a, b = max(x, y), min(x, y)
        for i in range(1, b + 1):
            if a % i == 0 and b % i == 0:
                gys = i
        return gys
m, n = eval(input("请输入两个正整数:"))
s = g_y_s(m, n)                                  # 函数表达式调用
print(s)
```

语句s=g_y_s(m, n)是一个函数表达式调用，当程序执行到s=g_y_s(m, n)时，调用函数g_y_s(m, n)，求出m和n的最大公约数，将返回值赋给s。

运行程序，共运行两次。第一次输入3和9，3和9分别传递给形参m和n。第二次输入45和105，45和105分别传递给形参m和n。运行结果如图5-6所示。

```
============================= RESTART: D:\第5章\例5.7.py
请输入两个正整数:3,9
3

============================= RESTART: D:\第5章\例5.7.py
请输入两个正整数:45,105
15
```

图5-6　例5.7程序运行结果

通过上面几个函数调用的实例，可以得出调用函数的工作过程如下：

① 调用函数在调用处发生，此时保护现场（现场即被调用函数执行完返回的程序位置及参数的状态等）。

② 现场保护后将实参传递给形参。

③ 程序转入执行被调用函数。

④ 在被调用函数执行完时，恢复现场，把返回值带给调用函数。

⑤ 接着执行调用函数后面的语句。

视频5-2

函数参数

5.2.3 函数参数

函数定义时的参数是形参，函数调用时的参数是实参。形参具有不同的参数类型，不同的参数类型其对应的函数调用方法也有所不同，本节主要介绍形参类型及函数参数传递方法。

1. 形参类型

形参的类型包括位置参数、默认参数、关键字参数和可变长参数。

（1）位置参数

位置参数是在函数调用时的实参和函数定义时的形参在数量上相同且顺序严格一致。实参默认按位置顺序传递给形参，即第一个实参传递给第一个形参，第二个实参传递给第二个形参，剩余参数类似传递。

【例5.8】位置参数示例。

参考程序代码如下：

```
def position(a, b, c):        # a, b, c是位置参数
    t = a * b - c
    return t
p = position(2, 5, 5)
print(p)
```

语句p=position(2, 5, 5)，调用函数position(2, 5, 5)时，根据参数位置顺序执行实参向形参的传递，将实参2, 5, 5分别传入形参a, b, c，输出结果是5。如果位置参数的实参和形参个数不相等则会报错。例如，把例5.8的语句p=position(2, 5, 5)改为p=position(2, 5)

运行程序时报错：TypeError: position() missing 1 required positional argument: 'c'。该错误信息表示缺少位置参数c。

（2）默认参数

默认参数即在函数定义时，可以为形参设置默认值。在函数调用时，如果没有给默认参数赋值，则使用默认值；如果实参给默认参数传递了新的值，则新值覆盖默认值。

【例5.9】默认参数示例。

参考程序代码如下：

```
def default_value(m = 9, n = 3, k = 4):
    p = m + n - k
    return p
d = default_value(3, 7)
print(d)
t = default_value(20, 12, 15)
print(t)
```

运行程序，其结果如图5-7所示。

```
============================ RESTART: D:\第5章\例5.9.py
6
17
```

图 5-7 例 5.9 程序运行结果

函数default_value(3, 7)只有两个实参，按参数顺序对应，形参k没有赋值，在调用时使

用默认值k=4，因此d=default_value(3, 7)相当于d=3+7−4，其结果为6。

而函数default_value(20, 12, 15)，有三个实参，此时实参覆盖形参，则d=20+12−15，其结果为17。

在函数定义时，形参中也可同时包含默认参数和非默认参数，但是必须先声明非默认参数，再声明默认参数。

【例5.10】非默认参数和默认参数示例。

参考程序代码如下：

```
def no_default_and_default(n, m = 9, k = 4):
    p = m + n - k
    return p
d = no_default_and_default(3, 7)
print(d)
t = no_default_and_default(20, 12, 15)
print(t)
```

运行程序，其结果和例5.9的结果一样。其实际计算过程有所不同，在例5.9中，d=default_value(3, 7)，把3传递给m，7传递给n，d=3+7−4=6。

在例5.10中，d=no_default_and_default(3, 7)，3传递给n，7传递给m，d=7+3−4=6。

如果把例5.10代码的第一行修改成如下：

```
def no_default_and_default(m = 9, n, k = 4):
```

或者：

```
def no_default_and_default(m = 9, k = 4, n):
```

运行程序时将会报错：no-default argument follows default arguments。该错误信息表示非默认参数跟随默认参数之后。

（3）关键字参数

关键字参数是在函数调用时，参数的传入使用形参的名称，即明确指明哪个实参值传递给哪个形参。这种类型的参数其实参顺序与形参顺序可以不一致。Python解释器可根据参数名匹配参数值。具有这种参数类型的函数在调用时，若参数都是关键字参数，则实参的顺序可随意；若既有关键字参数又有位置参数，则函数调用时位置参数的实参必须和函数定义（声明）时的顺序一致，且关键字参数需跟在位置参数的后面。

【例5.11】关键字参数示例1。

参考程序代码如下：

```
def key_word1(o, p, q):
    print(o, p, q)
key_word1(q = 2, p = 3, o = 4)
```

运行程序，其结果如下：

```
4 3 2
```

在函数调用语句key_word1(q=2, p=3, o=4)中，实参的顺序和函数声明中形参的顺序并不一致，仍可以通过指定参数名称实现对形参的赋值。

【例5.12】关键字参数示例2。

参考程序代码如下：

```
def key_word2(o, p, q):
    print(o, p, q)
key_word2(q = 2, p = 3, 4)
```

函数调用时的p和q是关键字参数，o是位置参数，运行程序时报错，如图5-8所示，该错误信息表示位置参数跟随关键字参数之后。

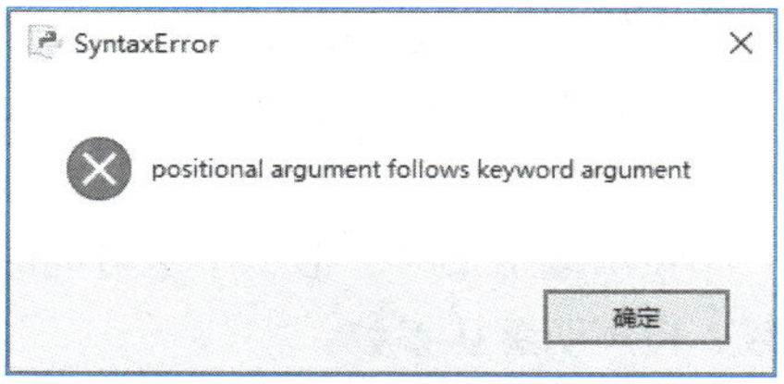

图 5-8　例 5.12 程序运行结果

修改例5.12代码如下：

```
def key_word2(o, p, q):
    print(o, p, q)
key_word2(4, q = 2, p = 3)
```

运行程序，其结果如下：

```
4 3 2
```

从上述修改后的代码可以看出，函数调用语句key_word2(4, q=2, p=3)，其位置参数的实参和函数定义时def key_word2(o, p, q)的形参顺序一致，而且关键字参数p和q跟在位置参数o的后面。

（4）可变长参数

可变长参数是指参数的个数不确定，可通过在参数前增加星号（*）来标记可变长参数。定义方式有以下两种：*parameter和**parameter。前者表示接收多个实参并将其放入一个元组中；后者表示接收多个键值对并将其放入字典中。其语法格式如下：

```
def 函数名 ([参数列表,] *var_args_tuple):
```

或者：

```
def 函数名 ([参数列表,] **var_args_dict):
```

其中参数列表可以省略。

【例5.13】可变长参数示例1。

参考程序代码如下：

```
def variable1(*p):
    print(p)
variable1(1, 2, 3, 4)
variable1(4, 2, 3, 4, 5)
```

运行程序，其结果如下：

```
(1, 2, 3, 4)
(4, 2, 3, 4, 5)
```

【例5.14】可变长参数示例2。

参考程序代码如下：

```
def variable2(*p, p1, p2):
    print(p1, p2, p)
variable2(3, 5, 7)
```

运行程序时报错，结果如下：

```
TypeError: variable2() missing 2 required keyword-only arguments: 'p1' and 'p1'
```

该错误信息表示variable2()函数丢失参数p1, p2所需要的实参。因为*p是可变长参数，会把后面的实参全部收集，造成参数p1和p2未被赋值。因此在定义可变长参数的函数时，需要将可变长参数放在参数列表的最后一个位置。本例正确的写法为：

```
def variable2(p1, p2, *p):
    print(p, p1, p2)
variable2(3, 5, 7)
```

【例5.15】可变长参数示例3。

参考程序代码如下：

```
def variable3(p1, p2, *p):
    print(p1, p2, p)
variable3(3 ,5, 7, 10, 9)
```

运行程序，其结果如下：

```
3 5 (7, 10, 9)
```

【例5.16】可变长参数示例4。

参考程序代码如下：

```
def variable4(p1, p2, **p):
    print(p1, p2, p)
variable4(3, 5, nation = 'China', capital = 'Beijing')
```

运行程序，其结果如下：

```
3 5 {'nation':'China', 'capital':'Beijing'}
```

2. 函数参数传递方式

在Python语言中，变量可以理解为指向一个类型对象的指针。变量是没有数据类型的，数据类型是以对象的形式存在。函数调用时需要在实参和形参（函数定义时）之间进行参数的传递，这种实参向形参传递参数的方式称为函数的参数传递方式。

函数参数的传递是通过形参引用传入对象的名称来完成。这在其他语言中称为值传法。但在Python语言中，数据类型以对象的形式存在，因此不能说是值传递，但对象可分为可变类型对象和不可变类型对象。例如，数值、元组、字符串为不可变类型对象；字典、列表为可变类型对象。在参数传递过程中，对不可变类型对象，传递的是值本身，对象本身不变。对可变类型对象，可变的是对象内部的元素，对象本身不变。

对不可变类型的对象示例代码如下：

```
>>> x = 2
>>> print(x)
2
>>> x = 8
>>> print(x)
8
```

当把8赋值给变量x时，相当于新生成了一个int（整型）值对象8，然后把x指向8；实际上是新生成了x，而原来的2被丢弃，不是改变了x的值。

再举例，代码如下：

```
>>> y = 'Hello World'
>>> print(y)
Hello World
```

这里将一个字符串'Hello World'赋值给了变量y。一旦赋值完成，该字符串中的元素不可更改。

对可变类型的对象示例代码如下：

```
>>> L = [2, 8, 4, 9]
>>> print(L)
[2, 8, 4, 9]
>>> L[3] = 10
>>> print(L)
[2, 8, 4, 10]
```

从结果中可以看出列表L中的第三个元素从原来的9变成了10，列表L的内部元素发生改变，但列表L本身并没有动。

视频5-3

函数返回值

5.2.4 函数返回值

函数定义时，其参数列表对应的是形参。形参相当于函数的输入参数，而函数的返回值实际上是函数的输出参数，由return语句来完成。其语法格式如下：

```
return [返回值列表]
```

返回值可以是任意数据类型，并且一条return语句可以返回多个值。多个值时以元组的方式返回；return语句可以在同一个函数中多次出现，但只要有一条return语句执行，当前函数就结束执行。若函数体中没有return语句，其返回值是None。

【例5.17】定义一个函数，计算两个数值的和、差和积。

参考程序代码如下：

```
def operation(x, y):
    sum1 = x + y
    sub2 = x - y
    product3 = x * y
    return sum1, sub2, product3
a, b = eval(input("请输入两个数:"))
print(operation(a, b))
```

运行程序，输入两个数a, b分别为3, 4，结果如图5-9所示。

```
============================ RESTART: D:\第5章\例5.17.py
请输入两个数:3,4
(7, -1, 12)
```

图 5-9　例 5.17 程序运行结果

例5.17中return语句返回值是元组。

修改例5.7的代码如下：

```
def g_y_s(x, y):
    if x > 0 and y > 0:
        a, b = max(x, y), min(x, y)
        for i in range(1, b + 1):
            if a % i == 0 and b % i == 0:
                gys = i
                return gys
m, n = eval(input("请输入两个正整数:"))
```

```
    s = g_y_s(m, n)         # 表达式调用
    print(s)
```

运行程序，键盘输入：3, 9。

程序结果是1，而不是3。当i=1时，gys=1，然后执行return gys。return语句把gys的值1带回，退出g_y_s(m, n)函数，也就是只要一个return语句执行，就结束当前函数的执行。

【例5.18】返回值是None的示例。

参考程序代码如下：

```
def greet(name):
    print("Welcome, " + name)
mm = input("请输入一个人名:")
result = greet(mm)
print(result)
```

运行程序，其结果如图5-10所示。

```
============================ RESTART: D:\第5章\例5.18.py
===
请输入一个人名:张三
Welcome, 张三
None
```

图5-10　例5.18程序运行结果

例5.18的函数体中无return语句，其返回值是None，这里None的首字母为大写。

5.2.5　匿名函数

视频5-4 匿名函数

前面介绍的函数都是通过关键字def进行定义。在Python中还存在一类没有函数名的函数，这种函数通过关键字lambda来定义，称为匿名函数。匿名函数一般只是临时使用的简单函数，其语法格式如下：

```
匿名函数名 = lambda arg1 [, arg2, … , argn]:expression
```

其中，arg1, arg2, … , argn表示参数列表；expression表示表达式，也就是函数要进行的操作。

匿名函数具有以下特点：

① 从功能上讲，lambda定义的匿名函数和def定义的函数一样。

② 匿名函数只是lambda表达式，其函数体比def定义的函数简单的多，一般在一行内表示。

③ 匿名函数的主体是表达式，而不是一个代码段。

④ 匿名函数只能访问自己参数列表中的参数，不能访问自身参数列表以外的参数。

例如：

```
>>> sub = lambda x, y:x - y
>>> sub(3, 5)
   -2
```

lambda表达式还有较复杂的应用，可以用到列表元素的排序，例如：

```
>>> r = [9, 3, 8, 0, 3, 10, 21]
>>> sorted(r, key = lambda item:item, reverse = True) # 按item本身的大小进行降序排序
    [21, 10, 9, 8, 3, 3, 0]
```

还可以按字符串的大小进行排序，示例如下：

```
>>> r = [9, 3, 8, 0, 3, 10, 21]
>>> sorted(r, key = lambda item:len(str(item)), reverse = True) # 按item长度进行降序排序
[10, 21, 9, 3, 8, 0, 3]
```

在上面的示例中，相同长度的字符串并没有按其自身的大小进行降序排序。要实现此操作，其代码如下：

```
>>> r = [9, 3, 8, 0, 3, 10, 21]
>>> sorted(r, key = lambda item:(len(str(item)), item), reverse = True)
[21, 10, 9, 8, 3, 3, 0]
```

由此可见，用匿名函数可以方便地实现具有简单功能的函数。

5.3 函数嵌套与递归

视频5-5

函数嵌套与递归

除了前面介绍的三种基本函数调用形式外，还有两种特殊的函数调用形式，即函数嵌套调用和递归调用。

5.3.1 函数嵌套

函数嵌套可分为函数的嵌套定义和函数的嵌套调用。函数的嵌套定义，即在一个函数定义里面还定义了其他函数，这两个函数分别称为外函数和内函数。函数的嵌套调用是指被调用函数的函数体中调用了其他函数。

【例5.19】函数的嵌套定义示例。

参考程序代码如下：

```
def fun1():
    print("准备打印fun2()")
    def fun2():
        print("fun2()打印完毕")
    fun2()
fun1()
```

这里fun1()被称为外函数，fun2()被称为内函数。在外函数的执行过程中调用了内函数。运行程序，其结果如图5-11所示。

```
=========================== RESTART: D:\第5章\例5.19.py
准备打印fun2()
fun2()打印完毕
```

图 5-11 例 5.19 程序运行结果

【例5.20】使用函数嵌套调用的方式，计算公式$s=m!/(n!(m-n)!)$的值。

分析：在公式$s=m!/(n!(m-n)!)$中包含三个阶乘的计算，可把阶乘的计算定义在一个函数中，再定义另一个函数用以调用阶乘函数，从而实现公式的计算。

根据分析，参考程序代码如下：

```
def fact(x):
    result = 1
    for i in range(2, x + 1):
        result *= i
    return result
def combination_s(y, z):
    s = fact(y) / ( fact(z) * fact(y - z))
    print(s)
m, n = eval(input("请输入两个正整数:"))
combination_s(m, n)
```

运行程序，共运行两次。第一次输入m和n的值分别是10, 8。第二次输入m和n的值分别是30, 5。运行结果如图5-12所示。

```
========================== RESTART: D:\第5章\例5.20.py
请输入两个正整数:10,8
45.0

========================== RESTART: D:\第5章\例5.20.py
请输入两个正整数:30,5
142506.0
```

图 5-12 例 5.20 运行结果

combination_s(m, n)函数执行时需要调用fact(x)；当程序执行s= fact(m)/(fact(n)*fact(m–n))中需要三次调用fact(x)，三次调用执行完才返回combination_s(m, n)函数。

从例5.20可以看出，两层函数嵌套调用过程如图5-13所示。

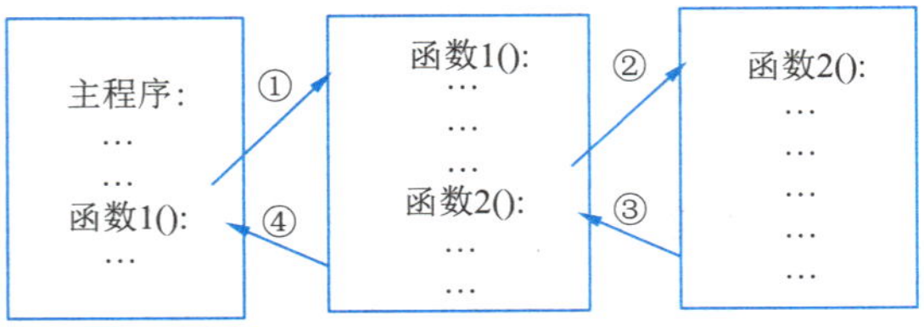

图 5-13 两层函数的嵌套调用过程

其中，箭头表示程序执行的方向，①②③④表示程序执行的顺序。

还可以进行更多层嵌套：函数3()再调用函数4()，函数4()再调用函数5()，等等。最后一个被调用的函数先执行完毕，然后再返回调用者。即调用函数执行的顺序遵循先进后出原则。

5.3.2 函数递归

在数学计算中，有一种情况，后续的计算过程需要用到前面的计算结果，来简化计算。例如，累加和阶乘的计算。这种情况在程序实现时，相当于在调用一个函数的过程中直接或间接地调用函数本身，这种函数调用的方式称为递归。

递归是一种特殊的函数调用方式，其目的是将一个复杂的大问题简化成与之相似的小问题。

例如，数学中阶乘的定义：$n!=n\times(n-1)\times(n-2)\times\cdots\times2\times1$，其表达式如下：

$$n!=\begin{cases}1 & \text{当n=1时}\\ n\times(n-1)! & \text{当n>1时}\end{cases}$$

即当$n=1$时，$n!=1$；当$n>1$，$n!=n\times(n-1)!$。

计算$n!$需要先计算出$(n-1)!$；而计算$(n-1)!$，又需要先计算$(n-2)!$；计算$(n-2)!$又需要先计算$(n-3)!$；以此类推，直到最后演变成计算1!的问题。

【例5.21】编写程序func(n)，使用递归调用函数计算$n!=n\times(n-1)\times(n-2)\times\cdots\times2\times1$的值，其中$n$为正整数。

参考程序代码如下：

```
def func(x):
    if x == 1:
        return 1
    else:
        return x * func(x - 1)
n = eval(input("请输入一个正整数:"))
print(func(n))
```

运行程序，共运行两次。当输入值分别为5和10时，运行结果如图5-14所示。

```
========================== RESTART: D:\第5章\例5.21.py
请输入一个正整数:5
120

========================== RESTART: D:\第5章\例5.21.py
请输入一个正整数:10
3628800
```

图 5-14 例 5.21 程序运行结果

通过计算5!，理解递归的计算过程，如图5-15所示。

计算5!需先计算4!，而计算4!需先计算3!，计算3!需先计算2!，计算2!选先计算1!；最后把1!=1，反向带入计算，最后实现计算5!。

每计算一个高一级的阶乘时均用到低一级的阶乘。可以把高一级的问题转化为低一级的子问题来解决，而且子问题和原来的问题性质一样，只是规模变小而已。

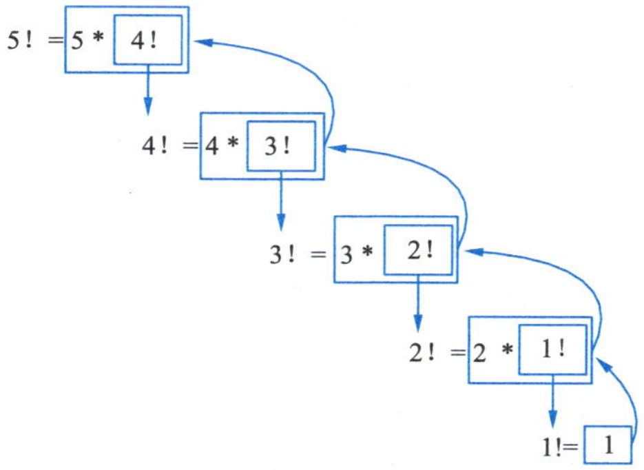

图 5-15　计算 5! 递归调用过程

从上面的实例可知，构成递归的条件主要有两点：①递归中的子问题与原问题属于相同的问题，其性质一样，只是子问题的规模越来越小；②递归调用必须有终止条件，不能无休止地调用函数本身。

【例5.22】编写程序，使用递归调用函数计算1+2+3+4+ ⋯ +n的值。

参考程序代码如下：

```
def add(x):
    if x == 1:                          # 当x=1时，返回最小值1
        return 1
    else:
        return x + add(x - 1)           # x不等于1时
n = eval(input("请输入一个正整数:"))
print(add(n))                           # 递归调用，并打印结果
```

运行程序，共运行两次，当输入值分别是5和10时，结果如图5-16所示。

```
========================== RESTART: D:\第5章\例5.22.py
===
请输入一个正整数:5
15

========================== RESTART: D:\第5章\例5.22.py
===
请输入一个正整数:10
55
```

图 5-16　例 5.22 程序运行结果

字符串的反转也可以用递归的方式实现。如果把一个字符串看成两部分组成：首字符和剩余字符串。将剩余字符串与首字符串交换可以实现整个字符串的反转。假设定义一个字符串用xstr表示，则xstr[0]表示首字符，xstr[1:]表示剩余字符串。

【例5.23】利用递归调用函数实现字符串的反转。

参考程序代码如下：

```
def myreverse(xstr):
    if xstr == " ":
        return xstr
    else:
        return myreverse(xstr[1:]) + xstr[0]
ystr = input("请输入一个字符串:")
print(myreverse(lstr))
```

运行程序，其结果如图5-17所示。

```
=========================== RESTART: D:\第5章\例5.23.py
请输入一个字符串:夫忆妻兮父忆儿
儿忆父兮妻忆夫
```

图 5-17　例 5.23 程序运行结果

小贴士：

图5-17中的输入诗句出自宋代李禺的《两相思》。

【例5.24】编写递归函数，要求实现斐波那契数列。

分析：斐波那契数列的特点是从第3项开始，每一项都等于前两项之和。比如：0, 1, 1, 2,

3, 5, 8, 13, 21,… 。用格式表示为fibona(n)= fibona(n–1) + fibona(n–2)。计算fibona(n)，相当于计算fibona(n–1)和fibona(n–2)，显然该数列满足递归调用的条件，其终止条件是fibona (0)=0和fibona (1)=1。

根据分析，参考程序代码如下：

```
def fibona(x):
    if x <= 1:
        return x
    else:
        return(fibona(x - 1) + fibona(x - 2))
n = eval(input("请输入斐波那契数列项数n:"))    # 请输入斐波那契数列的项数
if n <= 0:                                     # 判断项数的有效性
    print("请输入有效项数！")
else:
    print("该斐波那契数列为：")
    for i in range(n):
        print(fibona(i), end = " ")
```

运行程序，共运行两次，分别输入n值为8和13时，结果如图5-18所示。

```
=========================== RESTART: D:\第5章\例5.24.py
请输入斐波那契数列项数n:8
该斐波那契数列为:
0 1 1 2 3 5 8 13

=========================== RESTART: D:\第5章\例5.24.py
请输入斐波那契数列项数n:13
该斐波那契数列为:
0 1 1 2 3 5 8 13 21 34 55 89 144
```

图5-18 例5.24程序运行结果

【例5.25】编写函数，要求用递归的方式实现汉诺塔（Hannoi）问题。

分析：递归调用的目的是把原问题分解成子问题，子问题和原问题本质不变，只是子问题的规模变小了而已。

结合本问题，递归过程可分解成以下三步：

① 借助C柱，把A柱上的最上面N–1个圆盘移动到B柱上。

② 把A柱上最后一个最大的圆盘移动到C柱上。

③ 借助A柱，再把B柱上的N–1个圆盘移动到C柱上。当圆盘数N>1时，递归调用；当圆盘数N=1时，直接移动圆盘。

根据分析，参考程序代码如下：

```
def Hannoi(pillarA, pillarB, pillarC, N):   # 将N个圆盘从A柱借B柱移到C柱
    if N == 1:
        print("move:", pillarA, "->", pillarC)
    else:
        Hannoi(pillarA, pillarC, pillarB, N-1) # 将N-1个圆盘从A柱借C柱移到B柱
        print("move:", pillarA, "->", pillarC)
        Hannoi(pillarB, pillarA, pillarC, N-1) # 将N-1个圆盘从B柱借A柱移到C柱
n = eval(input("请输入圆盘的层数n:"))
Hannoi("A", "B", "C", n)
```

运行程序，输入n值为4，结果如图5-19所示。

在递归调用过程中，每次调用时系统都会采用堆栈的方式保存断点（即调用完成返回的位置）和局部变量等；递归次数过多则会造成堆栈溢出，因此Python系统对递归的深度作了限制，默认为是1 000。

小贴士：

汉诺塔(Hannoi)问题是一个底座上有三根柱子，分别是A柱、B柱和C柱。

初始状态：A柱上有N个圆盘，圆盘大小各不相同，且由下向上圆盘的直径由大到小；B柱和C柱上没有圆盘。

要求：把A柱上的圆盘移动到C柱，一次只能移动一个圆盘，中间可以借助B柱移动圆盘，直到A柱上的圆盘全部移到C柱上为止，且整个移动过程中所有柱子上圆盘的直径均是由下而上是由大到小。

```
=========================== RESTART: D:\第5章\例5.25.py
请输入圆盘的层数n:4
move: A -> B
move: A -> C
move: B -> C
move: A -> B
move: C -> A
move: C -> B
move: A -> B
move: A -> C
move: B -> C
move: B -> A
move: C -> A
move: B -> C
move: A -> B
move: A -> C
move: B -> C
```

图 5-19　例 5.25 程序运行结果

5.4　变量作用域

视频5-6

变量作用域

变量的作用域就是变量在代码中起作用的范围。在同一作用域中，为了避免变量名的冲突，要求变量名不能重复；但在不同的作用域中，变量的重名并不影响程序的正确性。变量在使用之前先定义，如果在未定义之前使用则会报错。

根据作用域的不同，Python将变量分为四种类型：全局变量（Global）、局部变量（Local）、闭包变量（Enclosing）、内置变量(Built-in)。其中，内置变量是Python内部保留的一些特定的名称，例如，__name__、__file__等都具有特定的含义。

5.4.1　全局变量

全局变量通常被定义在函数或者类的外部，其作用域是整个程序，即从变量定义位置开始，到程序运行结束为止。

【例5.26】全局变量示例1。

参考程序代码如下：

```
x, y = 2, 3
def g_variable1():
    z = x + y
    t = x - y
    print("z= ", z, "t= ", t)
g_variable1()
```

变量x和y定义在函数g_variable1()之外。x和y是全局变量。当函数g_variable1()被调用时，z=x+y，这里x，y分别被赋值成2和3。同理，t=x–y中的x，y也分别被赋值成2和3。

```
============================ RESTART: D:\第5章\例5.26.py
z= 5 t= -1
```

图 5-20　例 5.26 程序运行结果

运行程序，其结果如图5-20所示。

全局变量也可在函数内进行定义，但在函数内定义时，需要在变量前使用关键字global进行声明。

【例5.27】全局变量示例2。

参考程序代码如下：

```
def g_variable2():
```

```
        global x
        x = 5
        print("x= ", x)
        x = 6
    g_variable2()
    print("x= ", x)
```

变量x使用关键字global进行了声明，实现把变量x定义成全局变量。语句 x=5，是对全局变量x进行赋值；语句x=6是对全局变量重新赋值。

运行程序，其结果如图5-21所示。

```
========================== RESTART: D:\第5章\例5.27.py
x= 5
x= 6
```

图 5-21　例 5.27 程序运行结果

5.4.2　局部变量

局部变量是在函数内被定义的变量，其作用域在该函数内部，也就是在函数被调用时的执行期间有效。一般由某个对象或某个函数所创建的变量通常是局部变量，该变量只能在其内部进行引用，而无法被其他对象或函数引用。

【例5.28】局部变量和全局变量示例。

参考程序代码如下：

```
x, y = 2, 3
def local_variable():
    x, y = 5, 8
    z = x + y
    return z
print("z= ", local_variable())
z = x + y
print("z= ", z)
```

在local_variable() 函数中，由于没有在 x 前面加 global，所以无法将5赋值给全局变量x，无法改变全局变量x的值。当程序执行语句print("z=", local_variable())时，调用函数local_variable()，其函数内的语句z=x+y使用局部变量x和y的值；而local_variable()函数外的语句z=x+y使用的是全局变量x和y。

运行程序，其结果如图5-22所示。

```
========================== RESTART: D:\第5章\例5.28.py
z= 13
z= 5
```

图 5-22　例 5.28 程序运行结果

若想在函数内部对一个定义在函数外的变量进行操作，则必须使用global明确声明；否则相当于创建一个新的局部变量。

例5.28的代码修改如下：

```
x, y = 2, 3
def local_variable():
    global x
    x, y = 5, 8
    z = x + y
    return z
print("z = ", local_variable())
z = x + y
print("z = ", z)
```

在local_variable() 函数中，x前面加 global，将5赋值给全局变量x，全局变量x的值由原来的2变成5。当调用local_variable()时，函数内的语句z=x+y使用的还是局部变量x和y的值；而local_gvariable()函数外的语句z=x+y使用的是重新赋值后的全局变量x和全局变量y，它们的值分别为5和3。

运行程序，其结果如下：

```
z = 13
z = 8
```

从例5.28修改后的运行结果可以看出，如果局部变量和全局变量有相同的变量名，则局部变量会在本身的作用域中取代全局变量。例如，在local_variable() 函数中z=x+y，此时x=5，y=8，因此z=13。

也可以使用global同时声明多个全局变量。

【例5.29】global同时声明多个变量示例。

参考程序代码如下：

```
a, b, c, d = 1, 2, 3, 4
def l_variable():
    global a, b, c                              # 一个global关键字声明多个全局变量
    a = -1
    b = -2
    c = -3
    print(f"a = {a}, b = {b}, c = {c}, d = {d}")
print(f"a = {a}, b = {b}, c = {c}")             # 第一次输出
l_variable()                                    # 第二次输出
print(f"a = {a}, b = {b}, c = {c}")             # 第三次输出
print(f"d = {d}")                               # 第四次输出
```

注意： 全局变量和局部变量可以同名，但它们是不同的对象，并且局部变量会在本身的作用域中取代全局变量。

执行程序，第一次输出的是local_variable()函数外所定义的全局变量a, b, c的值；第二次输出时，函数local_variable()被调用，由于global声明了变量a, b, c，并被重新赋值，因此a, b, c的值发生改变，而变量d使用全局变量的值；第三次输出的是重新赋值后的a, b, c的值；第四次输出的变量d的值不变。

运行程序，其结果如图5-23所示。

```
=========================== RESTART: D:\第5章\例5.29.py
a = 1, b = 2, c = 3
a = -1, b = -2, c = -3, d = 4
a = -1, b = -2, c = -3
d = 4
```

图5-23 例5.29程序运行结果

5.4.3 闭包变量

函数嵌套定义有外函数和内函数之分。在内函数中定义的变量其作用域在内函数。在外函数中定义的变量，其作用域在外函数和内函数中，一旦离开外函数体，变量失效。如果想在内函数中使用外函数的局部变量，则需要使用关键字nonlocal来声明。用关键字nonlocal声明的变量称为闭包变量。闭包变量是介于局部变量和全局变量之间的变量，只适用于嵌套函数作用域的变量。

关键字nonlocal和关键字global功能相似，不同之处是关键字nonlocal声明的变量其作用域只在其嵌套函数的范围内，而不是函数之外的全局作用域。另外，关键字nonlocal不能创建新的变量，故在使用nonlocal声明闭包变量时，其被声明的变量必须先存在，否则运行该程序会出现SyntaxError异常。

【例5.30】闭包变量示例。

参考程序代码如下：

```
def out1():
    def in1():
        nonlocal a
        print(a)
        a = 2
    in1()
    print(a)
out1()
```

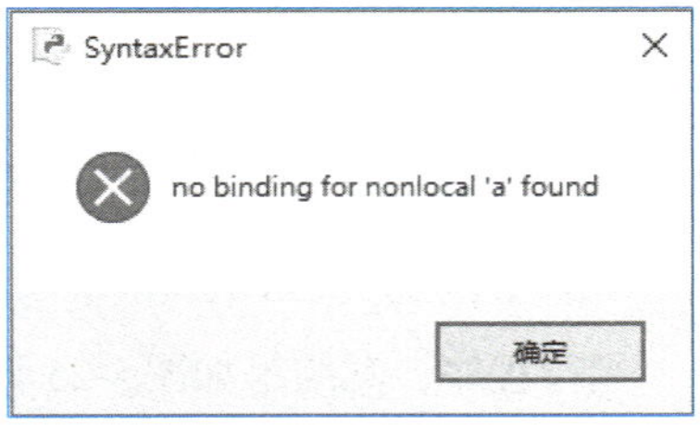

图5-24　例5.30运行时的SyntaxError异常界面

运行程序会出现如图5-24所示的SyntaxError异常界面。

修改例5.30的程序代码如下：

```
def out1():
    a = 1
    def in1():
        nonlocal a
        print(a)
        a = 2
    in1()
    print(a)
out1()
```

外函数out1()定义了一个局部变量a，并赋值1；在内函数in1()中使用关键字nonlocal声明了变量a，表示内函数in1()要使用外函数中的变量a；变量a的值在内函数中可以改变。

运行修改后的程序，其结果如下：

```
1
2
```

从结果可以看出，外函数out1()定义的变量a，在内函数in1()中通过使用关键字nonlocal声明，变量a被重新赋值为2。如果内函数in1()使用其外函数out1()之外的变量，则需要使用关键字global进行声明。

5.4.4　作用域关系

Python中的变量根据作用域的不同可分全局变量（Global）、局部变量（Local）、闭包变量（Enclosing）和内置变量（Built-in）。这四种变量在调用时遵循Python变量名解析机制，称之为L-E-G-B法则。该法则规定了一个变量在四种命名空间中查找的顺序，其优先级关系如下：

```
Local > Enclosing > Global > Built-in
```

即当某个变量名映射到Local的命名空间中没有找到，则会到Enclosing的命名空间中查找，若还没有找到，则会到Global的命名空间中查找，最后才在Built-in中的命名空间中查找。只要查找成功一次，就停止查找搜索。

5.5　应用实例

程序设计者在处理复杂问题时，使用函数可以分解问题、降低编程难度，还能进行代码复用，实现代码共享。本节主要介绍函数在解决实际问题中的使用方法。

【例5.31】编写函数star()，要求在一行中输出五个星号，每个星号之间用一个空格间隔。

参考程序代码如下：

```
def print_star():
    print("*", end=" ")
for i in range(5):
    print_star()
```

运行程序，其结果如图5-25所示。

```
============================ RESTART: D:\第5章\例5.31.py
* * * * *
```

图 5-25　例 5.31 程序运行结果

【例5.32】编写无参函数Five_Sacred_Mountains()，实现输入“五岳”中的一个，函数mountain()实现输出其对应的山名，要求函数Five_Sacred_Mountains()嵌套定义无参函数mountain()。

小贴士：

“五岳”是中国五大名山的简称，分别是东岳泰山、西岳华山、南岳衡山、北岳恒山、中岳嵩山。

分析：函数的嵌套定义是在一个函数定义里面还定义了其他函数，这两个函数分别称之为外函数和内函数。定义两个函数Five_Sacred_Mountains()和mountain()，函数Five_Sacred_Mountains()是外函数，函数mountain()是内函数。函数Five_Sacred_Mountains()中定义字典dicta={"东岳":"泰山","西岳":"华山","南岳":"衡山","北岳":"恒山","中岳":"嵩山"}，定义变量n用于存储要输入的“五岳”之一。函数mountain()通过循环结构对字典键值的进行查找，找到则输出其对应的山名。

根据分析，参考代码如下：

```
def Five_Sacred_Mountains():
    dicta = {"东岳":"泰山", "西岳":"华山", "南岳":"衡山", "北岳":"恒山",
"中岳":"嵩山"}
    n = input("请输入五岳中的一个:")
    def mountain():
        for i in dicta:
            if n == i:
                print(f"{n}对应的山名:", dicta[n])
    mountain()
Five_Sacred_Mountains()
```

运行程序，共运行两次，分别输入东岳和南岳，其结果如图5-26所示。

```
============================ RESTART: D:\第5章\例5.32.py
请输入五岳中的一个:东岳
东岳对应的山名: 泰山

============================ RESTART: D:\第5章\例5.32.py
请输入五岳中的一个:南岳
南岳对应的山名: 衡山
```

图 5-26　例 5.32 程序运行结果

【例5.33】编写函数fact(x)，要求使用递归的方式，计算公式$s=m!/(n!(m-n)!)$的值并输出。

分析：从公式中可以看出包含三个阶乘的计算。阶乘计算遵循递归调用的特点。函数外定义三个变量s、m和n。s用以存储该公式的计算结果，m和n用以存储从键盘输入的两个正整数。定义函数fact(x)，如果x等于1或者x等于0时，则返回1；否则返回fact(x-1) * x。最后通过三次调用fact(x)实现公式计算。

根据分析，参考程序代码如下：

```
def fact(x):
    if x == 1 or x == 0:
```

```
        return 1
    else:
        return fact(x - 1) * x
m, n = eval(input('请输入两个正整数m,n:'))
s = fact(m) / (fact(n) * fact(m - n))
print(s)
```

运行程序，共运行两次。第一次，输入m和n的值分别是10, 6。第二次，输入m和n的值分别是20, 5。运行结果如图5-27所示。

```
=========================== RESTART: D:\第5章\例5.33.py
请输入两个正整数m,n:10,6
210.0

=========================== RESTART: D:\第5章\例5.33.py
请输入两个正整数m,n:20,5
15504.0
```

图 5-27 例 5.33 程序运行结果

【例5.34】编写函数bubble_sort(num_list)，实现冒泡排序。

分析：冒泡排序的思想是重复遍历所有要排序的数列，每次进行相邻两个元素的比较，小的元素上升（或前移），大的元素下沉（或后移），如此反复，直到没有元素互换位置，排序结束。在此排序过程中，最小的元素就像气泡一样经过多次交换位置，最后“浮”到数列的最顶端（或最前端），最大的元素“沉”到最底端（或最后端），因此被称为冒泡排序。

根据分析，参考程序代码如下：

```
def bubble_sort(num_list):
    len_num = len(num_list)
    # 外层循环控制需要进行多少次比较
    for i in range(len_num - 1):
        # 内层循环用于记录每次将未排序中的第二个元素与前面的元素进行比较
        for j in range(0, len_num - 1 - i - 1):
            if num_list[j] > num_list[j + 1]: # 若前元素大于后面元素，则交换位置
                num_list[j], num_list[j + 1] = num_list[j + 1], num_list[j]
    return num_list
# 测试用例
alist = [9, 2, 13, 21, 6, 7]
print("排序前的序列:", alist)
sorted_alist = bubble_sort(alist)
print("排序后的序列:", sorted_alist)
```

运行程序，其结果如图5-28所示。

```
=========================== RESTART: D:\第5章\例5.34.py
排序前的序列: [9, 2, 13, 21, 6, 7]
排序后的序列: [2, 6, 9, 13, 21, 7]
```

图 5-28 例 5.34 程序运行结果

【例5.35】编写函数insertion_sort(xList)，要求实现插入排序。

分析：插入排序是一种简单直观的排序算法，也称之为直接插入排序，适用于少量元素的排序。其基本思想是将一个元素插入到已经排好序的有序列中，从而得到一个新的、记录数增1的有序的序列。假设前面n–1个数已排好顺序，现将第n个数插到前面已经排好的序列中，然后找到其合适的位置，使得插入第n个数后的这个序列也是排好顺序的（这里n至少是2），按照此方法对所有元素进行插入，直到整个序列排为有序的过程，称为插入排序。其实现过程使用双层循环，外循环用于控制除了第一个元素之外的所有元素循环次数，内循环用于对当前元素前面有序序列进行待插入位置查找和位置移动。

根据分析，参考程序代码如下：

```
def insertion_sort(xList):
    # 外循环用于控制除了第一个元素之外的所有元素循环次数
    for i in range(1, len(xList)):
        k = xList[i]
        j = i - 1
        # 内循环用于依次比较数据的大小和位置移动
        while j >= 0 and k < xList[j]:
            xList[j + 1] = xList[j]
            j = j - 1
        xList[j + 1] = k
    return xList
# 测试用例
aList = [7, 3, 12, 5, 8, 9, 6]
print("排序前的列表:")
print(aList)
print("排序后的列表:")
print(insertion_sort(aList))
```

运行程序，其结果如图5-29所示。

```
=========================== RESTART: D:\第5章\例5.35.py
排序前的列表:
[7, 3, 12, 5, 8, 9, 6]
排序后的列表:
[3, 5, 6, 7, 8, 9, 12]
```

图 5-29　例 5.35 程序运行结果

【例5.36】编写函数binary_search(arr, low, height, Fnum)，要求实现二分查找。

分析：二分查找算法是一种在有序的序列中查找某一指定元素的搜索算法，又称为折半查找。二分查找是搜索效率较高的算法，比较适合在大量元素中查找指定的元素。其算法搜索过程如下：首先从序列的中间元素开始查找，假如中间元素是要查找的元素则结束算法；否则判断要查找的元素和中间元素的大小，若查找的元素大于中间元素，则在后一半序列查找，否则在前一半序列查找。重复前面的查找过程，直到找到该元素或者要查找的元素不在序列中为止，查找结束。二分查找算法本质上是一个递归的过程，可以用递归的思想来实现，如查找成功，则返回要查找的值在序列中的位置，否则查找失败返回 -1，表示要查找的元素不在序列中。

根据分析，参考程序代码如下：

```
def binary_search(arr, low, height, Fnum):
    if height >= low:
        mid = (low + height) // 2     # 计算出中位数，//表示整除
        if Fnum == arr[mid]:          # 如果中位数等于查找值，则返回mid
            return mid
        elif Fnum > arr[mid]:         # 如果中位数小于查找值，则锁定后半段
            low = mid + 1             # 重置低位数
            return binary_search(arr, low, mid + 1, Fnum)
        else:                         # 如果中位数大于查找值，则锁定前半段
            height = mid - 1          # 重置高位值
            return binary_search(arr, low, mid - 1, Fnum)
    else:                             # 否则返回 -1
        return - 1

# 测试用例
```

```
lst = [3, 6, 7, 10, 15, 30, 39, 45, 60]
num = int(input('请输入一个数: '))
print("要查找的元素是:", num)
result = binary_search(lst, 0, len(lst) - 1, num)
if result! = -1:
    print("要查找的元素在序列中的位置为%d" % result)
else:
    print("要查找的元素不在序列中")
```

运行程序，共运行两次，分别输入33和39，运行结果如图5-30所示。

```
=========================== RESTART: D:\第5章\例5.36.py ==
请输入一个数：33
要查找的元素是: 33
要查找的元素不在序列中

=========================== RESTART: D:\第5章\例5.36.py ==
请输入一个数：39
要查找的元素是: 39
要查找的元素在序列中的位置为6
```

图 5-30 例 5.36 程序运行结果

拓展知识——C919 大飞机

在本章学习Python的函数中，编好一个程序，需要合理规划程序中的功能模块，对需要反复执行的代码可以用函数进行封装。通过把大任务的分解成不同的小任务（函数），把复杂问题简单化，可实现模块化设计的编程思想。把大问题模块化方便分而治之，在中国大飞机的实现中充分利用了这种思想。

让我们扫描侧边栏中的二维码，一起来了解C919大飞机的详细情况！

PDF

C919大飞机

习 题

一、选择题

1. 用来定义函数的关键字是（　　）。

   A. def　　B. return　　C. global　　D. char

2. 函数内部用于更改全局变量值的关键字是（　　）。

   A. abs　　B. def　　C. global　　D. lambda

3. 关于全局变量的使用，下面说法中，错误的是（　　）。

   A. 全局变量的作用域是整个程序

   B. 全局变量通常定义在函数的外部

   C. 全局变量的值不能改变

   D. 在函数内部对一个定义在函数外的变量进行操作，必须使用global明确声明

4. 现有如下程序：

```
def f1(x = 2):
return x + 1
print(f1(f1(f1())))
```

运行结果是（　　）。

A. 3　　B. 4　　C. 5　　D. 7

5. 一般来说，由某个对象或某个函数所创建的变量通常是（　　）。

A. 局部变量　　B. 全局变量　　C. 关键字　　D. 内置变量

6. 下面关于递归的说法，错误的是（　　）。

A. 在调用一个函数的过程中出现直接或间接地调用函数本身，这种函数调用的方式称之为递归

B. 递归不是循环

C. 默认情况下，递归调用到1 000层时，Python解释器终止程序运行

D. 递归不必有终止条件

7. 下面关于嵌套的说法，正确的是（　　）。

A. 函数的嵌套调用是指被调用函数的函数体中调用了其他函数

B. 嵌套就是循环

C. 嵌套遵循先进先出原则

D. 嵌套与递归等价

8. 函数的类型不包括（　　）。

A. 系统内置函数　　B. 标准库函数　　C. 用户自定义函数　　D. 内函数

9. 调用函数执行的顺序遵循（　　）原则。

A. 先进后出　　B. 先进先出　　C. 自上而下　　D. 先来先服务

10. 现有下列程序代码：

```
def ss(a = 9, b = 3, c = 4):
    k = a + b - c
    return k
d = ss(3, 7)
print(d)
```

其中，函数ss的参数类型是（　　）。

A. 关键字参数　　B. 默认参数　　C. 位置参数　　D. 可变长参数

二、填空题

1. 写出下面程序的运行结果。

```
def min_num(a, b):
if a < b:
    return a
else:
    return b
print(min_num(23, min_num(129, 2)))
```

运行结果是________。

2. 写出下面程序的运行结果。

```
def default_value(a = 9, b = 5, c = 4):
    k = a + b - c
    return k
d = default_value(3, 9)
print(d)
```

运行结果是________。

3. 写出下面程序的运行结果。

```
x, y = 2, 3
def g_variable():
global x
x, y = 5, 8
z = x + y
print("z=", z)
g_variable()
z = x + y
print("z=", z)
```

运行结果分别是________和________。

4. 写出下面程序的运行结果。

```
L = [2, 8, 4, 9]
print(L[3])
L[3] = 12
print(L)
```

运行结果分别是________和________。

5. 请在下面的（1）和（2）空白处补充缺少的语句，使程序运行无误，并输出正确的结果。

```
#冒泡排序
def mao_pao(num_list):
    num_len = len(num_list)
    for i in range(num_len):
        ____(1)____
        for j in range(num_len - 1 - i):
            if num_list[j] > num_list[j + 1]:
                ____(2)____
                sign = True
        if not sign:
            break
p = [3, 0, 90, 25, 7, 15, 28, 5, 4]
mao_pao(p)
print(p)
```

（1）中的语句是________________________________。

（2）中的语句是________________________________。

程序的运行结果是______________________________。

三、编程题

1. 编写一个函数odd_or_even(x)，要求键盘输入一个正整数n，判断n是否为偶数，若是偶数则输出“偶数”，否则输出“奇数”。

2. 编写函数reverse_str(lstr)，要求使用递归的方式实现字符串lstr="枝云间石峰，脉水浸山岸；池清戏鹄聚，树秋飞叶散"的反转，并输出结果。（该诗句出自南北朝萧纲的《和湘东王后园回文诗》）

第 6 章
文　　件

当程序运行时，数据保存在内存中。程序运行结束后，内存中的数据就会被清理掉。如果需要把数据永久保存起来，可以把这些数据保存在文件中。

本章主要介绍文件相关的操作，包括文件的基本概念、文件的打开与关闭、文件的读写与定位、文件与文件夹操作等。

学习目标

知识目标：

◎理解文件的基本概念；

◎理解并掌握文件的打开和关闭、读写和定位等基本操作；

◎掌握 CSV 文件的操作；

◎掌握文件与文件夹操作相关函数的用法。

技能目标：

◎能够熟练进行文件的读写操作；

◎能够熟练进行文件及文件夹的相关操作；

◎能够对复杂问题进行抽丝剥茧、逐步求解；

◎能够通过查阅文档、在线资源等方式自主学习 Python 进阶知识。

素质目标：

◎培养自主学习、解决问题的能力，培养团队协作精神和有效沟通能力；

◎了解国产操作系统现状和目标，增强社会责任感，培养爱国情怀。

知识导图

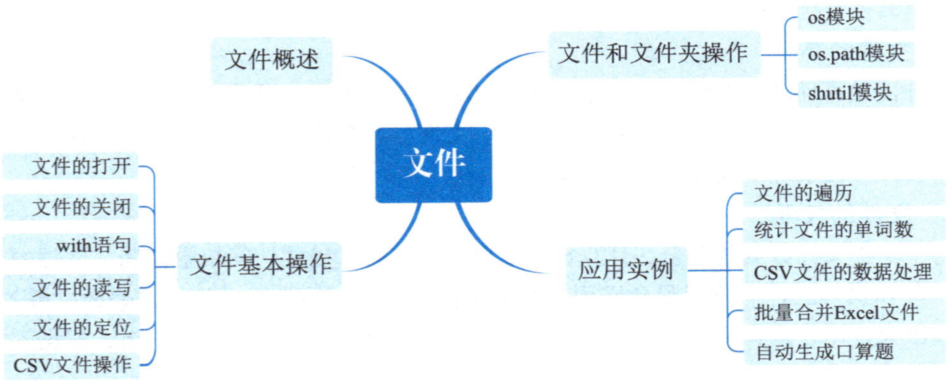

6.1 文件概述

文件是计算机系统中用于存储和组织数据的一种数据结构。它是一组相关数据的集合，具有唯一的名称，方便用户在计算机系统中进行操作和管理。文件在计算机系统中具有重要的作用，它们可以帮助用户保存和分享数据，让计算机系统更加高效地运行。

1. 文件的命名

为了方便用户识别和管理文件，计算机系统为每个文件分配一个唯一的名称。文件名通常包括主文件名和扩展名两部分。主文件名表示文件的主要内容，而扩展名则表示文件的类型。例如，一个名为“example.txt”的文件，其中“example”是主文件名，“txt”是扩展名，表示这是一个文本文件。

常见的文件类型包括文本文件（如.txt）、图片文件（如.jpg、.png、.bmp、.gif等）、压缩文件（如.zip、.rar等）、文档文件（如.doc、.docx、.xls、.xlsx、.ppt、.pptx等）、音频文件（如.mp3、.wav等）、视频文件（如.mp4、.avi等）和可执行文件（如.exe）等。

2. 文件的分类

从文件的结构上来划分，文件可以分为有结构文件和无结构文件。有结构文件由若干个相关记录组成；无结构文件可以看成是一个字符流。

从文件的展现形式上来划分，文件可以分为文本文件和二进制文件。

（1）文本文件

文本文件中的数据是以字符的形式存储的，如字母、数字和符号等。通常使用特定的字符编码方式（如ASCII、UTF-8等）来表示这些字符。文本文件的读取和处理相对简单，通常只需要逐个字符地读取和解析即可。

文本文件可以通过Windows自带的记事本软件编辑，人们可以直接阅读和理解。常用的文本文件扩展名有txt、bat、log、ini、c、py等。

（2）二进制文件

二进制文件中的数据是以二进制形式存储的，即由0和1组成的位序列。这些二进制数据的读取和处理较为复杂，需要特定的程序或指令来解析。例如，图片文件、音频文件和视频文件等二进制文件需要专门的解码器或播放器来呈现和播放。

常见的二进制文件有图像文件、视频文件、Office文件、可执行文件等，它们都无法通过记事本软件直接进行编辑。

3. 文件的存储

文件需要存储在计算机的存储设备上，如硬盘、U盘、光盘等。计算机系统为每个存储设备分配一个唯一的盘符，如C盘、D盘等。文件名和盘符共同构成了文件的完整路径，帮助用户在计算机系统中找到和访问文件。

4. 文件的权限

为了保护文件数据的安全，计算机系统对文件实施一定的访问权限控制。文件的权限分为读、写和执行三种。读权限允许用户查看文件的内容；写权限允许用户修改文件的内容；执行权限允许用户运行文件中的程序。文件的权限可以分配给用户和用户组，根据需要设置不同的访问权限。

5. 文件的操作

计算机系统提供了一系列文件操作命令，方便用户对文件进行创建、删除、复制、移动、重命名等操作。用户可以通过命令行工具或图形界面的方式对文件进行管理。

6.2 文件的打开与关闭

视频6-1

文件的打开与关闭

Python提供了大量的文件操作函数或方法，可以对文件进行打开和关闭、读取和写入等操作。当需要对文件进行读取或写入操作时，首先需要打开文件，然后在操作完成后关闭文件。

6.2.1 文件的打开

在Python中，可使用内置的open()函数来打开文件并返回一个文件对象。open()函数的基本语法为：

```
f = open(filePath, mode, encoding)
```

参数说明：

- filePath：必选，表示文件的路径和名称。
- mode：可选，表示文件的打开模式，默认为'r'（只读模式）。
- encoding：可选，指定对文本进行编码和解码的方法，默认使用系统的编码方式。

参数filePath可以根据需要使用绝对路径或者相对路径。绝对路径包含磁盘名字，从盘符或者根目录出发。例如，test.txt 在D盘根目录下的abc文件夹下，则绝对路径为D:/abc/test.txt，路径字符串可以表示为“D://abc//test.txt”，用原始字符串表示就是r"D:/abc/test.txt"。为了避免转义字符的混淆，使路径字符串更清晰，这里建议使用原始字符串。相对路径以当前文件或入口文件为起点，返回上一级目录用../，如果要访问的文件和当前程序文件在同一文件夹，可以直接用文件名。

参数mode表示文件的打开模式。Python为文件操作提供了丰富的打开模式，可以根据需要灵活地采用合适的方式组合使用。文件的具体打开模式见表6-1。

表6-1　文件的打开模式

模　式	说　明
r	以只读模式打开文件。文件指针位于文件的开头。如果文件不存在，会引发FileNotFoundError错误。这是默认模式
w	以写入模式打开文件。如果文件存在，则覆盖原有内容；如果文件不存在，则创建新文件
x	以独占模式创建新文件。如果文件已经存在，则引发FileExistsError错误
a	以追加模式打开文件。文件指针位于文件的末尾。如果文件不存在，则创建新文件
b	以二进制模式打开文件。这种模式用于处理非文本文件，如图像、音频、视频等
t	以文本模式打开文件。这是默认模式，用于处理文本文件
+	以读写模式打开文件。可以对文件进行读写操作

可以使用这些模式的组合来满足特定的文件操作需求。例如，'rb'表示以二进制模式打开文件进行读取，'w+'表示以读写模式打开文件并清空文件内容。

参数encoding指定对文本进行编码和解码的方法，默认使用系统的编码方式。常见的编码方式有GBK、UTF-8等。GBK编码是在中国GB2312—1980标准基础上的内码扩展规范，使用了双字节编码方案，不论中英文都是两个字节。UTF-8编码是针对Unicode编码的一种可变长度字符编码，用来解析发送世界各国的语言编码，它对英文和阿拉伯数字使用一个字节，中文使用三个字节编码。

open()函数执行成功会返回一个文件对象，通过该对象可以对文件进行读写等操作。如果指定文件不存在、访问权限不够或其他原因导致创建文件对象失败则会抛出异常。

6.2.2　文件的关闭

当打开一个文件进行读取或写入操作时，操作系统会为该文件分配一些系统资源。如果不关闭文件，这些资源将会一直被占用，可能会导致系统资源的浪费或者在处理大量文件时达到系统资源的上限。

另外，关闭文件还可以确保文件的数据被正确地写入磁盘。在写入文件时，数据首先会被缓存在内存中，而不是立即写入磁盘。只有在文件关闭时，才会将缓冲区中的数据写入磁盘。如果没有关闭文件，那么可能会导致数据丢失或不完整。

因此为了释放系统资源并确保数据的完整性和一致性，在文件操作完成后需要将其关闭。假设打开的文件对象为f，关闭文件的语法格式如下：

```
f.close()
```

【例6.1】 读取当前文件夹下“科技强国.txt”文件中的内容并显示出来。文件的内容如图6-1所示。

分析： 要读取的文件和程序文件放在同一个文件夹下，可以使用相对路径来打开文件。文件要进行读取操作，打开模式可以使用“r”。用记事本软件打开“科技强国.txt”，在右下角可以看到该文件采用“UTF-8”编码，所以参数encoding需要指定“utf_8”。读取文件内容可以用f.read()方法。

根据分析，参考程序代码如下：

```
f = open("科技强国.txt", "r", encoding = "utf_8")
print(f.read())
f.close()
```

运行程序，结果如图6-2所示

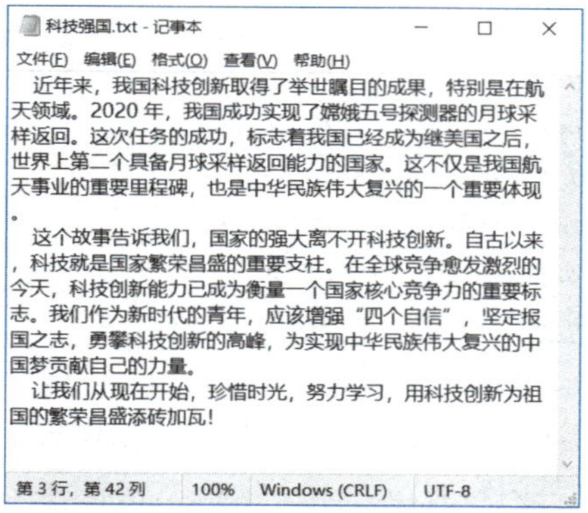

科技强国.txt - 记事本

文件(F) 编辑(E) 格式(O) 查看(V) 帮助(H)

近年来，我国科技创新取得了举世瞩目的成果，特别是在航天领域。2020 年，我国成功实现了嫦娥五号探测器的月球采样返回。这次任务的成功，标志着我国已经成为继美国之后，世界上第二个具备月球采样返回能力的国家。这不仅是我国航天事业的重要里程碑，也是中华民族伟大复兴的一个重要体现。

这个故事告诉我们，国家的强大离不开科技创新。自古以来，科技就是国家繁荣昌盛的重要支柱。在全球竞争愈发激烈的今天，科技创新能力已成为衡量一个国家核心竞争力的重要标志。我们作为新时代的青年，应该增强“四个自信”，坚定报国之志，勇攀科技创新的高峰，为实现中华民族伟大复兴的中国梦贡献自己的力量。

让我们从现在开始，珍惜时光，努力学习，用科技创新为祖国的繁荣昌盛添砖加瓦！

第 3 行，第 42 列 100% Windows (CRLF) UTF-8

图 6-1 “科技强国 .txt” 文件内容

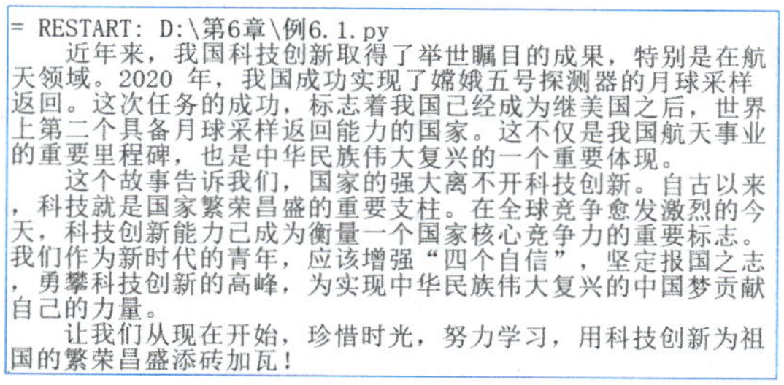

= RESTART: D:\第6章\例6.1.py

近年来，我国科技创新取得了举世瞩目的成果，特别是在航天领域。2020 年，我国成功实现了嫦娥五号探测器的月球采样返回。这次任务的成功，标志着我国已经成为继美国之后，世界上第二个具备月球采样返回能力的国家。这不仅是我国航天事业的重要里程碑，也是中华民族伟大复兴的一个重要体现。

这个故事告诉我们，国家的强大离不开科技创新。自古以来，科技就是国家繁荣昌盛的重要支柱。在全球竞争愈发激烈的今天，科技创新能力已成为衡量一个国家核心竞争力的重要标志。我们作为新时代的青年，应该增强“四个自信”，坚定报国之志，勇攀科技创新的高峰，为实现中华民族伟大复兴的中国梦贡献自己的力量。

让我们从现在开始，珍惜时光，努力学习，用科技创新为祖国的繁荣昌盛添砖加瓦！

图 6-2 例 6.1 程序运行结果

6.2.3 with 语句

由于文件读写时可能产生异常，这样就会导致close()方法不会被调用。为了保证无论是否出现异常，都能正确关闭文件，可以使用try…finally通过捕捉异常、处理异常来实现，但相对烦琐。Pyhon引入了with语句来管理资源。用于文件内容读写时，不需要手动关闭文件。文件会在with块结束时自动关闭，其语法格式如下：

```
with open(filePath, mode, encoding) as f:
# 这里写文件对象f读写文件内容的语句
```

例6.1的代码可以改写成如下形式：

```
with open("科技强国.txt", "r", encoding = "utf_8") as f:
print(f.read())
```

使用with语句可以使代码更简洁、更易于维护、更安全。

① 简化代码：with语句可以将需要执行的代码封装在一个块中，使代码更易于阅读和理解。

② 资源管理：with语句可以确保在代码块结束时正确关闭资源，如文件、网络连接、数据库连接等。这样可以确保资源被正确释放，避免资源泄露和浪费。

③ 异常处理：with语句能够保证资源的释放，即使在处理过程中发生异常，当异常发生时，with语句会自动调用资源的__exit__()方法来进行清理操作，确保资源的正确关闭，避免数据丢失或不一致。

通过使用with语句，可以避免忘记关闭文件或处理异常时未正确释放资源的问题，提高了代码的可靠性和可维护性。因此，推荐在需要手动关闭的资源操作中使用with语句。

6.3 文件的读写与定位

视频6-2 文件的读写与定位

文件的读写与定位是计算机编程中常见的操作。文件读写是指在程序中读取或写入文件的内容，而文件定位则是指在文件中找到特定的内容或者位置。

6.3.1 文件的读写

打开文件后，可以利用文件对象对文件进行读写等操作。Python提供了多种读写文件内容的方法，常用的方法见表6-2。

表 6-2　常用的文件读写方法

操　作	方　法	描　述
读	read()	一次性读取文件全部内容，返回字符串
	read(size)	一次读取 size 字节内容，返回字符串
	readline()	每次读取一行，返回字符串
	readlines()	一次性读取所有行，返回列表
写	write(s)	把字符串 s 写入文件
	writelines(lst)	把字符串列表 lst 写入文本文件，不添加换行符

1. read() 和 read(size)

read() 方法可以一次性读取文件的全部内容，适用于文件比较小的情况。前面的例 6.1 就是一个一次性读取文本文件的示例。

如果文件很大，全部读取会占用大量内存，可以用 read(size) 分批次读取。

> **注意：** 在文本文件读取模式下，size 的计数是以 Unicode 字符的个数计数，而在二进制文件读取模式下，size 的计数是以字节为单位计数。

【例 6.2】读取当前文件夹下“七言律诗.txt”文件中的前四个字并显示。“七言律诗.txt”文件的内容如图 6-3 所示。

分析：以只读模式“r”打开文本文件“七言律诗.txt”。read(size) 中的参数 size 是以 Unicode 字符的个数计数，因此读取文件的前四个字符可以用 read(4) 来实现。

根据分析，参考程序代码如下：

```
with open("七言律诗.txt", "r", encoding = "utf_8") as f:
    s = f.read(4)
    print(s)
```

运行程序，结果如图 6-4 所示。

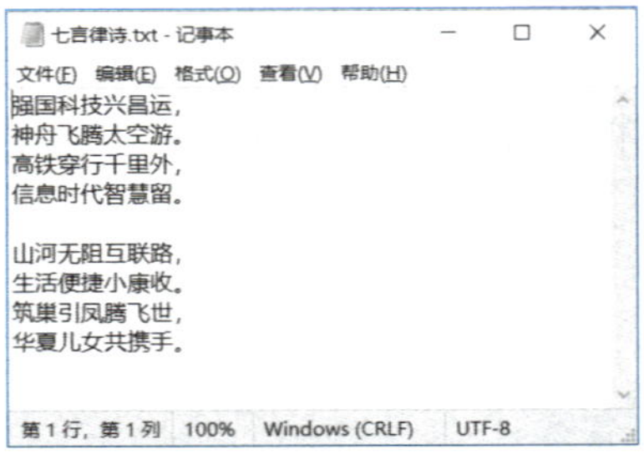

图 6-3　例 6.2“七言律诗.txt”文件内容

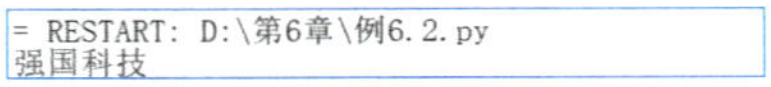

图 6-4　例 6.2 程序运行结果

【例 6.3】以分批次读取的方式读取当前文件夹下“七言律诗.txt”文件中的所有内容并显示。

分析：用 while 循环，每次循环用 read(size) 读取一定数量的内容并输出，注意输出时用空字符结尾。如果读取的内容为空，则退出循环。

根据分析，参考程序代码如下：

```
with open("七言律诗.txt", "r", encoding = "utf_8") as f:
    while True:
        s = f.read(16)
        if not s:
            break
        print(s, end = "")
```

运行程序，结果如图6-5所示。

2. readline()

readline()方法可以从文本文件中读取一行内容作为结果返回，返回一个字符串。

【例6.4】读取当前文件夹下“七言律诗.txt”文件中前四行的内容并显示出来。

分析： 循环四次，每次循环用readline()读取一行并输出，注意输出时用空字符结尾。

根据分析，参考程序代码如下：

```
with open("七言律诗.txt", "r", encoding = "utf_8") as f:
    for i in range(4):
        s = f.readline()
        print(s, end = "")
```

运行程序，结果如图6-6所示。

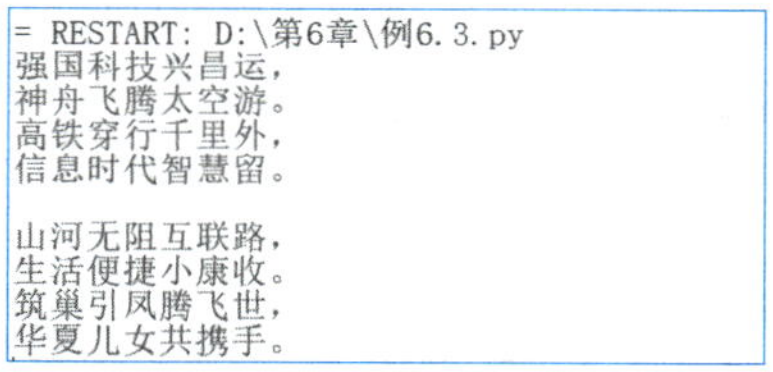

图 6-5　例 6.3 程序运行结果

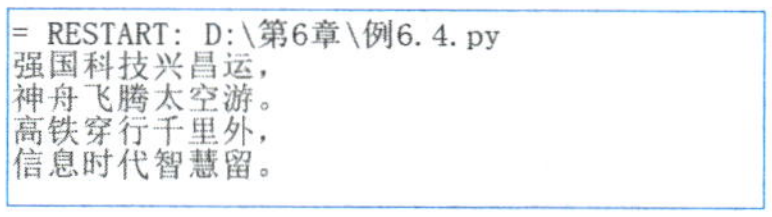

图 6-6　例 6.4 程序运行结果

3. readlines()

readlines()方法可以把文本文件中的每行文本作为一个字符串存入列表，结果返回该列表。对于大文件可能会占用比较多的内存，不建议使用。

【例6.5】用readlines()方法读取当前文件夹下“七言律诗.txt”文件中的内容，并输出最后四行。

分析： 先用readlines()方法一次性读取“七言律诗.txt”文件所有的行，返回给列表lst，再用len()函数获取列表lst的长度即文件内容的行数。用for循环来遍历输出列表lst的最后四个元素，也就是最后四行。注意输出时用空字符结尾。

根据分析，参考程序代码如下：

```
with open("七言律诗.txt", "r", encoding = "utf_8") as f:
    lst = f.readlines()
    lst_length = len(lst)
    for i in range(lst_length - 4, lst_length):
        print(lst[i], end = "")
```

运行程序，结果如图6-7所示。

4. write(s)

write(s)方法可以把字符串s写入指定文件。当写入一个文本文件的时候，文件的打开模式有r+、w、w+、a和a+，其中r+、a和a+不会清空文件原先内容，而w和w+会清空文件原先内容，r+是在文件头开始替换原先内容，a和a+在文件末尾添加内容。

【例6.6】在当前文件夹下“七言律诗.txt”文件的最后添加“加油，中国！”，然后输出文件的所有内容。

分析： 要在文件最后添加内容，可以使用a或者a+模式，但由于还要读取文件内容，所以应该选择a+模式打开文件。在文件末尾写入内容后，这时的文件指针在文件末尾，若要从头读取文件的内容，应该先把文件指针定位到文件开始位置。

根据分析，参考程序代码如下：

```
with open("七言律诗.txt", "a+", encoding = "utf_8") as f:
    f.write("\n加油，中国！")
    f.seek(0)          # 将文件指针移到文件开始位置
    s = f.read()
    print(s)
```

运行程序，结果如图6-8所示。

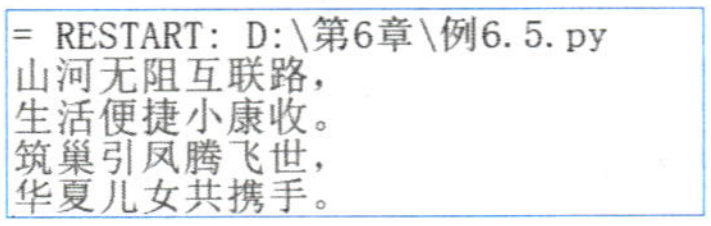

```
= RESTART: D:\第6章\例6.5.py
山河无阻互联路，
生活便捷小康收。
筑巢引凤腾飞世，
华夏儿女共携手。
```

图 6-7　例 6.5 程序运行结果

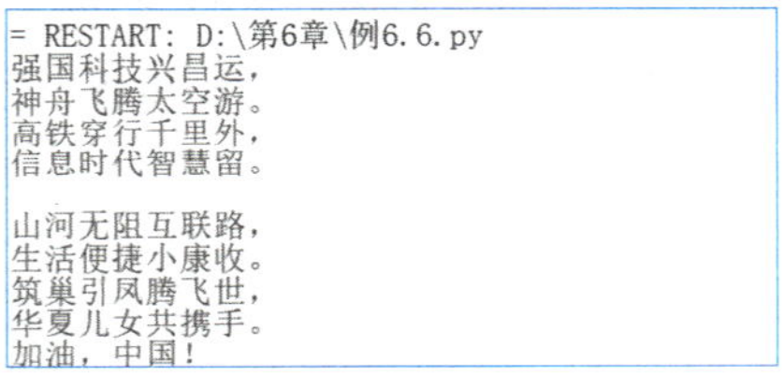

```
= RESTART: D:\第6章\例6.6.py
强国科技兴昌运，
神舟飞腾太空游。
高铁穿行千里外，
信息时代智慧留。

山河无阻互联路，
生活便捷小康收。
筑巢引凤腾飞世，
华夏儿女共携手。
加油，中国！
```

图 6-8　例 6.6 程序运行结果

5. writelines(lst)

writelines(lst)可以把字符串列表lst写入文本文件，不添加换行符。

【例6.7】在当前文件夹下有“原始成绩.txt”文件，内容如图6-9所示。对其中的成绩从高到低排序后写入文件“排序后成绩.txt”，然后读取“排序后成绩.txt”的内容并输出。

分析：首先以只读方式打开“原始成绩.txt”，用readlines()方法读取所有成绩放入列表lst，然后对lst进行从高到低排序。接下来以“w+”方式打开“排序后成绩.txt”，用writelines(lst)方法将lst写入“排序后成绩.txt”，最后定位至文件头，读取“排序后成绩.txt”的所有内容并输出。

根据分析，参考程序代码如下：

```
with open("原始成绩.txt", "r", encoding = "utf_8") as f:
    lst = f.readlines()
    lst.sort(reverse = True)
with open("排序后成绩.txt", "w+", encoding = "utf_8") as f:
    f.writelines(lst)
    f.seek(0)
    print(f.read())
```

运行程序，结果如图6-10所示。

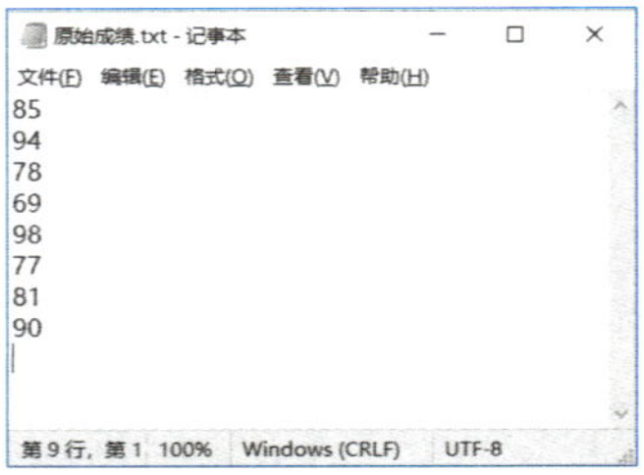


```
85
94
78
69
98
77
81
90
```

图 6-9　例 6.7“原始成绩.txt”文件内容

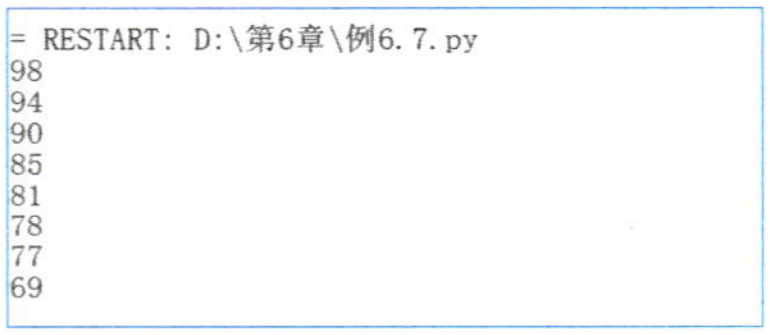

```
= RESTART: D:\第6章\例6.7.py
98
94
90
85
81
78
77
69
```

图 6-10　例 6.7 程序运行结果

6.3.2　文件的定位

打开文件后，可以利用文件对象对文件进行读写等操作。如果要在指定的位置读写，还需要定位操作。文件对象提供了多种方法来控制文件的读写位置，具体方法见表6-3。

表 6-3　常用的文件定位方法

操　作	方　法	描　述
当前位置	tell()	返回当前文件指针的位置
定位	seek(offset, begin)	从指定位置 begin 处开始向后移动 offset 个字符

文件指针是一个指向文件中特定位置的标记，表示当前读写位置的偏移量，用于在文件中定位和操作数据。在打开文件时，文件指针会自动定位在文件的开头。随着读写操作的进行，文件指针会根据读取或写入的字节数进行移动。

tell()方法返回当前文件指针的位置，以字节为单位。

seek(offset, begin)用于将文件指针移动到指定位置。其中，offset表示偏移量，begin表示参考位置，可以是0（文件开头）、1（当前位置）或2（文件末尾）。例如：

f.seek(0, 2)：表示移到与末尾相差0的位置，也就是末尾的位置。

f.seek(0, 0)：表示定位到文件开头，也可以直接写f.seek(0)。

【例6.8】在当前文件夹下有“test.txt”文件，内容如图6-11所示。执行以下代码，查看运行结果。

参考程序代码如下：

```
with open("test.txt", "r", encoding = "utf_8") as f:
    s1 = f.read(1)                  # 读取文本文件时，参数1表示读取1个Unicode字符
    s2 = f.read(1)                  # 接下来读第2个字
    print(s1)                       # 输出“这”
    print(s2)                       # 输出“是”
    print("当前位置：", f.tell())   # utf_8编码中一个汉字占3个字节，故输出当前位置6
    f.seek(0, 2)                    # 定位至文件尾部
    eof = f.tell()                  # 用变量eof记录尾部位置
    print(eof)
    f.seek(0)                       # 定位至文件头
    print(f.tell())                 # 输出位置0
    s3 = f.readline()               # 读取第一行，返回字符串
    s4 = f.readlines()              # 读取剩余的行，返回列表
    print(s3)                       # 输出第一行内容
    print(s4)                       # 剩余的行以列表的形式输出
    if eof == f.tell():             # 当前位置到了文件尾，和eof的值相同
        print("当前位置已到文件末尾")
```

运行程序，结果如图6-12所示。

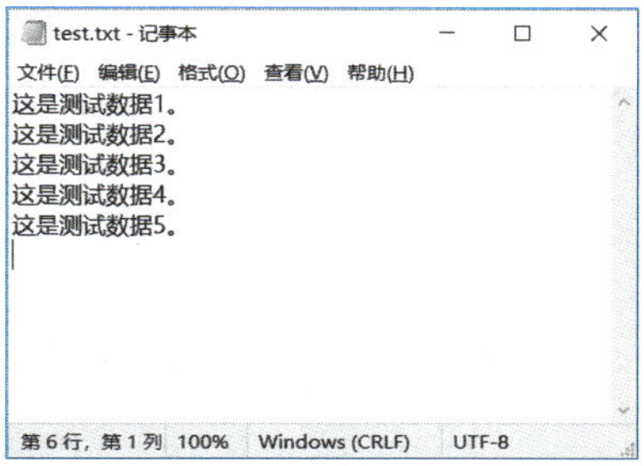

图 6-11　例 6.8“test.txt”文件内容

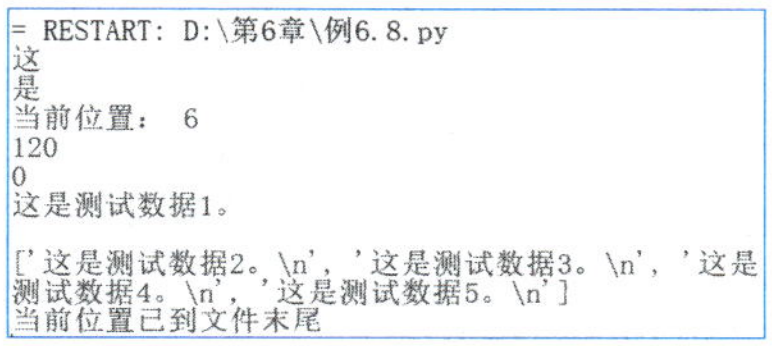

图 6-12　例 6.8 程序运行结果

6.3.3 CSV文件操作

CSV（comma-separated values，逗号分隔值）是一种常见的纯文本文件格式，用于存储和交换表格数据。CSV文件使用逗号作为字段之间的分隔符，并且每行表示一个数据记录。

CSV文件的特点如下：

① 纯文本格式：CSV文件以纯文本形式存储，可以使用任何文本编辑器打开和编辑。

② 逗号分隔字段：每行数据由多个字段组成，字段之间使用逗号进行分隔。逗号是默认的分隔符，但也可以使用其他字符作为分隔符，如制表符（Tab）。

③ 每行表示一个数据记录：每行数据表示一个数据记录或一个数据条目，字段的顺序对应于数据表的列。

④ 字段值可以使用引号括起来：字段值可以使用引号（单引号或双引号）括起来，以便处理包含逗号或换行符的特殊字符。

CSV文件的优点是简单、易读、易写，并且与许多软件和编程语言兼容。它常用于数据导入和导出、数据交换、数据备份等场景。许多电子表格软件（如Microsoft Excel、Google Sheets）和数据库工具都支持导入和导出CSV文件。

在Python中，可以使用内置的csv模块来读取和写入CSV文件，以便处理CSV格式的数据。下面通过几个示例来说明csv模块的基本用法。

1. 读取CSV文件

csv.reader()函数是csv模块中最常用的函数之一，用于创建一个读取CSV文件的读取器对象。它接受一个可迭代的文件对象作为参数，并返回一个迭代器，通过迭代器可以逐行读取CSV文件中的数据。

【例6.9】在当前文件夹下有“score.csv”文件，内容如图6-13所示。执行以下代码，查看运行结果。

参考程序代码如下：

```
import csv
with open('score.csv', 'r', encoding='utf_8') as file:
    rows = csv.reader(file)
    for row in rows:
        print(row)
```

运行程序，结果如图6-14所示。

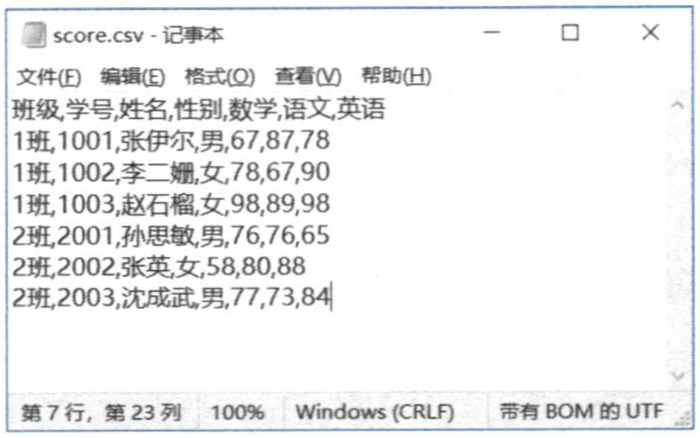

图6-13 例6.9“score.csv”文件内容

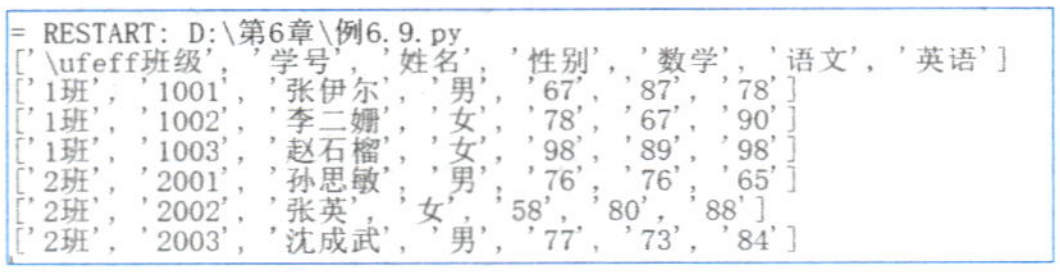

图6-14 例6.9程序运行结果

在上述代码中，首先使用open()函数打开名为“score.csv”的CSV文件，并指定模式为

“r”（只读模式）。然后，将打开的文件对象作为参数传递给csv.reader()函数，创建一个CSV读取器对象。接下来，使用for循环逐行读取CSV文件中的数据，并将每一行作为一个列表输出。

注意：csv.reader()函数默认使用逗号作为字段的分隔符，但也可以通过指定delimiter参数来使用其他分隔符。例如，如果CSV文件中的字段是以制表符分隔的，可以将delimiter参数设置为'\t'，如下：

```
rows = csv.reader(file, delimiter = '\t')
```

此外，csv.reader()还支持其他参数，如quotechar（引用字符）等，可以根据需要进行配置。

2. 写入 CSV 文件

csv.writer()函数也是csv模块中常用的函数之一，用于创建一个写入CSV文件的写入器对象。它接受一个可写的文件对象，返回一个写入器对象，通过该对象可以将数据以CSV格式写入文件。使用writerow()方法写入一行数据，使用writerows()方法写入多行数据。

【例6.10】写入CSV文件示例。

参考程序代码如下：

```
import csv
header = ['姓名', '年龄', '籍贯']
data = [
        ['张三', 18, '重庆'],
        ['李四', 20, '北京'],
        ['王五', 19, '上海']
       ]
with open('data.csv', 'w', encoding = 'utf_8', newline = '') as file:
    writer = csv.writer(file)
    writer.writerow(header)          # 写入标题行
    writer.writerows(data)           # 写入多行数据
```

在上述代码中，首先用列表header存放一维数据标题行，再用二维列表data存放二维数据。然后，使用open()函数打开名为“data.csv”的CSV文件，并指定模式为“w”（写入模式），再将打开的文件对象作为参数传递给csv.writer()函数，创建一个CSV写入器对象。接下来，使用writerow()方法写入标题行，使用writerows()方法将多行数据写入CSV文件中。

程序执行时，如果在当前程序同目录下，已经存在“data.csv”文件，则会覆盖该文件。如果不存在“data.csv”文件，将会生成一个“data.csv”文件，内容如图6-15所示。

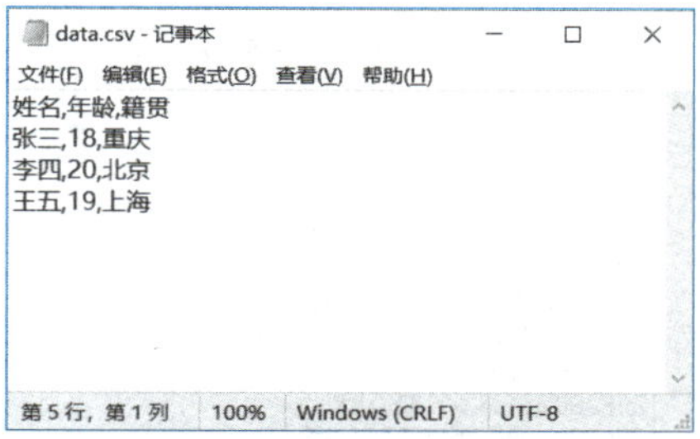

图 6-15　例 6.10“data.csv”文件内容

参数newline用于控制行结束符的处理。在Windows系统中，行结束符是"\r\n"，而在UNIX/Linux系统中，行结束符是"\n"。为了避免在写入CSV文件时出现额外的空行，可以将newline参数设置为空字符串。

3. 标题行的处理

CSV文件可以有标题行，也可以没有标题行，标题行通常位于文件中的第一行，包含了各列的标题。处理带有标题行的CSV文件时，如果不需要标题行，可以在读取CSV文件时用

next()方法跳过标题行。

【例6.11】求出“data.csv”文件中所有记录的平均年龄并输出。

参考程序代码如下：

```
import csv
with open('data.csv', 'r', encoding = 'utf_8') as file:
    rows = csv.reader(file)
    header = next(rows)              # 读取并跳过第一行
    sum_age = 0
    count = 0
    for row in rows:
        sum_age += int(row[1])       # 将第二列年龄相加
        count += 1
    print(f"平均年龄为{sum_age / count}")
```

在上述代码中，首先使用open()函数打开名为“data.csv”的CSV文件，并指定模式为“r”（只读模式）。然后，将打开的文件对象作为参数传递给csv.reader()函数，创建一个CSV读取器对象，再用next()方法跳过第一行，也就是标题行。接下来，使用for循环逐行读取CSV文件中的数据，将第二列年龄累加到sum_age中，for循环结束后用sum_age除以人数count得到平均年龄。

程序运行结果为：

```
平均年龄为19.0
```

4. 字典格式的CSV数据

csv.DictReader()函数用于创建一个读取CSV文件并返回字典的reader对象。它是csv模块提供的一种特殊的读取器，可以将每一行数据解析为一个字典，其中字典的键是CSV文件的列名，值是对应的数据。

【例6.12】读取字典格式的CSV数据示例。

参考程序代码如下：

```
import csv
with open('data.csv', 'r', encoding = 'utf_8') as file:
    rows = csv.DictReader(file)
    for row in rows:
        print(row)
```

在上述代码中，首先使用open()函数打开名为“data.csv”的CSV文件，并指定模式为“r”（只读模式）。然后将打开的文件对象作为参数传递给csv.DictReader()函数，创建一个字典的读取器对象。接下来，使用for循环逐行读取CSV文件中的数据，每一行数据都被解析为一个字典，程序运行结果如图6-16所示。

```
= RESTART: D:\第6章\例6.12.py
{'姓名': '张三', '年龄': '18', '籍贯': '重庆'}
{'姓名': '李四', '年龄': '20', '籍贯': '北京'}
{'姓名': '王五', '年龄': '19', '籍贯': '上海'}
{'姓名': '赵六', '年龄': '20', '籍贯': '天津'}
```

图6-16 例6.12程序运行结果

6.4 文件与文件夹操作

文件是存储在计算机中的数据单元，可以是文本、图片、声音等各种形式的数据。文件

视频6-3

文件与文件夹操作

夹也叫目录，是用来组织和管理文件的容器，通常包含子文件夹和文件。文件和文件夹以树形结构组织起来，构成了计算机的文件系统。Python标准库中的os模块和shutil模块提供了大量处理文件和文件夹操作的函数。

6.4.1 os 模块

os模块是与操作系统交互的模块，可以用于创建、删除、重命名文件和文件夹，获取文件属性，改变当前工作目录，执行系统命令等。os模块中的常用函数见表6-4。

表 6-4 os 模块常用函数

函 数	功能描述
os.getcwd()	获取当前工作目录的路径
os.chdir(path)	改变当前工作目录为指定的路径
os.listdir(path)	返回指定目录下的所有文件和目录名
os.mkdir(path)	创建一个新目录
os.makedirs(path)	递归地创建目录
os.remove(path)	删除指定文件
os.rmdir(path)	删除指定目录
os.removedirs(path)	递归地删除空目录
os.rename(src, dst)	将文件或目录重命名
os.walk(top, topdown=True, onerror=None, followlinks=False)	遍历指定目录及其子目录中的所有文件和文件夹
os.access(path, mode)	检验指定路径的访问权限
os.chmod(path, mode)	更改指定路径的权限模式
os.chown(path, uid, gid)	更改指定路径的所有者和所属组
os.stat(path)	获取指定路径的文件或目录的状态
os.utime(path, times)	更改指定路径的访问和修改时间
os.system(command)	在系统命令行上执行指定的命令
os.getenv(key)	获取指定环境变量的值
os.putenv(key, value)	设置指定环境变量的值
os.startfile(path)	使用关联的应用程序打开指定文件

下面是os模块中一部分常用函数的使用示例。

```
>>> import os                               # os是标准库，使用前要先导入
>>> os.getcwd()                             # 返回当前文件夹
'C:\\Users\\zjnul\\AppData\\Local\\Programs\\Python\\Python311'
>>> os.mkdir(r"D:\demo")                    # 使用绝对路径创建文件夹
>>> os.chdir(r"D:\demo")                    # 改变当前文件夹
>>> os.getcwd()
'D:\\demo'
>>> os.mkdir("test1")                       # 使用相对路径创建文件夹
>>> os.listdir()                            # 查看当前文件夹下的文件和文件夹
['test1']
>>> os.makedirs(r"test1\t1\t2\t3")  # 创建多级文件夹，在test1下创建t1，在t1下创建t2，在t2下创建t3
>>> os.listdir(r"D:\demo\test1")            # 查看test1下的文件和文件夹
['t1']
>>> os.rename("test1", "ls")                # 将test1文件夹重命名为ls
>>> os.listdir()
```

```
['ls']
>>> os.rmdir("ls")             # 删除文件夹ls，由于ls文件夹非空，因此会报错
Traceback (most recent call last):
  File "<pyshell#11>", line 1, in <module>
    os.rmdir("ls")
OSError: [WinError 145] 目录不是空的。: 'ls'
>>> os.removedirs(r"ls\t1\t2\t3")    # 删除多级文件夹，依次删除t3、t2、t1、ls
>>> os.listdir()                     # 此时当前文件夹为空
[]
>>> os.startfile("notepad.exe")      # 打开Windows自带的记事本
```

6.4.2 os.path模块

os.path模块是os模块的一个子模块，提供了大量处理路径和文件名的函数，可以用于操作文件路径，获取文件名、目录名，判断路径是否存在，判断路径是否是文件或目录等。os.path模块中的常用函数见表6-5。

表6-5 os.path模块常用函数

函　数	功能描述
os.path.exists(path)	判断路径是否存在
os.path.isfile(path)	判断路径是否为文件
os.path.isdir(path)	判断路径是否为目录
os.path.basename(path)	获取路径中的文件名部分
os.path.dirname(path)	获取路径中的目录部分
os.path.join(path1, path2)	将两个路径组合成一个新路径
os.path.split(path)	将路径分割成目录和文件名两部分
os.path.splitext(path)	从路径中分隔文件的扩展名
os.path.splitdrive(path)	从路径中分隔驱动器的名称
os.path.abspath(path)	返回绝对路径
os.path.getsize(path)	获取文件的大小（字节数）
os.path.getctime(path)	获取文件的创建时间
os.path.getmtime(path)	获取文件的最后修改时间
os.path.getatime(path)	获取文件的最后访问时间
os.path.isabs(path)	判断路径是否为绝对路径
os.path.samefile(path1, path2)	判断两个路径是否指向同一个文件
os.path.commonprefix(list)	返回一个列表中所有路径的最长公共前缀

下面是os.path模块中一部分常用函数的使用示例。

```
>>> path = r"D:\demo\test\ex1.txt"
>>> import os
>>> os.path.exists(path)             # 判断文件是否存在
True
>>> os.path.isfile(path)             # 判断是否是文件
True
>>> os.path.isdir(path)              # 判断是否是目录
False
>>> os.path.basename(path)           # 获取路径中的文件名
'ex1.txt'
```

```
>>> os.path.dirname(path)                # 获取路径中的目录部分
'D:\\demo\\test'
>>> os.path.split(path)                  # 将路径分割成目录和文件名两部分
('D:\\demo\\test', 'ex1.txt')
>>> os.path.splitext(path)               # 从路径中分隔文件的扩展名
('D:\\demo\\test\\ex1', '.txt')
>>> os.path.splitdrive(path)             # 从路径中分隔驱动器的名称
('D:', '\\demo\\test\\ex1.txt')
>>> os.path.getsize(path)                # 获取文件的大小
696
>>> os.path.isabs(path)                  # 判断是否为绝对路径
True
```

os.walk() 函数是一个非常有用的函数，用于遍历指定目录及其子目录中的所有文件和文件夹。它返回一个生成器对象，可以通过迭代来获取目录中的每个文件夹和文件。其语法格式如下：

```
os.walk(top, topdown = True, onerror = None, followlinks = False)
```

函数的参数说明如下：

top：需要遍历的顶级目录的路径。

topdown：可选参数，默认为True，表示遍历的顺序是从上到下，即先遍历顶级目录，然后遍历子目录。如果设置为False，则遍历顺序是从下到上，即先遍历子目录，然后遍历顶级目录。

onerror：可选参数，用于处理遍历过程中出现的错误。如果不指定，遇到错误时会引发异常。

followlinks：可选参数，默认为False，表示是否跟随符号链接。如果设置为True，会遍历符号链接所指向的目录。

os.walk() 函数返回一个三元组的迭代器。每个三元组包含三个值：

① 当前遍历的目录路径：字符串类型。

② 当前目录下的子目录列表：列表类型。

③ 当前目录下的文件列表：列表类型。

【例6.13】在当前文件夹“images”下有一个文件夹“images25”和九个文件，如图6-17所示。在文件夹“images25”下有25个文件，如图6-18所示。使用os.walk() 函数遍历“images”文件夹，输出该文件夹下的所有子文件夹和子文件。

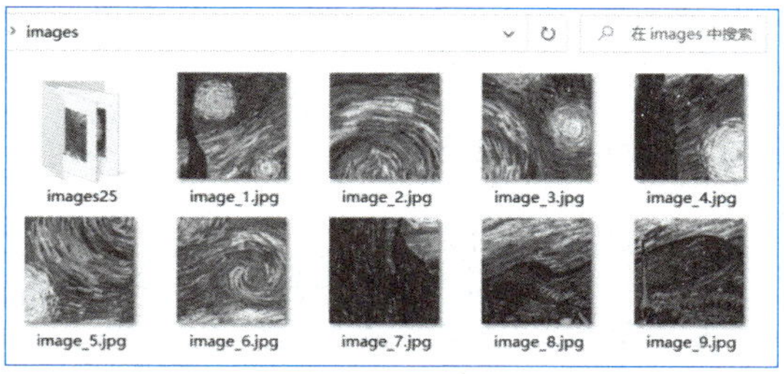

图 6-17　例 6.13“images”文件夹的内容

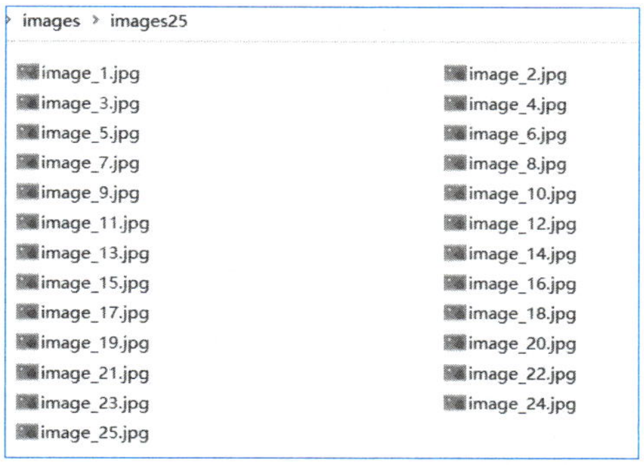

图 6-18　例 6.13“images25”文件夹的内容

参考程序代码如下：

```
import os
for root, dirs, files in os.walk("images"):
    for name in files:
        print(os.path.join(root, name))
    for name in dirs:
        print(os.path.join(root, name))
```

os.walk()函数返回一个三元组的迭代器，每个目录会对应一个三元组，三元组中用root表示当前遍历的目录路径，dirs表示当前目录下的子目录列表，files表示当前目录下的文件列表。要输出当前目录下的所有文件，可以把files列表中的每一个文件名和root用join()函数连接，然后输出。要输出当前目录下的所有文件夹，可以把dirs列表中的每一个文件夹名和root用join()函数连接，然后输出。由于省略了参数topdown，默认从上到下遍历，也就是先遍历顶级目录，然后遍历子目录。

运行程序，结果如图6-19所示。

如果把参数topdown设为False，则遍历顺序是从下到上，即先遍历子目录，然后遍历顶级目录。程序代码修改如下：

```
import os
for root, dirs, files in os.walk("images", topdown = False):
    for name in files:
        print(os.path.join(root, name))
    for name in dirs:
        print(os.path.join(root, name))
```

运行程序，结果如图6-20所示。

```
= RESTART: D:\第6章\例6.13(1).py
images\image_1.jpg
images\image_2.jpg
images\image_3.jpg
images\image_4.jpg
images\image_5.jpg
images\image_6.jpg
images\image_7.jpg
images\image_8.jpg
images\image_9.jpg
images\images25
images\images25\image_1.jpg
images\images25\image_10.jpg
images\images25\image_11.jpg
images\images25\image_12.jpg
images\images25\image_13.jpg
images\images25\image_14.jpg
images\images25\image_15.jpg
images\images25\image_16.jpg
images\images25\image_17.jpg
images\images25\image_18.jpg
images\images25\image_19.jpg
images\images25\image_2.jpg
images\images25\image_20.jpg
images\images25\image_21.jpg
images\images25\image_22.jpg
images\images25\image_23.jpg
images\images25\image_24.jpg
images\images25\image_25.jpg
images\images25\image_3.jpg
images\images25\image_4.jpg
images\images25\image_5.jpg
images\images25\image_6.jpg
images\images25\image_7.jpg
images\images25\image_8.jpg
images\images25\image_9.jpg
```

图6-19 例6.13从上到下遍历的运行结果

```
= RESTART: D:\第6章\例6.13(2).py
images\images25\image_1.jpg
images\images25\image_10.jpg
images\images25\image_11.jpg
images\images25\image_12.jpg
images\images25\image_13.jpg
images\images25\image_14.jpg
images\images25\image_15.jpg
images\images25\image_16.jpg
images\images25\image_17.jpg
images\images25\image_18.jpg
images\images25\image_19.jpg
images\images25\image_2.jpg
images\images25\image_20.jpg
images\images25\image_21.jpg
images\images25\image_22.jpg
images\images25\image_23.jpg
images\images25\image_24.jpg
images\images25\image_25.jpg
images\images25\image_3.jpg
images\images25\image_4.jpg
images\images25\image_5.jpg
images\images25\image_6.jpg
images\images25\image_7.jpg
images\images25\image_8.jpg
images\images25\image_9.jpg
images\image_1.jpg
images\image_2.jpg
images\image_3.jpg
images\image_4.jpg
images\image_5.jpg
images\image_6.jpg
images\image_7.jpg
images\image_8.jpg
images\image_9.jpg
images\images25
```

图6-20 例6.13从下到上遍历的运行结果

【例6.14】文件批量重命名。将当前文件夹“images”下（包含子文件夹）的所有文件名中的“image_”改为“图片_”，完成后，在“images”文件夹的内容如图6-21所示，“images25”文件夹的内容如图6-22所示。

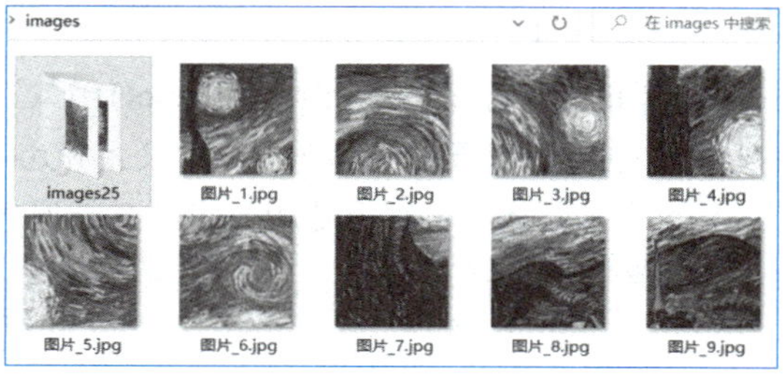

图 6-21　例 6.14“images”文件夹的内容

图 6-22　例 6.14“images25”文件夹的内容

分析：用os.walk()函数遍历“images”文件夹，返回一个三元组的迭代器，每个目录对应一个三元组，三元组中用root表示当前遍历的目录路径，dirs表示当前目录下的子目录列表，files表示当前目录下的文件列表。对于files列表中的每一个文件名name，用replace()函数将“image_”替换为“图片_”赋给newname，然后用rename()函数重命名，原始文件名用join()函数连接root和name，目标文件名用join()函数连接root和newname。

根据分析，参考程序代码如下：

```
import os
for root, dirs, files in os.walk("images", topdown = False):
    for name in files:
        newname = name.replace('image_', '图片_')
        os.rename(os.path.join(root, name), os.path.join(root, newname))
```

6.4.3　shutil 模块

os模块和shutil模块都是Python标准库中用于处理文件和目录的模块。

os模块适用于需要与操作系统直接交互的场景，例如获取当前工作目录、执行系统命令、管理进程等。

shutil模块是os模块的补充，提供了更高级的文件和目录操作函数，可以实现复制、移动、重命名、删除文件和目录，以及创建压缩文件等操作。

shutil模块中的常用函数见表6-6。

表 6-6　shutil 模块常用函数

函　数	功 能 描 述
copy(src, dst)	将文件从 src 复制到 dst。如果目标路径已存在同名文件，则会覆盖
copy2(src, dst)	与 copy() 函数类似，但会尽可能保留源文件的元数据（如文件权限、时间戳等）
move(src, dst)	将源路径下的文件或目录移动到目标路径。如果目标路径已存在同名文件或目录，则会覆盖
copytree(src, dst)	递归地复制整个文件夹，包括目录中的所有文件和子目录

续表

函　数	功能描述
rmtree(path)	递归地删除指定文件夹及其所有内容，包括文件和子目录
make_archive(base_name, format, root_dir)	创建压缩文件（如 zip、tar 等）。base_name 是压缩文件的名称，format 是压缩文件的格式，root_dir 是要压缩的根目录
unpack_archive(filename, extract_dir)	解压缩文件到指定目录。filename 是要解压缩的文件名，extract_dir 是解压缩后的目标目录
disk_usage(path)	获取指定路径的磁盘使用情况
get_terminal_size()	获取终端窗口的大小
get_archive_formats()	获取可用的压缩文件格式
get_unpack_formats()	获取可用的解压缩文件格式
chown(path, user=None, group=None)	更改文件或目录的所有者
copymode(src, dst)	将 src 的权限模式复制到 dst
copystat(src, dst)	将 src 的状态信息复制到 dst

下面是shutil模块中一部分常用函数的使用示例。

1. 复制多个文件

```
import shutil
file_list = [r'D:\demo\test\ex1.txt', r'D:\demo\test\ex2.txt', r'D:\demo\test\ex3.txt']
dst_dir = r'D:\demodst'
for file in file_list:
    shutil.copy(file, dst_dir)
```

在上述示例中，文件列表file_list用来存放要复制的源文件，dst_dir作为目标文件夹，通过遍历文件列表file_list，使用shutil.copy()函数将每个文件复制到目标文件夹即可实现复制多个文件到目标文件夹的功能。

注意：确保源文件和目标文件夹都已经存在。另外，如果目标文件夹中已经存在同名的文件，它们将被覆盖。

2. 复制文件夹

```
>>> import shutil
>>> shutil.copytree(r"D:\demo", r"D:\test")
```

copytree()函数用于复制整个文件夹。上述代码会把源目录“d:\demo”下的所有子目录和文件都复制到目标目录“D:\test”中。

注意：如果目标目录已经存在，则会引发FileExistsError异常；如果目标目录的父目录不存在，则会引发FileNotFoundError异常。

3. 压缩文件

```
>>> import shutil
>>> shutil.make_archive('D:\ls1', 'zip', r'D:\demo')
```

make_archive()函数用于创建压缩文件。第一个参数是压缩文件的名称（不包含扩展名）；第二个参数是压缩文件的格式，可以是“zip”“tar”“gztar”“bztar”等；第三个参数是要压缩的文件或目录的路径。

上述代码中make_archive()函数将会压缩整个“D:\demo”文件夹，将该文件夹下的所有子文件夹及文件都压缩为“D:\ls1.zip”文件。压缩文件创建后，可以使用标准的解压缩工具进行解压缩操作。

> **注意：** 如果要解压缩的文件不存在，会引发 FileNotFoundError 异常。如果目标目录已经存在，解压缩的文件和目录会被放在目标目录下。

4. 解压缩文件

```
>>> import shutil
>>> shutil.unpack_archive('D:\\ls1.zip', 'D:\\temp')
```

unpack_archive() 函数用于解压缩文件。第一个参数是要解压缩的文件的路径，第二个参数是解压缩后的目标目录的路径。

上述代码中 unpack_archive() 函数将会解压缩“D:\ls1.zip”文件，并将解压缩后的文件和目录放在“D:\temp”中。解压缩后的文件和目录将会还原为原始的文件结构，可以进行进一步的操作或访问。

> **注意：** 如果要删除的文件夹不存在，会引发 FileNotFoundError 异常。另外，删除文件夹操作是不可逆的，删除文件夹后，文件夹及其内容将会被永久删除，无法恢复，请确保在删除文件夹之前做好备份或确认操作的安全性。

5. 删除文件夹

```
>>> import shutil
>>> shutil.rmtree('D:\\temp')
```

rmtree() 函数用于删除文件夹，参数是要删除的文件夹的路径。上述代码中 rmtree() 函数将会删除 D:\temp 文件夹及其内容，包括子文件夹和文件。

6.5 应用实例

Python 提供了强大的文件和文件夹操作功能，可以在各种场合下使用。下面来看几个常见的应用实例。

【例 6.15】在当前文件夹下有一个文本文件“kjqg.txt”，内容如图 6-23 所示。统计里面的单词数并写在文件的第一行。程序运行后，“kjqg.txt”文件内容变为如图 6-24 所示，同时输出“The file contains 204 words”。

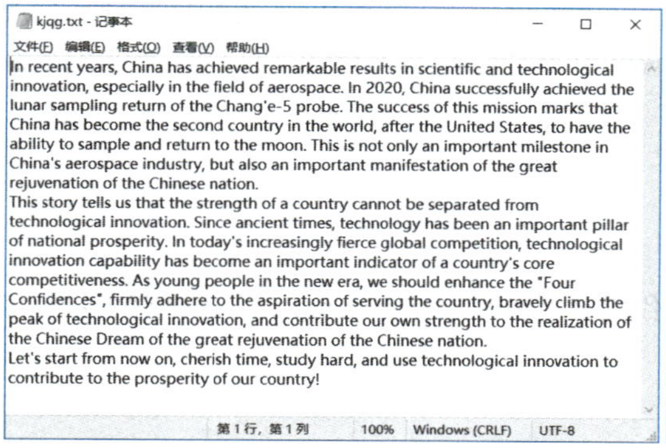

kjqg.txt - 记事本

In recent years, China has achieved remarkable results in scientific and technological innovation, especially in the field of aerospace. In 2020, China successfully achieved the lunar sampling return of the Chang'e-5 probe. The success of this mission marks that China has become the second country in the world, after the United States, to have the ability to sample and return to the moon. This is not only an important milestone in China's aerospace industry, but also an important manifestation of the great rejuvenation of the Chinese nation.
This story tells us that the strength of a country cannot be separated from technological innovation. Since ancient times, technology has been an important pillar of national prosperity. In today's increasingly fierce global competition, technological innovation capability has become an important indicator of a country's core competitiveness. As young people in the new era, we should enhance the "Four Confidences", firmly adhere to the aspiration of serving the country, bravely climb the peak of technological innovation, and contribute our own strength to the realization of the Chinese Dream of the great rejuvenation of the Chinese nation.
Let's start from now on, cherish time, study hard, and use technological innovation to contribute to the prosperity of our country!

图 6-23　例 6.15“kjqg.txt”文件内容

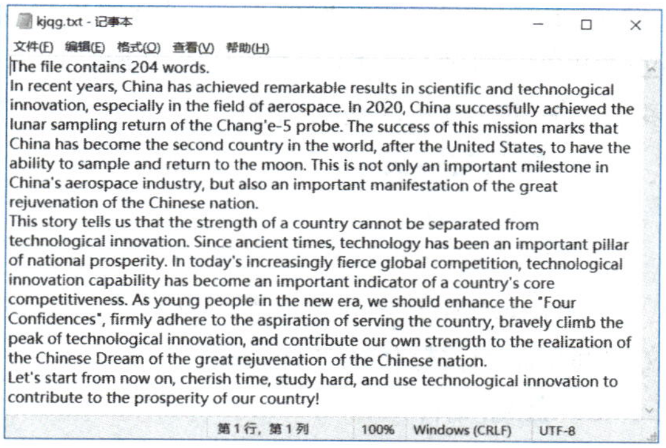

kjqg.txt - 记事本

The file contains 204 words.
In recent years, China has achieved remarkable results in scientific and technological innovation, especially in the field of aerospace. In 2020, China successfully achieved the lunar sampling return of the Chang'e-5 probe. The success of this mission marks that China has become the second country in the world, after the United States, to have the ability to sample and return to the moon. This is not only an important milestone in China's aerospace industry, but also an important manifestation of the great rejuvenation of the Chinese nation.
This story tells us that the strength of a country cannot be separated from technological innovation. Since ancient times, technology has been an important pillar of national prosperity. In today's increasingly fierce global competition, technological innovation capability has become an important indicator of a country's core competitiveness. As young people in the new era, we should enhance the "Four Confidences", firmly adhere to the aspiration of serving the country, bravely climb the peak of technological innovation, and contribute our own strength to the realization of the Chinese Dream of the great rejuvenation of the Chinese nation.
Let's start from now on, cherish time, study hard, and use technological innovation to contribute to the prosperity of our country!

图 6-24　例 6.15 程序运行后“kjqg.txt”文件内容

分析： 首先以“r”方式打开文件，然后用 read() 函数读取整个文件的内容作为一个字符串 text，通过 text.split() 函数将字符串分割成单词放入列表 words，利用 len() 函数求出列表的长度，即单词数。再以“w”方式打开文件，先写入单词数，再写入存放了整个文件内容的 text 字符串。这样就在文件的最前面写上了单词数。

根据分析，参考程序代码如下：

```
with open('kjqg.txt', 'r', encoding = 'utf_8') as file:
    text = file.read()
```

```
        words = text.split()
        word_count = len(words)

    with open('kjqg.txt', 'w', encoding = 'utf_8') as file:
        file.write(f"The file contains {word_count} words.\n")
        file.write(text)
        print(f"The file contains {word_count} words.\n")
```

【例6.16】在当前文件夹下有“score.csv”文件，内容如图6-25所示，统计输出1班和2班的数学平均成绩，保留两位小数。

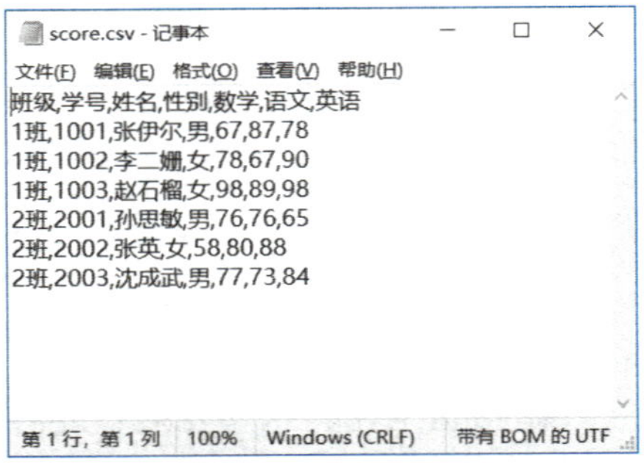

图6-25　例6.16“score.csv”文件内容

分析： 首先使用open()函数打开“score.csv”文件，并指定模式为“r”（只读模式）。然后，将打开的文件对象作为参数传递给csv.reader()函数，创建一个CSV读取器对象，再用next()方法读取并跳过第一行，也就是标题行。设置变量math_sum1、math_sum2分别表示1班、2班的数学总分，count1、count2表示1班、2班的人数，初值都为0。接下来，使用for循环逐行读取CSV文件中的数据，第一列数据表示班级，第五列数据表示数学成绩。如果是1班的，则累加math_sum1、count1。同样，如果是2班的，则累加math_sum2、count2。最终数学总分除以人数作为平均成绩输出。

根据分析，参考程序代码如下：

```
import csv
with open('score.csv', 'r', encoding = 'utf_8') as file:
    rows = csv.reader(file)
    math_sum1 = 0                        # 1班的数学总分
    math_sum2 = 0                        # 2班的数学总分
    count1 = 0                           # 1班的人数
    count2 = 0                           # 2班的人数
    header = next(rows)                  # 读取并跳过第一行
    for row in rows:
        if row[0] == "1班":              # 计算1班的数学总分
            math_sum1 += int(row[4])
            count1 += 1
        if row[0] == "2班":              # 计算2班的数学总分
            math_sum2 += int(row[4])
            count2 += 1
    print(f"1班平均成绩为{math_sum1/count1:.2f}。")
    print(f"2班平均成绩为{math_sum2/count2:.2f}。")
```

运行程序，结果如下：

```
1班平均成绩为81.00。
2班平均成绩为70.33。
```

【例6.17】批量合并Excel文件。当有多个Excel文件，每个文件包含一部分数据时，可能需要将这些数据合并到一个文件中，以便进行更全面的数据分析和统计。例如：当前文件夹下有三个Excel文件，分别存放了1班、2班、3班的期末考试成绩，现在需要将它们合并成一个Excel文件。

分析： 利用Python批量合并多个Excel文件，可以使用第三方库Pandas来处理。Pandas提供了强大的数据处理和分析功能，可以轻松处理Excel文件。

根据分析，参考程序代码如下：

```
import pandas as pd
import os
file_paths = []
for file in os.listdir():                    # 获取当前文件夹中所有Excel文件的路径
    if file.endswith('.xlsx'):
        file_paths.append(file)
merged_data = pd.DataFrame()                 # 创建一个空的DataFrame来存储合并后的数据
for file_path in file_paths:                 # 遍历所有Excel文件
    data = pd.read_excel(file_path) # 读取Excel文件的数据
    merged_data = pd.concat([merged_data, data], ignore_index = True)
                                             # 将读取的数据合并到总的DataFrame中
merged_data.to_excel('score.xlsx', index = False)    # 将合并后的数据保存为
新的Excel文件
print("合并完成！")
```

【例6.18】 暑假里小邓的妈妈给小邓布置了一个任务，给上小学三年级的弟弟布置60题口算题，包含二位数以内的四则运算，于是小邓就想着用Python来自动出题。如果你是小邓，应该怎么实现？

分析： 一个题目由两个操作数和操作符组成。操作数num1在1～50之间取随机整数，num2在1～9之间取随机整数，操作符可以存放在一个列表中，然后随机取其中一个。如果操作符是减号，需要确保num1大于num2，如果操作符是除法，需要确保num1是num2的整数倍。每个题目以合适的格式写入文件，每写6题，换行，一共60题。

根据分析，参考程序代码如下：

```
import random
with open("口算题.txt", "w+", encoding = "utf_8") as f:
    for i in range(1, 61):
        num1 = random.randint(1, 50)
        num2 = random.randint(1, 9)
        ops = ['+', '-', '×', '÷']
        op = ops[random.randint(0, 3)]
        if op == '-' and num1 < num2:        #如果是减法，要确保num1比num2大
            num1, num2 = num2, num1
        if op == '÷':                        # 如果是除法，要确保num1是num2的5倍以内
            num1 = num2 * random.randint(1, 5)
        f.write('{0:>2}{1:>2}{2:>2} =\t\t'.format(num1, op, num2))
        if i % 6 == 0:                       # 一行6题
            f.write('\n')
```

程序执行时，如果在当前程序的目录下，已经存在“口算题.txt”文件，则会覆盖该文件。如果不存在“口算题.txt”文件，将会生成一个“口算题.txt”文件，内容是60个随机生成的题目，每行6题，如图6-26所示。

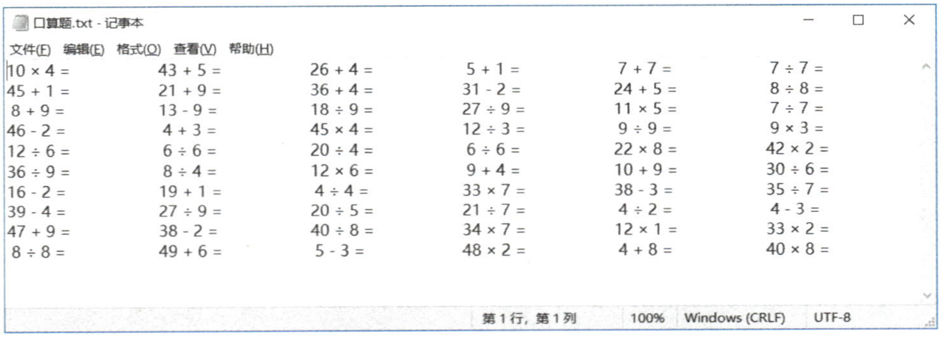

口算题.txt - 记事本

文件(F) 编辑(E) 格式(O) 查看(V) 帮助(H)

10 × 4 =	43 + 5 =	26 + 4 =	5 + 1 =	7 + 7 =	7 ÷ 7 =
45 + 1 =	21 + 9 =	36 + 4 =	31 - 2 =	24 + 5 =	8 ÷ 8 =
8 + 9 =	13 - 9 =	18 ÷ 9 =	27 ÷ 9 =	11 × 5 =	7 ÷ 7 =
46 - 2 =	4 + 3 =	45 × 4 =	12 ÷ 3 =	9 ÷ 9 =	9 × 3 =
12 ÷ 6 =	6 ÷ 6 =	20 ÷ 4 =	6 ÷ 6 =	22 × 8 =	42 × 2 =
36 ÷ 9 =	8 ÷ 4 =	12 × 6 =	9 + 4 =	10 + 9 =	30 ÷ 6 =
16 - 2 =	19 + 1 =	4 ÷ 4 =	33 × 7 =	38 - 3 =	35 ÷ 7 =
39 - 4 =	27 ÷ 9 =	20 ÷ 5 =	21 ÷ 7 =	4 ÷ 2 =	4 - 3 =
47 + 9 =	38 - 2 =	40 ÷ 8 =	34 × 7 =	12 × 1 =	33 × 2 =
8 ÷ 8 =	49 + 6 =	5 - 3 =	48 × 2 =	4 + 8 =	40 × 8 =

第 1 行，第 1 列　100%　Windows (CRLF)　UTF-8

图 6-26　例 6.18“口算题 .txt”文件内容

拓展知识——国产操作系统

操作系统是计算机的灵魂，是为其他软件提供运行环境的基础，在整个系统中起着承上启下的作用。由于操作系统的厂商很容易取得用户的各种敏感信息，因此谁掌控了操作系统，就掌握了设备上所有的操作信息。处于信息时代的今天，我国对于全自主研发的操作系统是势在必行的。

让我们扫描侧边栏中的二维码，一起来了解一下国产操作系统的发展情况吧！

PDF

国产操作系统

习　　题

一、选择题

1. 以下关于Python文件处理的描述中，错误的是（　　）。
   A. 文件使用结束后用close()方法关闭，释放文件的使用权
   B. 当文件以文本方式打开时，读写按照字节流方式
   C. Python能够以文本和二进制两种方式处理文件
   D. Python通过解释器内置的open()函数打开一个文件
2. 打开一个已有文件，然后在文件末尾添加信息，正确的打开方式为（　　）。
   A. 'r'　　B. 'w'　　C. 'a'　　D. 'w+'
3. 关于文件读写操作完成后，要用close()方法关闭的原因，下列说法错误的是（　　）。
   A. 文件对象占用操作系统的资源
   B. 操作系统对同一时间能打开的文件数量是有限制的
   C. 当调用close()方法时，操作系统会把未写入磁盘的数据全部写入磁盘
   D. 将数据写入文件时，操作系统会立刻把数据全部写入磁盘
4. 以下哪个语句可以自动调用close()方法？（　　）
   A. .read　　B. write　　C. with　　D. rename
5. 以下哪个函数可以判断一个文件是否存在？（　　）
   A. os.path.exists()　　B. os.path.isfile()　　C. os.path.join()　　D. os.path.chdir()
6. 设a.txt的内容是：a,b,c,d，以下程序执行结果是（　　）。

```
with open('a.txt', 'r') as f:
print(f.read().split(','))
```

A. ['a', 'b', 'c', 'd']　　B. [a, b, c, d]　　C. 'a', 'b', 'c', 'd'　　D. a, b, c, d

二、判断题

1. 直接使用文件对象的readlines()函数可以把整个文件中的内容进行一次性读取，并返回一个列表。（　　）

2. 用open()函数打开文件时，参数mode="r"为以只读方式打开文件；参数mode="w"为以写入方式打开文件；参数mode="a"为以追加方式打开文件。（　　）

3. os.path.splitext()可以分隔目录和文件名。（　　）

4. os.path.isfile()可以判断一个路径是不是文件。（　　）

5. os.path.basename()可以获取文件名。（　　）

三、填空题

1. 对文件进行操作主要有打开、读写和________三种操作。

2. 从文件的展现形式上来划分，可以把文件分为文本文件和________文件。

3. 使用________关键字，可以有效规避文件无法正常关闭的问题。

4. os.path里的________()方法用来判断文件是否存在。

5. a.txt文本文档中的内容为“你好”。现执行以下代码：

```
f = open("a.txt", 'a')
f.write("张三")
f.close()
```

则a.txt文件中的内容为________。

四、编程题

1. 当前文件夹下有一个文本文件“七言律诗.txt”，将其中的最后四行写入“七言律诗（新）.txt”。

2. 在当前文件夹下有“score.csv”文件，内容如图6-25所示，统计输出各科成绩的最高分。

3. 将文件夹“D:\demo”下的所有文件和文件夹名保存至当前文件夹下的“dict.txt”文件中。

4. 将文件夹“D:\demo”及其子文件夹下的所有txt文件合并到“total.txt”文件中。

5. 将文件夹“D:\demo”及其子文件夹下的所有大小为0的文件删除。

第 7 章
面向对象程序设计

编程方法通常分为面向过程程序设计和面向对象程序设计，而 Python 同时支持这两种编程方法。在大型项目的开发过程中所使用的编程方法大多数以面向对象程序设计为主。本章主要介绍面向对象程序设计方法，包括面向对象程序设计思想、类与对象、属性与方法、公有成员和私有成员。

学习目标

知识目标：

◎理解面向对象程序设计的思想；

◎掌握类的定义、类的对象的创建与使用方法；

◎掌握类的属性与方法的使用；

◎掌握类的私有成员和公有成员的使用方法。

技能目标：

◎能够根据实际情况定义合适的类、创建所定义类的对象并正确使用；

◎能够根据实际情况使用类的属性和方法；

◎能够使用面向对象程序设计的思想编写程序。

素质目标：

◎了解优秀国产品牌，增强民族自豪感；

◎培养科学创新、艰苦奋斗和乐于奉献的思想品质。

知识导图

7.1 面向对象程序设计思想

视频7-1

类与对象

面向对象程序设计是一种经典的自下而上的程序设计思想。对象（object）是对客观世界中所存在事物的统称。面向对象（object oriented, OO）程序设计的主要思想是通过对客观世界中事物的深度理解和进一步抽象，抽取事物中共有的本质的数据和对数据的操作方法，并把数据和其操作方法封装在一起组成一个整体。

抽象出来的整体称为类（class），数据称为属性（attribute），对其数据的操作称为方法（method）或行为，具体化的个体称为对象（object）。类是一个集合，其个体是对象，对象之间可通过消息机制来通信或同步。类是程序的基本单位，类之间的数据成员交换是以函数为接口实现。

面向对象程序设计具有三大特征：封装、继承和多态。

（1）封装（encapsulation）

把对象的数据（属性）及其数据的操作方法封装在一起，形成抽象的类，称之为封装。类的内部信息对外界是隐藏的，外界只能通过相应的接口与类的对象建立关联，而且类可以选择性地把其自身的数据、方法让可信的对象或者类进行调用。这样可提高代码的安全性和复用性。封装为构建模块化的软件结构提供了良好的基础。

（2）继承（inheritance）

从一个已有的类可以构造出新类。这个已有的类称为父类，新类称为子类。子类不仅继承了父类的所有属性和方法，而且还可以具有新的属性和方法。继承是后者延续前者某方面的特点，在面向对象程序设计中，是子类对父类的某些属性或方法等进行复制或者延续，这样可提高其代码的复用性和扩展性。

（3）多态（polymorphism）

不同的对象接收相同的消息可能产生完全不同的行为，即具有多种形态，简称多态。多态可提高了程序的灵活性、简洁性、复用性和扩展性。

7.2 类与对象

类是面向对象程序设计中最基本的数据结构，是对具有相同特征或行为的事物的一个统称，是抽象的。但类可以创建对象，对象是具体的，可以直接使用。可见类和数学中的集合概念相似，对象相当于集合中的元素。

7.2.1 类

类用来描述具有相同的数据（属性）和方法的对象集合，即定义了一个集合中每个对象所共有的属性和方法，相当于把数据和操作方法绑定在一起。在Python中类由类名、类的属性和类的方法构成。Python使用关键字class来声明类，语法格式如下：

```
class 类名:
    """类文档字符串"""
    类体
```

各部分说明如下：

① 类名：是一个按照Python的命名规范给出的标识符。为了和函数名区别，类名的首字母大写，其他字母小写。为了代码的可读性，类名应该带有某种特定的含义，一般以有意义的单词或缩写进行命名，以达到“见名知意”的效果。类名后面的冒号“:”不能省略，冒号表示类体的开始。

② 类文档字符串：是描述类信息的字符串，是一个用三引号括起来的字符串，位于类体的最前面。类定义之后，可通过类名.__doc__属性来访问，获得该字符串中的信息。在集成开发环境中，通常在类实例化时系统会自动提示该类文档字符串内容。

③ 类体：是对其属性及其方法的定义。类属性的定义相当于把变量的定义放到了类的内部。定义类属性时，给出其相应的变量名和初始值即可。方法也是函数，类的方法也叫类的函数，但是类的方法第一个参数通常是self，也可以使用其他有意义的标识符。类体中的语句相对于关键字class要有相同的缩进。

类中定义的属性和方法均是类的成员。Python支持创建空类，只需要指定类体为pass即可。

【例7.1】定义一个空类Myclass。

参考程序代码如下：

```
class Myclass:
    """这是一个空的Myclass类"""
    pass
```

【例7.2】自定义类Myclass。定义两个属性a和b，它们的值分别为3和5，定义一个类方法Mymethod()，其功能是实现把a和b的值分别赋值给变量m和n。

参考程序代码如下：

```
class Myclass:
    """一个简单的 Myclass 类"""
    a=3
    b = 5
    def Mymethod(self, a, b):      # 类方法的第一个参数通常为self
        m = a
        n = b
print("m= ", Myclass.a, "n= ", Myclass.b)
```

对类的内部成员的访问，通过“.”操作符实现。

运行程序，其结果如图7-1所示。

```
============================ RESTART: D:\第7章\例7.2.py
m= 3 n= 5
```

图 7-1 例 7.2 程序运行结果

查看类的属性及方法有两种：使用内置函数 dir() 和使用访问类的字典内置属性 __dict__。前者的返回类型是列表，后者的返回类型是字典。

7.2.2 对象

类的对象是通过类创建出来的一个具体存在元素，可以直接使用。对象由哪一个类创建出来，就具备在哪一个类中定义的属性和方法。

类的对象也有自己的数据类型，可以通过内置函数 type() 进行查看。每个对象都有自己唯一的标识符，可以通过内置函数 id() 进行查看。

每个对象都有自己的属性和方法（又称行为）。属于同一类的对象其方法是相同的，但每个对象的属性是独立的。例如，计算机是一个大类，具有颜色、尺寸、操作系统型号、硬盘型号等属性；但每台计算机所具有的这些属性值可能不尽相同。

【例 7.3】创建类的实例化对象，并通过该对象访问该类的属性。

参考程序代码如下：

```
class Computer:                        # 定义一个Computer类
    kind = "华为"                      # 定义类属性
    def ask_kind(self):                # 定义实例方法
        print("Computer.kind:" + Computer.kind)

aa = Computer()                        # 创建类实例化对象
print(aa.kind)                         # 访问实例aa的kind属性
```

本例定义了一个 Computer 类，aa 是 Computer 类的实例化对象，通过对象 aa 访问 kind 属性。

运行程序，结果如图 7-2 所示。

```
============================ RESTART: D:\第7章\例7.3.py
华为
```

图 7-2　例 7.3 程序运行结果

视频7-2

属性与方法

7.3 属性与方法

属性和方法是面向对象程序设计的两个重要概念。属性用于存储描述类的特征值，也就是用于存储类中的数据变量。方法是对类中属性的操作，可理解为类中定义的函数。

7.3.1 属性

类的数据成员称为类的属性，即在类里定义的数据变量。类定义里包含两种属性：类属性和实例属性，其中类属性被类及类的所有实例共享，在内存中仅有一个副本，可通过类名或实例名进行访问。

访问类属性的格式有以下两种：

```
类名.属性
```

或

```
实例名.属性
```

【例 7.4】创建实例对象，通过实例对象访问类属性和类方法。

参考程序代码如下：

```
class Computer:
    kind = "华为"
```

```
    def ask_kind(self):
        print("Computer.kind:" + Computer.kind)

aa = Computer()
print(aa.kind)                    # 通过实例对象aa访问Computer类的kind属性
print(Computer.kind)              # 通过类名Computer访问Computer类的kind属性
aa.ask_kind()                     # 通过实例对象aa访问ask_kind()方法
```

本例定义一个Computer类，类中包含了属性kind和方法ask_kind()。aa=Computer()相当于创建了一个Computer类的实例化对象aa。类属性kind为类和该类的实例共享；Computer.kind是通过类名访问kind属性；aa.ask_kind()是通过对象aa调用ask_kind()类方法。

```
========================== RESTART: D:\第7章\例7.4.py
华为
华为
Computer.kind:华为
```

图 7-3　例 7.4 程序运行结果

运行程序，其结果如图 7-3 所示。

实例属性为实例对象私有，被保存在实例对象中。实例属性一般通过__init__()构造方法进行初始化，其第一个参数必须是self，后面的参数可根据实际情况自定义。

【例7.5】为Phone类创建实例化对象phoneA和phoneB，并添加对象phoneA的属性。

参考程序代码如下：

```
class Phone:
    kind = "华为"

    def __init__ (self, name, brand, price): # 定义Phone类的__init__()方法
        self.name = name          # 将name参数的值赋给Phone类的name实例属性
        self.brand = brand
        self.price = price

    def call_ing(self):         # 定义Phone类的call_ing()方法，这是一个实例方法
        print(self.name+":打电话")               # call_ing()方法访问name实例属性

phoneA = Phone("电话A", "荣耀X50", 1599)    # 为Phone类实例化对象phoneA
phoneB = Phone("电话B", "nova 12", 3999)
print(phoneA.kind + phoneA.name + ":" + phoneA.brand) # 访问实例phoneA的属性
print(phoneB.kind + phoneB.name + ":" + phoneB.brand)
phoneA.color = "white"                          # 为对象phoneA添加color实例属性
print(phoneA.name + ":" + phoneA.color)
```

本例定义了一个Phone类，kind="华为"是一个类属性，在内存中只有一个副本，可供Phone类和其类中的所有方法公用。类属性brand和price与kind属性类似。call_ing()方法访问name实例属性。phoneA和phoneB是phone类的两个实例化对象；print(phoneA.kind + phoneA.name + ":" + phoneA.brand)是输出对象phoneA访问phone类的kind、name和brand的属性值；phoneA.color="white"是为对象phoneA添加color属性，该属性为对象phoneA私有，对象phoneB不能访问。

```
============================ RESTART: D:/第7章/例7.5.py
华为电话A:荣耀X50
华为电话B:nova 12
电话A:white
```

图 7-4　例 7.5 程序运行结果

运行程序，其结果如图 7-4 所示。

phoneA和phoneB是两个不同的Phone类实例化对象，其类中的属性和方法无须重新定义，多个对象都可访问。

7.3.2 方法

Python 中常用的类的方法有实例方法、类方法和静态方法。

1. 实例方法

实例方法是在类中定义的经常使用的方法，其首个参数是self。self是实例对象本身，表示当前类的实例对象，对象可以调用所属类的属性和方法，也就是说self可以调用所属类的属性和方法。定义实例方法的语法格式如下：

```
class 类名：
    def 方法名(self, [其他参数列表]):
        方法体
```

其中，类名和类中方法及方法体都保持有相对的缩进。[其他参数列表]中的参数是可选项。

调用方法的格式如下：

```
类名.方法名(self, [其他参数列表])
```

如果类中定义的方法，第一个参数不是self，则表示该方法不是实例方法，它只是类中定义的函数而已，不需要对象引用，直接加类名引用。

【例7.6】通过实例对象调用实例方法。

参考程序代码如下：

```
class Phone:
    def call_ing(self, name):                    # 定义Phone类的call_ing方法，
        self.name = name
        print(self.name + ":打电话")              # call_ing方法访问name实例属性

phoneA = Phone()                                 # 为Phone类实例化对象phoneA
phoneA.call_ing("电话A荣耀X50")          # 实例化对象phoneA访问call_ing()方法
```

上面例子中call_ing(self, name)，第一个参数是self，因此 call_ing(self, name)是Phone类中定义的方法（不是类中定义的函数），实例方法中的参数self不能缺少，用于指代调用call_ing()方法的Phone类的实例；phoneA=Phone("电话A荣耀X50")是Phonet类的实例化，通过实例化对象phoneA访问call_ing()方法。

运行程序，其结果如图7-5所示。

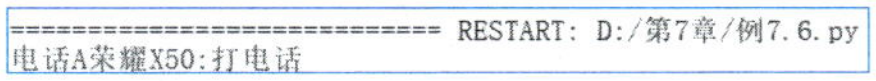

图 7-5　例 7.6 程序运行结果

例7.6的代码也可以作如下修改，其功能一样。

```
class Phone:
    def call_ing(self, name):
        print(self.name + ":打电话")
Phone().call_ing("电话A荣耀X50")
```

【例7.7】类中定义函数。

参考程序代码如下：

```
class Phone:
    def call_ing(name):
        print(name + ":打电话")
Phone.call_ing("电话A荣耀X50")
```

运行程序，其结果如图 7-6 所示。

```
============================ RESTART: D:/第7章/例7.7.py
电话A荣耀X50:打电话
```

图 7-6　例 7.7 程序运行结果

从上面的例子可以看出，类内定义的函数和类外定义的函数其语法是一致的，其区别在于类内定义的函数包含在类体中；类内函数调用时，需要加上类名加以引用，不需要创建类的实例对象。而一般函数调用时，只需要通过函数名即可调用。而且，类中定义的函数和类中定义的方法其区别在于第一个参数是否是self。若是self，则是方法，用实例化对象来引用；若不是self，则是函数，引用时需要在函数前加上所属类名。在调用实例方法前，必须创建一个实例化对象，只有实例化对象才能调用实例方法，而且实例方法至少应该有一个self参数。

2. 类方法

调用实例方法前需要创建实例化对象。如果没有实例化对象又想调用实例方法，则可以使用Python提供的“类方法”。类方法以cls作为第一个参数，cls表示类本身，定义时，使用“@classmethod”作为标识符。

定义类方法的语法格式如下：

```
class 类名:
    @classmethod
    def 方法名(cls, [args]):
        方法体
```

参数cls是对类本身的引用，因此传入的参数是类变量，不能是实例变量；[args]是可选参数。调用类方法的语法格式如下：

```
类名.方法名(cls, [args])
```

注意： @classmethod标识符不能缺少，参数cls指代调用call_ing()方法的Phone类；类方法直接以类名进行调用，也可以通过实例对象进行调用。为了便于区分，一般用类对象调用类方法，实例对象调用实例方法。

【例 7.8】类方法的使用。

参考程序代码如下：

```
class Phone:
    @classmethod                          # 类方法标识符
    def call_ing(cls,name):
        print(name + "打电话")

Phone.call_ing("华为mate60pro")           # 调用call_ing()方法
```

运行程序，其结果如图 7-7 所示。

```
============================ RESTART: D:/第7章/例7.8.py
华为mate60pro打电话
```

图 7-7　例 7.8 程序运行结果

3. 静态方法

定义静态方法时需要用关键字“@staticmethod”作为标识符。与实例方法和类方法不同，静态方法没有参数限制，既不需要实例参数，也不需要类参数。定义静态方法的语法格式如下：

```
class 类名:
    @staticmethod
    def 方法名([args]):
        方法体
```

调用静态方法的语法格式如下：

```
类名.方法名([args])
```

【例 7.9】静态方法的使用。

参考程序代码如下：

```
class Phone:
    @staticmethod                                # 静态方法标识符
    def call_ing(name):
        print(name + "打电话")

Phone.call_ing("华为荣耀X50")
```

定义静态方法时，@staticmethod不能缺少。静态方法调用时不需要创建实例对象，直接以类名引用即可。

运行程序，结果如图 7-8 所示。

```
============================ RESTART: D:/第7章/例7.9.py
华为荣耀X50打电话
```

图 7-8　例 7.9 程序运行结果

7.4　公有成员与私有成员

视频7-3

公有成员与私有成员

为了限制类外成员对类内部成员的访问，Python将成员分为公有成员和私有成员。但与C++和Java不同，Python没有提供专用的关键字对成员访问权限进行限制。在默认情况下，Python类中的成员是公有的，可以通过在成员前添加双下划线前缀的方式指定私有成员，以实现类内成员对外部访问成员的隐藏性，而允许外部访问的类的成员可暴露出来。

7.4.1　公有成员

在Python类的定义中，允许外部访问的成员称为公有成员。这里的外部是指类体的外部。

【例 7.10】Python公有成员的使用。

参考程序代码如下：

```
class Teacher:
    name = "王老师"                  # 定义Teacher类的公有属性name

    def showName(self):              # 定义Teacher类的公有方法
        print(Teacher.name)          # 方法体，在方法体中访问Teacher类的公有属性name

print(Teacher.name)                  # 在Teacher类外部访问name属性，类属性需要添加类名
tt = Teacher()                       # 创建Teacher类的实例化对象tt
print(tt.name)                       # 实例化对象类外也可访问name属性
tt.showName()                        # 实例化对象类外部访问showName()方法
Teacher().showName()                 # Teacher()类的实例化对象外部访问showName()方法
```

注意：对于公有的类属性name，无论是在类体外还是类体内，均可通过"类名.类属性"的方式访问，也可通过实例化对象进行访问。对于公有的实例方法showName()，在类体外，可通过"实例对象.实例方法"的方式访问，也可通过"类名().实例方法"进行访问。

运行程序，结果如图 7-9 所示。

```
========================== RESTART: D:\第7章\例7.10.py
王老师
王老师
王老师
王老师
```

图 7-9　例 7.10 程序运行结果

7.4.2　私有成员

在Python类的定义中，不允许外部访问的成员称为私有成员。私有成员可以被类中的其他成员访问，但不能被外部成员访问。类的私有成员通过在成员前加两个英文下划线"__"来标识。

【例 7.11】私有成员的使用。

参考程序代码如下：

```
class Teacher:
```

```
        __name = "王五"                        # 定义Teacher类的私有类属性
        def __salary(self):                    # 定义Teacher类的私有实例方法
            print("Teacher类的内部实例方法")
        def show_salary(self):                 # 定义Teacher类的公有实例方法
            print("show_salary()方法开始执行")
            self.__salary()          # 类体内的show_salary()方法可以访问__salary()方法
            print("show_salary方法执行完毕")

    # print(Teacher.__name)                    # 类外试图访问私有类属性，运行程序报错
(AttributeError)
    # Teacher().__salary()                     # 类外试图访问私有方法，运行程序报错
(AttributeError)
    Teacher().show_salary()        # show_salary()是公有方法，可以在类外部访问
```

通过例7.11可以发现，Teacher类体内的show_salary()方法可以访问该类中的__salary()方法；语句print(Teacher.__name)是类外试图访问私有类属性，运行程序报错；语句Teacher().__salary()是类外试图访问类的私有实例方法，运行程序报错（AttributeError）；而show_salary()是公有方法，可以在类外部访问，即Teacher().show_salary()正确。

综上，在Python中，公有成员（包括公有属性或公有方法）在类体的内外均可以被访问，私有成员只能在类体中被访问。

7.5 应用实例

【例7.12】某工厂工人分为高工、中工、普工和小时工几类。编程实现：定义一个Worker类，根据以下描述计算各类工人的工资。每个月的工资包含基本工资和加班费。

① 高工基本工资一个月8 000元，加班费一小时20元；

② 中工基本工资一个月6 500元，加班费一小时17元；

③ 普工基本工资一个月5 000元，加班费一小时15元；

④ 小时工按一个小时20元，工资按月结算。

分析：某工厂共四类工人，每种类型的工人工资有所差异，要求计算出每个工人一个月的工资，可以定义一个公有类Worker，让其具有id（工号）、name（姓名）和WorkType（工种）属性，并通过构造方法__init__()进行实例化构造属性，再包含一个计算工资的方法month_salary(self)，方法体为空；然后根据每种类型工人工资构成，为每一种工人定义一个私有的类，每种工人的私有类继承公有类的属性，再增加其私有属性和一个私有方法，私有方法用于计算该类工人的工资。比如高工的私有属性__basicSalary=8000和__price=20，通过构造方法__init__()进行实例化构造属性，私有方法month_salary(self)完成计算工资s=self. __basicSalary + self.overtime * 20；其他类的定义与之类似。

根据分析，参考程序代码如下：

```
# 定义公有类Worker
class Worker:
    def __init__ (self, id, name, workType):
                                          # 绑定员工的属性：工号、姓名和工种
        self.id = id
```

```
        self.name = name
        self.workType = workType

    def month_salary(self):
        pass

# 定义高工S_worker类
class S_worker(Worker):
    # 默认继承Worker类属性：工号、姓名
    # 定义方法month_salary()用来计算高工S_worker的工资
    __basicSalary = 8000          # 基本工资
    __price = 20                  # 一个小时的加班费
    def __init__(self, id, name, workType, overtime):
        super().__init__(id, name, workType)
        self.overtime = overtime
    def month_salary(self):
        s = self.__basicSalary + self.overtime * 20
        print("高工{}这个月的工资为{}元".format(self.name, s))

# 定义中工M_worker类
class M_worker(Worker):
    __basicSalary = 6500
    __price = 17

    def __init__(self, id, name, workType, overtime):
        super().__init__(id, name, workType)
        self.overtime = overtime
    def month_salary(self):
        s = self.__basicSalary + self.overtime * 17
        print("中工{}这个月的工资为{}元".format(self.name, s))

# 定义普工C_worker类
class C_worker(Worker):
    __basicSalary = 5000
    __price = 15

    def __init__(self, id, name, workType, overtime):
        super().__init__(id, name, workType)
        self.overtime = overtime
    def month_salary(self):
        s = self.__basicSalary + self.overtime * 15
        print("普工{}这个月的工资为{}元".format(self.name, s))

class H_worker(Worker):
    __price = 20
    def __init__(self, id, name, workType, overtime):
        super().__init__(id, name, workType)
        self.worktime=overtime
    def month_salary(self):
        s = self.worktime * 20
```

```
            print("小时工{}这个月的工资为{}元".format(self.name, s))

    worker_number = input("请输入员工的工号:")
    worker_name = input("请输入员工的姓名:")
    worker_type = input("请输入员工的工种:")
    worker_overtime = eval(input("请输入员工的加班时长:"))
    if worker_type == "高工":
        SS = S_worker(worker_number, worker_name, worker_type, worker_overtime)
        SS.month_salary()
    elif worker_type == "中工":
        MM = M_worker(a, b, c, d)
        MM.month_salary()
    elif worker_type == "普工":
        CC = C_worker(a, b, c, d)
        CC.month_salary()
    else:
        HH = H_worker(a, b, c, d)
        HH.month_salary()
```

运行程序，共运行四次。第一次，工号、姓名、工种和加班时长分别输入0001、张三、高工、4。第二次，工号、姓名、工种和加班时长分别输入0800、李四、中工、10。第三次，工号、姓名、工种和加班时长分别输入1000、王五、普工、25。第四次，工号、姓名、工种和加班时长分别输入H008、赵六、小时工、80。运行结果如图7-10所示。

```
============================ RESTART: D:\第7章\例7.12.py
请输入员工的工号:0001
请输入员工的姓名:张三
请输入员工的工种:高工
请输入员工的加班时长:4
高工张三这个月的工资为8080元

============================ RESTART: D:\第7章\例7.12.py
请输入员工的工号:0800
请输入员工的姓名:李四
请输入员工的工种:中工
请输入员工的加班时长:10
中工李四这个月的工资为6670元

============================ RESTART: D:\第7章\例7.12.py
请输入员工的工号:1000
请输入员工的姓名:王五
请输入员工的工种:普工
请输入员工的加班时长:25
普工王五这个月的工资为5375元

============================ RESTART: D:\第7章\例7.12.py
请输入员工的工号:H008
请输入员工的姓名:赵六
请输入员工的工种:小时工
请输入员工的加班时长:80
小时工赵六这个月的工资为1600元
```

图 7-10　例 7.12 程序运行结果

拓展知识——中国载人航天

Python语言在本章学习Python面向对象程序设计中，其关键知识是类的封装、继承和多态。现实生活中有很多这样的例子。例如，中华优秀传统文化的传承，在传承的基础上又具有地方特色；科研精神的传承，在传承的基础上又具有时代的特色。

PDF

中国载人航天

而我国的航天精神经过一代一代的传承和发扬光大，迎来了神舟飞船系列和嫦娥卫星系列的成功。

让我们扫描侧边栏中的二维码，一起来了解中国载人航天的详细情况！

习　题

一、选择题

1. 面向对象程序设计具有三大特征，分别是封装、继承和（　　）。

   A. 多态　　B. 对象　　C. 过程　　D. 多样

2. 在面向对象程序设计思想中，Python把抽象出来的整体称之为________；把数据称之为________；对其数据的操作方法称之为方法或行为；把具体化的个体称之为对象。

请把答案写在（　　）中。

   A. 类和属性　　B. 属性和类　　C. 对象和方法　　D. 方法和对象

3. 在类的内部成员之间的访问通过（　　）操作符实现。

   A. 点号“.”　　B. 冒号“:”　　C. 叹号“!”　　D. 分号“;”

4. （　　）是面向对象程序设计的基础。

   A. 类　　B. 属性　　C. 对象　　D. 方法

5. 在Python语言中，方法就是定义在类中的函数，定义的方式和普通函数一样。其区别在于，类中定义的方法其第一个参数是（　　），用于指向该类中的实例。

   A. self　　B. name　　C. def　　D. class

二、简答题

1. 面向对象程序设计具有的三大特征是什么？
2. 什么是面向对象程序设计的类和对象？两者之间的关系是什么？
3. 面向对象程序设计中私有成员和公有成员的区别？

三、填空题

1. Python使用________关键字来定义类。
2. 面向对象程序设计是一种经典的________的程序设计思想，以________为基础。
3. 下面程序的运行结果是________。

程序代码如下：

```
class Car:
    kind = "比亚迪"
    def ask_kind(self):
        print("Car.kind:" + Car.kind)

ss = Car()
print(ss.kind)
```

四、编程题

定义一种植物类，具有名称（name）和开花季节（season）等公有属性和一个公有的sun()方法。要求调用sun()方法，输出该植物的私有属性种植方法（plantmethod）和公有属性开花季节（season）。

第 8 章 Python 第三方库与应用

随着 Python 应用越来越广泛，Python 第三方库得到快速发展，涌现出来许多优秀的库，为 Python 开发者们提供了强有力的研发工具。

本章将对 Python 中四个典型的第三方库：NumPy 矩阵运算库、Matplotlib 绘图库、Scipy 科学计算库以及 Pandas 数据统计与分析库进行介绍。

学习目标

知识目标：

◎掌握 Python 第三方库 NumPy 中关于矩阵创建函数的使用方法；
◎掌握 Python 第三方库 Matplotlib 中关于绘图函数的使用方法；
◎了解 Python 第三方库 SciPy 中图像卷积函数的使用方法；
◎理解 Python 第三方库 Pandas 中关于数据分析函数的使用方法。

技能目标：

◎能够基于 NumPy 库创建不同维度的数组；
◎可以使用 Scipy 库中函数实现图像处理的简单应用；
◎能够采用 Matplotlib 库绘制不同的曲线图；
◎能够采用 Pandas 中数据统计函数实现不同数据类型之间的转换。

素质目标：

◎熟悉库调用规范及方法，培养耐心细致、精益求精的学习和工作习惯；
◎培养团结协作，解决综合问题的能力。

知识导图

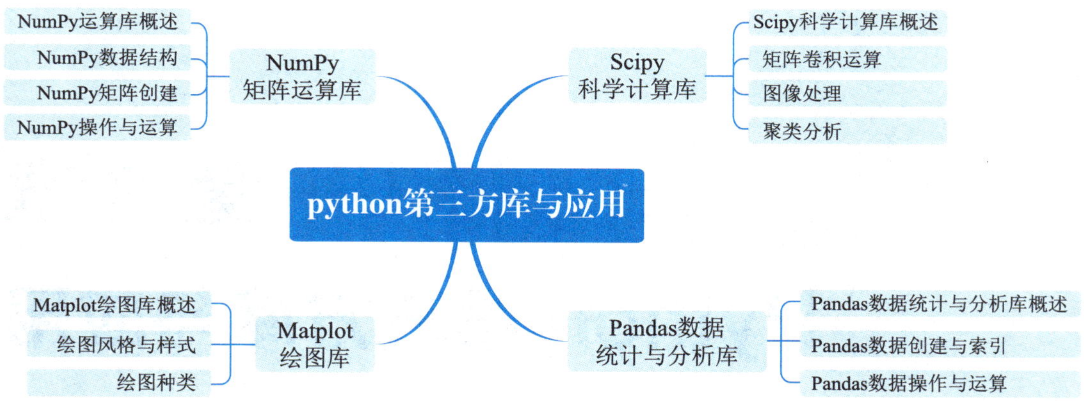

8.1 NumPy 矩阵运算库

NumPy是一个功能强大的Python库，主要用于对多维矩阵的运算，其提供了大量的库函数和操作方法，在进行以低维矩阵为主要运算对象的线性代数求解方面较为高效。

8.1.1 NumPy 矩阵运算库概述

NumPy提供了两种基本的对象：ndarray(n-dimensional array object)和ufunc(universal function object)，前者是存储单一数据类型的多维矩阵对象，而后者则是能够对多维矩阵进行处理的通用函数对象。

8.1.2 NumPy 数据结构

NumPy库包含的数据结构类型较为多样，继承了来自C语言的数据结构模式，包含整型变量int、无符号整型变量uint、浮点型数据类型float以及复数形式的数据类型complex。根据需要存储的数据集规模，在创建NumPy矩阵时可选择不同的数据类型。表8-1展示了NumPy库中不同类型的数据取值范围。

表 8-1　NumPy 数据结构类型

数据类型	描述	取值范围
bool	布尔型数据	True 或 False
int8	有符号 8 位整型数据	$-2^{7} \sim 2^{7}$
int16	有符号 16 位整型数据	$-2^{15} \sim 2^{15}$
int32	有符号 32 位整型数据	$-2^{31} \sim 2^{31}-1$
int64	有符号 64 位整型数据	$-2^{63} \sim 2^{63}-1$
uint8	无符号 8 位整型数据	$0 \sim 2^{8}$
uint16	无符号 16 位整型数据	$0 \sim 2^{16}$
uint32	无符号 32 位整型数据	$0 \sim 2^{32}-1$
uint64	无符号 64 位整型数据	$0 \sim 2^{64}-1$
float16	16 位半精度浮点型	符号占用 1bit，指数占用 5bit，尾数占用 10bit
float32	32 位单精度浮点型	符号占用 1bit，指数占用 8bit，尾数占用 23bit

续表

数据类型	描　述	取值范围
float64	64 位双精度浮点型	符号占用 1bit，指数占用 11bit，尾数占用 52bit
complex64	64 位浮点型对应的复数	由两个 32 位浮点数（实部和虚部）表示
complex128	128 位浮点型对应的复数	由两个 64 位浮点数（实部和虚部）表示
complex256	256 位浮点型对应的复数	由两个 128 位浮点数（实部和虚部）表示
object	Python 可迭代对象数据	不限定数据范围

属性在面向对象编程中扮演着存储数据、实现封装、继承、多态性以及对象间通信等重要角色。表 8-2 展示了 NumPy 库中创建的矩阵 ndarray 对象的常用属性。

表 8-2　ndarray 对象常用属性

属　性	含　义	返回值类型
numpy.ndim	秩，即数据维度	整型
numpy.shape	矩阵维度	元组
numpy.size	元素个数	整型
numpy.dtype	数据类型	字符串
numpy.itemsize	每个元素占用字节多少	整型
numpy.nbytes	存储整个矩阵的字节数量	整型
numpy.T	矩阵转置	矩阵

8.1.3　NumPy 矩阵创建

NumPy 矩阵创建主要有三种方法：直接创建法、特殊函数创建法、常用函数创建法。

1. 直接创建法

直接创建 NumPy 矩阵较为简便，是一种最常用的 NumPy 矩阵创建方式，这种方法主要通过使用矩阵生成函数来实现，常用的函数见表 8-3。

表 8-3　创建矩阵函数

函数名	功能描述
array(object, dtype = int)	利用可迭代对象 object 创建一个元素值为整型的一维数组
ndarray(shape, dtype = float)	根据输入矩阵维度 shape 创建元素值随机且元素类型为浮点型的多维数组
ones(shape)	根据给定维度 shape，创建维度与 shape 一致且元素值全为 1 的多维数组
ones_like(array)	根据给定的数组 array 的维度，创建一个维度与 array 一致且元素值全为 1 的多维数组
zeros(shape)	根据给定维度 shape，创建维度与 shape 一致且元素值全为 0 的多维数组
zeros_like(array)	根据给定的数组 array 的维度，创建一个维度与 array 一致且元素值全为 0 的多维数组
empty(shape)	根据给定维度 shape，创建一个维度与 shape 一致且元素值未初始化的多维数组
empty_like(array)	根据给定的数组 array 的维度，创建一个维度与 array 一致且元素值未初始化的多维数组
eye(N, M)	创建一个 N 行 M 列的二维对角方阵
full(shape, fill_value)	创建一个维度为 shape 且填充值为 fill_value 的多维数组
full_like(array, fill_value)	根据给定的数组 array 的维度，创建一个维度与 array 一致且元素填充值为 fill_value 的多维数组
arrange (start, stop, step)	创建一个从 start 到 stop 且步长为 step 的多维数组
linspace (start, stop, num)	创建一个从 start 到 stop 且在指定范围内的等分成 num 个元素的一维数组
logspace (start, stop, num)	创建一个从 start 到 stop 且在对数刻度上的等分成 num 个元素的一维数组

（1）创建一维数组

NumPy一维数组可以通过NumPy库中的array()函数创建，其语法格式如下：

```
array(object, dtype = None, *, copy = True, order = 'K', subok = False, ndmin = 0, like = None)
```

其中，object表示用户输入的可迭代对象；dtype表示输入数据的类型，默认为None；copy表示数据是否复制到内存中，默认为True，表示可复制；order表示{'C', 'F', 'K'}，按行存储数据（'C'）或按列存储数据（'F'）或按输入矩阵顺序存储数据（'K'）按输入矩阵顺序存储数据排序方式，默认为'K'；subok表示如果值为True，则创建的为输入矩阵array的子类数组，如果值为False，创建的则为基类数组，默认为False；ndmin表示输入数据维度，默认为0；like表示可创建非NumPy类型的数据，与其他库留存数据转换接口，默认为None，表示留存接口。

下面通过代码阐明如何采用array函数创建一维数组。

```
>>> import numpy as np
>>> a = np.array([1, 2, 3], dtype = float)                # 创建浮点型数据
>>> b = np.array([1, 2, 3], dtype = complex)              # 创建复数型数据
>>> c = np.array([1, 2, 3], dtype = int)                  # 创建整型数据
>>> a
array([1., 2., 3.])
>>> b
array([1.+0.j, 2.+0.j, 3.+0.j])
>>> c
array([1, 2, 3])
>>> print(a.ndim, a.shape, a.size, a.itemsize)
1 (3,) 3 8
>>> print(b.ndim, b.shape, b.size, b.itemsize)
1 (3,) 3 16
>>> print(c.ndim, c.shape, c.size, c.itemsize)
>>> d = np.array([1 + 2j, 3 + 4j, 5 + 6j])                # 创建复数矩阵
>>> e = np.array([True, False, False, True])              # 创建布尔矩阵
>>> f = np.array(['Bonjjjjour', 'Hello', 'Hallo',])       # 创建字符串矩阵
>>> print(d.dtype, d.ndim, d.size, d.itemsize)
complex128 1 3 16
>>> print(e.dtype, e.ndim, e.size, e.itemsize)
bool 1 4 1
>>> print(f.dtype, f.ndim, f.size, f.itemsize)
<U10 1 3 40
```

（2）创建多维数组

NumPy多维数组可以通过NumPy库中的ndarray()函数创建，其语法格式如下：

```
ndarray(shape, dtype = float, buffer = None, offset = 0, strides = None, order = 'C')
```

其中，shape表示创建数组的维度；dtype表示创建数组中元素的数据类型，默认为float；buffer表示填充数据，默认为None，表示不填充；offset表示输入数据补偿，默认为0，表示不予补偿；strides表示步长，默认为None；order 表示 {'C', 'F'}，按行存储数据（'C'）或按列存储数据（'F'），默认为'C'。

下面通过代码阐明如何采用ndarray函数创建多维数组。

```
>>> import numpy as np
>>> a1 = np.ndarray([2, 2, 2])                    # 创建一个元素值随机的三维数组
>>> a2 = np.ndarray([3, 3])                       # 创建一个元素值随机的二维数组
>>> a1
array([[[0.00000000e+000, 0.00000000e+000],
        [0.00000000e+000, 0.00000000e+000]],
       [[0.00000000e+000, 4.86160596e-321],
        [1.05700345e-307, 3.11525958e-307]]])
>>> a2
array([[0.00000e+000, 0.00000e+000, 0.00000e+000],
       [0.00000e+000, 0.00000e+000, 4.92089e-321],
       [0.00000e+000, 0.00000e+000, 1.41532e-318]])
>>> a3 = np.ndarray([1, 2], dtype = complex, order = 'C')    # 创建一个1
行2列的矩阵，数据类型为复数，按照行存储（'C'）排列生成数据
>>> a3
array([[2.35541533e-312 + 2.24931554e-312j,
        2.24931554e-312 + 2.35541533e-312j]])
```

2. 特殊函数创建法

NumPy库可以采用特殊函数创建带有特殊元素的数组，例如ones()、zeros()、empty()、eye()、identity()等。这些函数创建生成的数组中元素的数据类型默认为浮点型float，支持对此数据类型进行修改。下面分别对这些函数及其拓展形式进行介绍。

（1）ones() 函数和 ones_like() 函数

ones()函数表示创建包含若干元素为1的数组，其语法格式如下：

```
ones(shape, dtype = float, order = 'C')
```

其中，shape表示创建数组的维度；dtype表示创建数组中元素的数据类型，默认为float；order表示{'C', 'F'}，按行存储数据（'C'）或按列存储数据（'F'），默认为'C'。

ones()函数的第一个参数shape如果用元组表示，则元组的维度表示输入数组的维度。如果输入的第一个参数shape用数值型数据表示，则创建一个元素全为1的一维数组。

ones_like()函数表示生成一个与给定形状与类型一致的数组，其语法格式如下：

```
ones_like(array, dtype = None, order = 'K', subok = True)
```

其中，array表示输入的数组；dtype表示创建数组中元素的数据类型，默认为None，表示与输入数据类型保持一致；order表示{'C', 'F', 'K'}，按行存储数据（'C'）或按列存储数据（'F'）或按输入矩阵顺序存储数据（'K'），默认为'K'；subok表示如果值为True，则创建的为输入数组array的子类数组，如果值为False，创建的则为基类数组，默认为True。

下面通过代码阐明如何采用ones()函数和ones_like()函数创建数组。

```
>>> one1 = np.ones(5, dtype = int)           # 创建一维ones数组
>>> one2 = np.ones((2, 2))                   # 创建二维ones数组
>>> one3 = np.ones((2, 2, 2))                # 创建三维ones数组
>>> one1
array([1, 1, 1, 1, 1])
>>> one2
```

```
array([[1., 1.],
       [1., 1.]])
>>> one3
array([[[1., 1.],
        [1., 1.]],
       [[1., 1.],
        [1., 1.]]])
    >>> x = np.arange(6)
    >>> x = x.reshape((2, 3))
    >>> x
    array([[0, 1, 2],
           [3, 4, 5]])
    >>> np.ones_like(x)
    array([[1, 1, 1],
           [1, 1, 1]])
    >>> y = np.arange(3, dtype = float)
    >>> y
    array([0., 1., 2.])
    >>> np.ones_like(y)
    array([1., 1., 1.])
```

（2）zeros() 函数和 zeros_like() 函数

zeros() 函数表示创建包含若干元素为 0 的数组，其语法格式如下：

```
zeros(shape, dtype = float, order = 'C')
```

其中，shape 表示创建数组的维度；dtype 表示创建数组中元素的数据类型，默认为 float；order 表示 {'C', 'F'}，按行存储数据（'C'）或按列存储数据（'F'），默认为 'C'。

zeros() 函数的第一个参数 shape 如果用元组表示，则元组的维度表示输入数组的维度。如果输入的第一个参数 shape 用数值型数据表示，则创建一个元素全为 0 的一维数组。

zeros_like() 函数表示创建一个与给定形状与类型一致的数组，其语法格式如下：

```
zeros_like(array, dtype = None, order = 'K', subok = True)
```

其中，array 表示输入的数组；dtype 表示创建数组中元素的数据类型，默认为 None，表示与输入数据类型保持一致；order 表示 {'C', 'F', 'K'}，按行存储数据（'C'）或按列存储数据（'F'）或按输入矩阵顺序存储数据（'K'），默认为 'K'；subok 表示如果值为 True，则创建的为输入数组 array 的子类数组；如果值为 False，创建的则为基类数组，默认为 True。

下面通过代码阐明如何采用 zeros() 函数和 zeros_like() 函数创建数组。

```
>>> zero1=np.zeros(10)                              # 创建一维 zeros 数组
>>> zero2=np.zeros((3, 2), dtype = complex)         # 创建二维 zeros 数组
>>> zero3=np.zeros((3, 3, 3))                       # 创建三维 zeros 数组
>>> zero1
array([0., 0., 0., 0., 0., 0., 0., 0., 0., 0.])
>>> zero2
array([[0. + 0.j, 0. + 0.j],
       [0. + 0.j, 0. + 0.j],
       [0. + 0.j, 0. + 0.j]])
>>> zero3
```

```
array([[[0., 0., 0.],
        [0., 0., 0.],
        [0., 0., 0.]],
       [[0., 0., 0.],
        [0., 0., 0.],
        [0., 0., 0.]],
       [[0., 0., 0.],
        [0., 0., 0.],
        [0., 0., 0.]]])

>>> x = np.arange(6)
>>> x = x.reshape((2, 3))
>>> x
array([[0, 1, 2],
       [3, 4, 5]])
>>> np.zeros_like(x)
array([[0, 0, 0],
       [0, 0, 0]])
>>> y = np.arange(3, dtype = float)
>>> y
array([0., 1., 2.])
>>> np.zeros_like(y)
array([0., 0., 0.])
```

（3）empty() 函数和 empty_like() 函数

empty() 函数表示创建一个元素未初始化的数组，其语法格式如下：

```
empty(shape, dtype = float, order = 'C')
```

其中，shape 表示创建数组的维度；dtype 表示创建数组中元素的数据类型，默认为 float；order 表示 {'C', 'F'}，按行存储数据（'C'）或按列存储数据（'F'），默认为 'C'。

empty() 函数的第一个参数 shape 如果用元组表示，则元组的维度表示输入数组的维度。如果输入的第一个参数 shape 用数值型数据表示，则创建一个元素未初始化的一维数组。

empty_like() 函数表示创建一个与给定形状与类型一致的未初始化数组，其语法格式如下：

```
empty_like(array, dtype = None, order = 'K', subok = True)
```

其中，array 表示输入的数组；dtype 表示创建数组中元素的数据类型，默认为 None，表示与输入数据类型保持一致；order 表示 {'C', 'F', 'K'}，按行存储数据（'C'）或按列存储数据（'F'）或按输入矩阵顺序存储数据（'K'），默认为 'K'；subok 表示如果值为 True，则创建的为输入矩阵 array 的子类数组；如果值为 False，创建的则为基类数组，默认为 True。

注意： empty() 函数和 empty_like() 函数创建的数组都需要初始化，否则会产生随机数据。下面通过代码阐明如何采用 empty() 函数和 empty_like() 函数创建数组。

```
>>> emp1 = np.empty(3)                              # 创建一维empty数组
>>> emp2 = np.empty((2, 2), dtype = complex)        # 创建二维empty数组
>>> emp3 = np.empty((2, 1, 3))                      # 创建三维empty数组
>>> emp1
array([4.86160596e-321, 1.05700345e-307, 3.11525958e-307])
>>> emp2
array([[1. + 1.j, 1. + 1.j],
       [1. + 1.j, 1. + 1.j]])
```

```
>>> emp3
array([[[0., 0., 0.]],
       [[0., 0., 0.]]])
>>> a = ([1,2,3], [4,5,6])                          # 初始化一个二维数组
>>> np.empty_like(a)                                # 参考数组a创建一个未初始化数组
array([[-1073741821, -1073741821,3],[0,0, -1073741821]])
>>> a = np.array([[1., 2., 3.],[4., 5., 6.]])
>>> np.empty_like(a)
    array([[ -2.00000715e+000,   1.48219694e-323,  -2.00000572e+000],
           [  4.38791518e-305,  -2.00000715e+000,   4.17269252e-309]])
```

（4）eye() 函数

eye() 函数表示创建一个对角线元素为 1，其他元素为 0 的单位矩阵，其语法格式如下：

```
eye(N, M, k = 0, dtype = float, order = 'C')
```

其中，N 表示创建矩阵的行数；M 表示创建矩阵的列数；k 表示对角线的偏移量，可以为正值（上方对角线）或负值（下方对角线），默认为 0（主对角线）；dtype 表示创建矩阵中元素的数据类型，默认为 float；order 表示 {'C', 'F'}，按行存储数据（'C'）或按列存储数据（'F'），默认为 'C'。

eye() 函数接受输入单个维度参数，表示输入方阵。如果输入两个数值，则表示矩阵的行和列，不支持输入多个维度，输入的参数不能用一对圆括号作为界定符。

下面通过代码阐明如何采用 eye() 函数创建多维矩阵。

```
>>> eye1 = np.eye(4)                      # 创建一个4行4列的eye数组
>>> eye2 = np.eye((1, 2))                 # 与ones等函数用法不一致
Traceback (most recent call last):
  File "<pyshell#66>", line 1, in <module>
  File "D:\Program files\Python311\Lib\site-packages\numpy\lib\twodim
base.py", line 215, in eye
    m = zeros((N, M), dtype = dtype, order = order)
TypeError: 'tuple' object cannot be interpreted as an integer
>>> eye1
array([[1., 0., 0., 0.],
       [0., 1., 0., 0.],
       [0., 0., 1., 0.],
       [0., 0., 0., 1.]])
>>> eye2 = np.eye(4, 3)                   # 创建一个4行3列的eye数组
>>> eye2
array([[1., 0., 0.],
       [0., 1., 0.],
       [0., 0., 1.],
       [0., 0., 0.]])
>>>eye3 = np.eye(2, 2, 2)                 # 创建一个维度为(2, 2, 2)的eye数组
>>>eye3
array([[0., 0.],
       [0., 0.]])
>>>eye4 = np.eye(2, 2, 2, 2)              # 第四个参数不能为整型变量
Traceback (most recent call last):
  File "<pyshell#72>", line 1, in <module>
```

```
  File "D:\Program files\Python311\Lib\site-packages\numpy\lib\twodim_
base.py", line 215, in eye
    m = zeros((N, M), dtype = dtype, order = order)
 TypeError: Cannot interpret '2' as a data type
```

(5) full() 函数和 full_like() 函数

full() 函数表示创建一个具有指定形状、数据类型和填充值的数组，其语法格式如下：

```
full(shape, fill_value, dtype = None, order = 'C')
```

其中，shape 表示创建数组的维度；fill_value 表示用于填充所创建的数组中所有元素的值；dtype 表示创建数组中元素的数据类型，默认为 None，表示与输入数据类型保持一致；order 表示 {'C', 'F'}，按行存储数据（'C'）或按列存储数据（'F'），默认为 'C'。

full_like() 函数表示创建一个与给定数组具有相同形状、数据类型和填充值的数组，其语法格式如下：

```
full_like(array, fill_value, dtype = None, order = 'K', subok = True)
```

其中，array 表示输入的数组；fill_value 表示 array 数组中具体的值；dtype 表示创建数组中元素的数据类型，默认为 None，表示与输入数据类型保持一致；order 表示 {'C', 'F', 'K'}，按行存储数据（'C'）或按列存储数据（'F'）或按输入矩阵顺序存储数据（'K'），默认为 'K'；subok 表示如果值为 True，则创建的为输入矩阵 array 的子类数组；如果值为 False，创建的则为基类数组，默认为 True。

下面通过代码阐明如何采用 full() 函数和 full_like() 函数创建数组。

```
>>> np.full((2, 2), np.inf)
array([[inf, inf],
       [inf, inf]])
>>> np.full((2, 2), 10)
    array([[10, 10],
       [10, 10]])
>>> np.full((2, 2), [1, 2])
    array([[1, 2],
          [1, 2]])
>>> x = np.arange(6, dtype = int)
>>> np.full_like(x, 1)
    array([1, 1, 1, 1, 1, 1])
>>> np.full_like(x, 0.1)
    array([0, 0, 0, 0, 0, 0])
>>> np.full_like(x, 0.1, dtype = np.double)
    array([0.1, 0.1, 0.1, 0.1, 0.1, 0.1])
>>> np.full_like(x, np.nan, dtype = np.double)
    array([nan, nan, nan, nan, nan, nan])
>>> y = np.arange(6, dtype = np.double)
>>> np.full_like(y, 0.1)
    array([0.1, 0.1, 0.1, 0.1, 0.1, 0.1])
>>> y = np.zeros([2, 2, 3], dtype = int)
>>> np.full_like(y, [0, 0, 255])
    array([[[  0,    0, 255],
            [  0,    0, 255]],
           [[  0,    0, 255],
            [  0,    0, 255]]])
```

3. 通过常用函数创建

NumPy库还有一些常用函数可以用于创建一维或者多维数组，如步进函数arange()、随机生成函数rand()等。下面分别对这些函数及其拓展形式进行介绍。

（1）通过步进函数创建一维数组

步进函数包含arange()、linspace()、logspace()三类。arange()对应Python中自带的range()函数；linspace()表示创建一个一维等差数列；logspace()表示创建一个一维等比数列。它们的用法及参数说明见表8-3。

① arange()函数。

arange()函数和range()函数一样，也包含三个参数：start, end, step，它们表达的含义相同，但结果不同。arange()函数生成的是array数组，range()函数生成的是可迭代对象。

```
>>> ar1 = np.arange(1, 10, 2)
>>> ar2 = np.arange(8.0)
>>> ar3 = np.arange(3, 7, 3)  # 在区间(3,7)内每隔两个数取值，超出数组维度范围
>>> ar1
array([1, 3, 5, 7, 9])
>>> ar2
array([0., 1., 2., 3., 4., 5., 6., 7.])
>>> ar3
array([3, 6])
>>> ar3 = np.arange(3, 7, 2)
>>> ar3
array([3, 5])
```

② linspace()函数。

linspace()函数表示在某一区间内生成若干个数，由这些数所组成形成一维array数组，其中最后一个参数endpoint表示是否为封闭区间，如果取值True，则取值区间为[start, end]；如果取值False，则取值区间为[start, end)。

```
>>> lin1 = np.linspace(0, 10, 8)                # 在区域[0,10]内生成8个数
>>> lin2 = np.linspace(1, 10, 5)                # 在区域[1,10]内生成5个数
>>> lin1
array([ 0., 1.42857143, 2.85714286, 4.28571429, 5.71428571,
        7.14285714, 8.57142857, 10. ])
>>> lin2
array([ 1., 3.25, 5.5, 7.75, 10.])
>>> lin3 = np.linspace(0, 5, 3, endpoint = True)  # 在区域[0,5]内生成3个数
>>> lin4 = np.linspace(0, 5, 3, endpoint = False) # 在区域[0,5)内生成3个数
>>> lin3
array([0. , 2.5, 5. ])
>>> lin4
array([0. , 1.66666667, 3.33333333])
```

③ logspace()函数。

logspace()函数表示在某一区间内生成若干个数，由这些数所组成形成一维array数组，其中最后一个参数endpoint的含义与linspace()函数相同。

```
>>> log1 = np.logspace(0, 10, 11)   # 在区域[0,10]内生成11个数，刚好取整
>>> log1
array([1.e+00, 1.e+01, 1.e+02, 1.e+03, 1.e+04, 1.e+05, 1.e+06, 1.e+07,
       1.e+08, 1.e+09, 1.e+10])
>>> log2 = np.logspace(0, 10, 10, endpoint = False)     # 在区域[0,10]
内生成10个数，刚好取整
>>> log2
array([1.e+00, 1.e+01, 1.e+02, 1.e+03, 1.e+04, 1.e+05, 1.e+06, 1.e+07,
       1.e+08, 1.e+09])
>>> log3 = np.logspace(1, 5, 3, endpoint = True)        # 在区域[1,5]内
生成3个数，刚好取整
>>> log3
array([1.e+01, 1.e+03, 1.e+05])
```

（2）通过随机生成函数创建多维矩阵

随机生成函数来源于numpy.random模块，根据用户选择的随机数生成方法可自动创建矩阵。表8-4展示了创建多维矩阵的常用随机数生成函数。

表 8-4　随机数生成函数

函　数　名	描　　述	函　数　名	描　　述
rand(M, N)	创建一个 M 行 N 列的矩阵，矩阵中元素服从均匀分布	uniform(s, e, z)	创建均匀分布矩阵，s 表示起始值，e 表示结束值，z 表示形状
randint(m, n)	创建一个矩阵，在 [0, m-1] 范围内取得 n 个随机整数	normal(avg, var, z)	创建正态分布矩阵，avg 表示均值，var 表示标准差，z 表示形状
randn(M, N)	创建一个 M 行 N 列的矩阵，矩阵中元素服从正态分布	poisson(a, z)	创建泊松分布矩阵，a 表示随机时间发生率，z 表示形状
permutation(m)	创建一个一维数组，在 [0, m) 范围内去随机整数值		

下面介绍几种典型的随机生成函数。

① rand()函数：可以创建一个多维矩阵，矩阵中的数值随机在[0,1)范围内取值，并服从均匀分布。

```
>>> np.random.rand(3, 2)
    array([[ 0.14022471,   0.96360618],
           [ 0.37601032,   0.25528411],
           [ 0.49313049,   0.94909878]])
>>> np.random.rand(3, 2, 2)
    array([[[0.96941793, 0.60065928],
          [0.80544063, 0.83603085]],
         [[0.20195473, 0.5671853 ],
          [0.7408393 , 0.59801754]],
         [[0.47857347, 0.43041406],
          [0.96912497, 0.99365084]]])
```

② randint()函数：可以创建一个多维矩阵，矩阵中的数值在给定范围内随机取值。

```
>>> np.random.randint(5)                          # 在范围[0, 4]内生成一个整数
2
>>> np.random.randint(3, size = 5)                # 在范围[0, 2]内生成5个整数
```

```
    array([1, 0, 0, 2, 0])
    >>> np.random.randint(5, size = (2, 4))     # 在范围[0, 4]内生成2行4列整数
    array([[3, 0, 3, 3],
           [3, 4, 0, 1]])
    >>> np.random.randint(1, [3, 5, 10])        # 生成1行3列的向量，其中数值均不能超过给定上限
    array([2, 1, 5])
    >>> np.random.randint([1, 3, 5, 7], [[10], [20]], dtype = np.uint8)
# 生成2行4列的矩阵，其中第1行数值不能超过给定上限，第2行数值不能超过给定上限
    array([[ 3, 7, 6, 9],
           [11, 13, 15, 7]], dtype = uint8)
```

③ randn()函数：可以创建一个多维矩阵，矩阵中数值服从正态分布。

```
    >>> np.random.randn()
        2.1923875335537315
    >>> 3 + 2.5 * np.random.randn(2, 4)
        array([[-4.49401501,  4.00950034, -1.81814867,  7.29718677],
               [ 0.39924804,  4.68456316,  4.99394529,  4.84057254]])
```

④ permutation()函数：可以实现对给定的数值范围进行随机排列。

```
    >>> np.random.permutation(10)                     # 在[0, 9]范围内取随机值
        array([1, 7, 4, 3, 0, 9, 2, 5, 8, 6])
    >>> np.random.permutation([1, 4, 9, 12, 15])      # 对指定列表的元素随机排列
        array([15,  1,  9,  4, 12])
    >>> arr = np.arange(9).reshape((3, 3))
    >>> np.random.permutation(arr)
        array([[6, 7, 8],
               [0, 1, 2],
               [3, 4, 5]])
```

8.1.4 NumPy 操作与运算

NumPy对象中的数值元素可以通过索引或切片进行访问和修改，与第4章介绍的序列与计算中的可变序列的索引和切片操作类似，可以实现对数组中的数值进行操作和运算。

1. 索引

一维数组的索引通过引用下标完成，多维数组的索引需要在多个轴上完成，在某一轴上操作与一维数组的索引基本相同。

（1）一维数组索引

NumPy一维数组的索引方式与有序序列类似，用一对“[ ]”作为界定符，在“[ ]”内输入元素下标即可获取对应元素值。

```
    >>> import numpy as np
    >>> a = np.linspace(0, 10, 11)
    >>> print(a[1], a[5], a[9])
    1.0 5.0 9.0
    >>> a[1], a[5], a[9] = 100, 200, 300
    >>> print(a)
    [0. 100.   2.   3.   4. 200.   6.   7.   8. 300.  10.]
```

(2) 多维数组索引

NumPy 多维数组的索引方式与有序序列类似，但是值得注意的是，若要进行多维数组索引，要以逗号分隔不同元素对应下标形式进行元素访问。

```
>>> import numpy as np
>>> a1 = np.linspace(0, 9, 10).reshape(5, 2)
>>> print(a1[0][1], a1[0, 1])
1.0  1.0
>>> import numpy as np
>>> a2 = np.logspace(0, 10, 5)
>>> print(a2[0], a2[1], a2[2])
1.0  316.22776601683796  100000.0
```

(3) 花式索引

NumPy 的花式索引允许用户通过 NumPy 数组、列表、元组等多种方式来索引数组。

```
>>> import numpy as np
>>> a = np.random.randint(6, size = (4, 4))
>>> print(a)
[[4 3 2 3]
 [4 0 5 1]
 [2 1 5 5]
 [0 3 5 4]]
>>> print(a[[0, 1, 2]][:, [0, 1, 2]], end = '\n')
[[4 3 2]
 [4 0 5]
 [2 1 5]]
>>> print(np.ix_([0, 1, 2], [0, 1, 2]))
(array([[0],
        [1],
        [2]]), array([[0, 1, 2]]))
>>> print(a[np.ix_([0, 1, 2],[0, 1, 2])])
[[4 3 2]
 [4 0 5]
 [2 1 5]]
```

2. 切片

切片包括一维数组切片和多维数组切片，与第 4 章序列与计算的切片操作类似。

(1) 一维数组切片

一维数组切片操作以 [start:end:step] 的形式输入要访问元素对应的起始参数，完成切片操作。

```
>>> import numpy as np
>>> a5 = np.arange(10)
>>> print('a5[:5:2]', a5[:5:2])
a5[:5:2] [0 2 4]
>>> print(a5[::-1])
[9 8 7 6 5 4 3 2 1 0]
```

(2) 多维数组切片

多维数组切片操作可以在多个维度中“[ ]”的界定符内以 [start:end:step] 的形式，分别输入起始参数即可获取对应元素值，实现切片操作。

```
>>> import numpy as np
>>> a6 = np.arange(12).reshape(3, 4)
>>> print('a6[0:1][1:3] =', a6[0:2][1:3])
a6[0:1][1:3] = [[4 5 6 7]]
>>> print('a6[0:2] =', a6[0:2])
a6[0:2] = [[0 1 2 3]
           [4 5 6 7]]
```

3. 矩阵操作

矩阵操作包括矩阵相乘、矩阵转置、矩阵求逆、矩阵截取以及矩阵合并五种运算。

(1) 矩阵相乘

矩阵相乘一般采用NumPy模块中的dot()函数实现，例如：

```
>>> import numpy as np
>>> a1 = np.random.randint(9, size = (2, 2))
>>> print(a1)
[[3, 7],
 [6, 6]]
>>> a2 = np.random.randint(9, size = (2, 2))
>>> print(a2)
[[0, 0],
 [8, 7]]
>>> print(a1.dot(a2))
[[56 49]
 [48 42]]
```

(2) 矩阵转置

矩阵转置一般采用NumPy模块中的T函数实现，例如：

```
>>> import numpy as np
>>> a1 = np.random.randint(9, size = (2, 2))
>>> print(a1)
[[3, 7],
 [6, 6]]
>>> a2 = a1.T
>>> print(a2)
[[3, 6],
 [7, 6]]
```

(3) 矩阵求逆

矩阵求逆一般采用numpy.linalg模块中的inv()函数实现，例如：

```
>>> import numpy as np
>>> a1 = np.random.randint(9, size = (2, 2))
>>> print(a1)
[[3, 7],
 [6, 6]]
>>> a2 = np.linalg.inv(a1)   # 矩阵运算
>>> print(a2)
[[-0.25        0.29166667]
 [ 0.25       -0.125     ]]
```

（4）矩阵截取

矩阵截取包括按照行（列）截取和按照条件截取两种，前者操作类似于切片，后者操作根据给定条件实现截取。

① 按照行（列）截取。按照行（列）对矩阵截取有两个维度，两个维度之间用逗号进行分隔。例如：

```
>>> import numpy as np
>>> a1 = np.random.randint(9, size = (2, 2))
>>> print(a1)
[[3, 7],
 [6, 6]]
>>> print(a1[0:1])
[[3 7]]
>>> print(a1[1, 1:2])
[6]
```

② 按照条件截取。按照条件对矩阵截取需要在界定符内输入运算符表达式，用以表示截取矩阵的范围。例如：

```
>>> import numpy as np
>>> a1 = np.random.rand(2, 2)
>>> print(a1)
[[0.46489714 0.66066381]
 [0.18644401 0.39868943]]
>>> a1[a1 >= 0.5] = 0
>>> print(a1)
[[0.46489714 0.        ]
 [0.18644401 0.39868943]]
```

（5）矩阵合并

矩阵合并可以通过纵（横）函数和连接函数两种方法实现。

① 纵（横）函数。通过 np.vstack() 纵函数和 np.hstack() 横函数可分别实现矩阵合并。例如：

```
>>> import numpy as np
>>> a1 = np.random.randint(9, size = (2, 2))
>>> a2 = a1.T
>>> a_hstack = np.hstack([a1, a2])
>>> a_vstack = np.vstack([a1, a2])
>>> print(a_hstack)
[[3 7 3 6]
 [6 6 7 6]]
>>> print(a_vstack)
[[3 7]
 [6 6]
 [3 6]
 [7 6]]
```

② 连接函数。连接函数也可以实现矩阵合并，np.concatenate((a1, a2), axis=0) 等价于 np.vstack() 函数，np.concatenate ((a1, a2), axis=1) 等价于 np.hstack() 函数。例如：

```
>>> a1 = np.random.randint(9, size = (2, 2))
>>> print(a1)
[[3, 7],
 [6, 6]]
>>> a2 = np.random.randint(9, size = (2, 2))
>>> print(a2)
[[0, 0],
 [8, 7]]
>>> a_0 = np.concatenate((a1, a2), axis = 0)
>>> print(a_0)
[[3 7]
 [6 6]
 [3 6]
 [7 6]]
>>> a_1 = np.concatenate((a1, a2), axis = 1)
>>> print(a_1)
[[3 7 3 6]
 [6 6 7 6]]
```

4. 矩阵运算

矩阵运算包括求解矩阵中元素的最大值、最小值、平均值、方差、标准差及中位数等。

(1) 求解最大值、最小值、中值

NumPy矩阵中求解最大值、最小值、中值与Python中内置函数求解方式一致，例如：

```
>>> import numpy as np
>>> a1 = np.random.randint(9, size = (2, 2))
>>> print(a1)
[[3, 7],
 [6, 6]]
>>> Max = np.max(a1)           # 求最大值
>>> Min = np.min(a1)           # 求最小值
>>> Mean = np.mean(a1)         # 求平均值
>>> print(Max, Min, Mean, sep = '##')
7##3##5.5
```

(2) 求解方差、标准差和中位数

NumPy矩阵中求解方差、标准差和中位数与Python中内置函数求解方式一致，例如：

```
>>> import numpy as np
>>> a1 = np.random.randint(9, size = (2, 2))
>>> print(a1)
[[3, 7],
 [6, 6]]
>>> Var = np.var(a1)           # 求方差
>>> Std = np.std(a1)           # 求标准差
>>> Median = np.median(a1)     # 求中位数
>>> print(Var, Std, Median, sep = '##')
2.25##1.5##6.0
```

8.2　Matplotlib 绘图库

Matplotlib绘图库拥有丰富的图表资源，风格接近MATLAB矩阵计算软件，输出图像质量高，适用范围广。

8.2.1　Matplotlib 绘图库概述

Matplotlib是Python中比较底层的可视化库，同时又和科学计算库、数据分析库、机器学习库高度关联，例如NumPy、SciPy、Pandas、Scikit-learn、cv2等。Matplotlib可以非常方便地创建海量2D图表和3D图表，根据数据集（DataFrame或Series）自行定义x轴和y轴绘制图形。Matplotlib可以绘制的图像包括线形图、柱状图、直方图、密度图、散布图、饼图、曲线图等，可以解决大部分项目绘图需求。Matplotlib以各种硬拷贝格式和跨平台的交互式环境生成高质量的图形。

8.2.2　绘图风格与样式

Matplotlib提供了多种绘图风格与样式，以满足不同的应用需求。以下主要介绍通过插入子图方式和绘图自定义方式对绘图风格与样式进行设置，以创建具有个性的可视化效果。

1. 插入子图方式

插入子图有两种方式：基于subplot函数的矩阵插入方式和在画布中插入图像方式。

（1）基于 subplot 函数的矩阵插入方式

基于subplot函数的矩阵插入方式表示在生成的画布中插入矩阵式子图，这种方式可以按照矩阵的行和列自动生成若干幅图像，简洁且高效。表8-5展示了关于矩阵式子图绘制的相关函数，这些函数来源于matplotlib.pyplot模块。

表 8-5　矩阵式子图绘制相关函数

函　数	描　述	参数说明
matplotlib.pyplot.figure()	创建一个空的背景为灰色的画布	无
matplotlib.pyplot.plot(x, y, color, shape)	在空画布上画曲线	(x, y) 表示坐标点 color 表示曲线颜色 shape 表示绘制点形状
matplotlib.pyplot.show()	显示绘制的图像	无

【例 8.1】采用Matplotlib库绘制两个曲线图，要求第一个图为一元二次曲线图，$y=x^2, x\in\left[-\frac{\pi}{2},\frac{\pi}{2}\right]$，第二个图为一元三次曲线图，$y=x^3, x\in\left[-\frac{\pi}{2},\frac{\pi}{2}\right]$。

分析： 本例基于Python第三方库Matplotlib中的pyplot画图模块绘制曲线图。其中在生成多行多列矩阵的图示时，需要采用该模块中的成员函数add_subplot()设置画布。此函数可以事先生成若干矩阵图示，在生成的画布中把不同曲线图匹配到对应位置，从而得到对应的曲线图。

根据分析，参考程序代码如下：

```
from matplotlib import pyplot as plt
import numpy as np
import math
pic = plt.figure()
```

```
pic.set_size_inches(5, 5)
pic.set_facecolor('white')
ax = pic.add_subplot(211)              # 第一个曲线图公式
ax.set_facecolor('green')
x = np.linspace(-np.pi / 2, np.pi / 2, 200)
y = x ** 2
plt.plot(x, y, 'k')
ax = pic.add_subplot(212)              # 第二个曲线图公式
ax.set_facecolor('gray')
x = np.linspace(-np.pi / 2, np.pi / 2, 200)
y = x ** 3
plt.plot(x, y, 'k')
plt.show()
plt.grid()
```

运行程序，第一个曲线图结果如图8-1（a）所示，第二个曲线图结果如图8-1（b）所示。

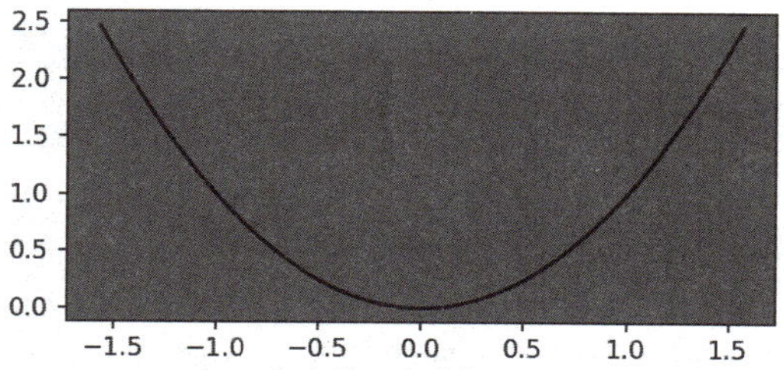

（a）第一个曲线图

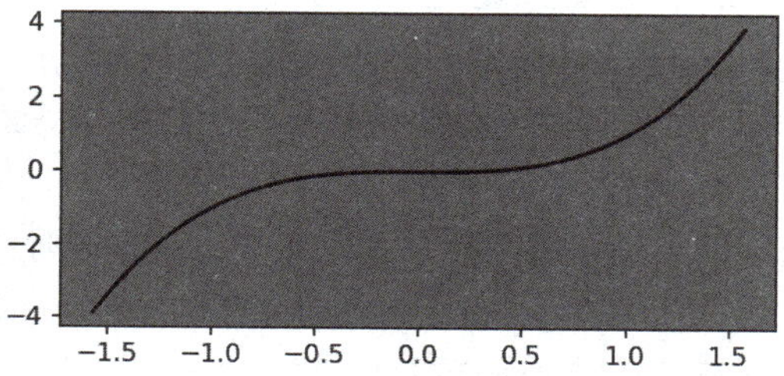

（b）第二个曲线图

图 8-1　例 8.1 程序运行结果

（2）在画布中插入图像方式

在画布中插入图像表示根据图像尺寸大小首先生成模板，然后把生成的图像贴到模板中，形成完整的曲线图。

【例8.2】采用Matplotlib库以在画布中插入子图的方式绘制一个白板图。

分析：本例基于Python第三方库Matplotlib中的pyplot画图模块绘制曲线图，采用Matplotlib模块中的函数figure()生成画图白板，这种方式较为简洁。

根据分析，参考程序代码如下：

```
from matplotlib import pyplot as plt
pic = plt.figure()
plt.show()
plt.grid()
```

运行程序，结果如图8-2所示。

图 8-2　例 8.2 程序运行结果

2. 绘图自定义方式

绘图自定义方式通过自定义参数设置函数实现。这些函数大多来源于matplotlib.pyplot模块。表8-6中展示了绘图自定义设置的相关函数。

表 8-6　绘图自定义设置的相关函数

函　　数	描　　述	参 数 说 明
set_size_inches(x, y)	设置画布长宽	x 表示长，y 表示宽
add_axes([x_axes, y_axes, h, w])	在原始画布上添加一个子画布	x_axes 表示子图左下角坐标数值与横坐标的比例； y_axes 表示子图左下角坐标数值与纵坐标的比例； h 表示子图宽度与横坐标比例； w 表示子图高度与纵坐标的比例
set_facecolor('color')	给画布添加颜色	color 表示颜色类型
set_title('M')	给图添加标题	M 表示图名称
axis([x_start, x_end, y_start, y_end])	给 x 轴和 y 轴添加起始值和终止值	x_start 表示 x 轴的起始值； x_end 表示 x 轴的终止值； y_start 表示 y 轴的起始值； y_end 表示 y 轴的终止值
twiny()	在坐标系的四边均标记上相应坐标数值	无

【例8.3】采用Matplotlib库以绘图自定义的方式绘制两个图，子图相对于原始图的位置区域与例8.2相同，要求所绘制的两个图上、下、左、右四个坐标轴都存在坐标值。

分析：本例基于Python第三方库Matplotlib中的pyplot模块绘制曲线图。本例主要考察坐标的对称变换，在pyplot模块生成的子图中添加上、下、左、右四个坐标数值，调用pyplot模块下面的成员函数twiny()可在四个坐标轴上标记数值，并写入对应坐标轴。

根据分析，参考程序代码如下：

```
from matplotlib import pyplot as plt
import numpy as np
import math
plt.rcParams['font.sans-serif'] = ['FangSong']
pic = plt.figure()
pic.set_size_inches(5, 5)
ax1 = pic.add_axes([0.2, 0.2, 0.75, 0.5])
ax1.set_facecolor('white')
ax1.set_title('图1')
ax1.twiny()                                # 在原始坐标的四边标记上坐标数值
ax1.axis([0, 1, 1, 10])
ax2 = pic.add_axes([0.5, 0.3, 0.4, 0.2])  # 第一次绘图
ax2.set_facecolor('gray')
ax2.set_title('图2')
ax2.twiny()                                # 在子图的四边标记上坐标数值
ax2.axis([0, 1, 1, 10])
plt.show()
plt.grid()
```

运行程序，第一个图的绘制结果如图8-3（a）所示，把上述程序代码中的ax2绘图对象替换为ax2=pic.add_axes([0.5, 0.3, 0.45, 0.2])语句，可以得到第二个图的绘制结果，如图8-3（b）所示。

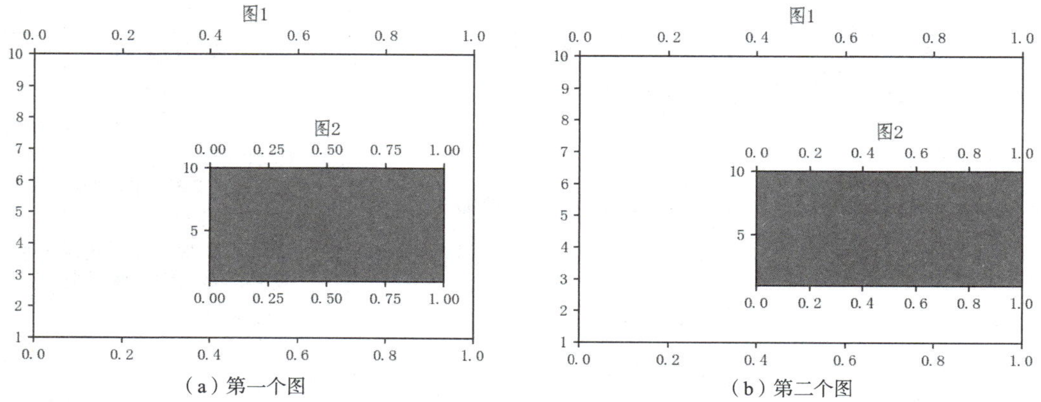

图 8-3　例 8.3 程序运行结果

8.2.3　绘图种类

Matplotlib 支持的绘图种类较多，包含曲线图、散点图、直方图、饼图、条形图、热力图、面积图等。下面分别介绍曲线图、散点图、直方图和饼图的绘制方法。

1. 曲线图

曲线图是指数据点在笛卡尔坐标系平面上的分布图，因变量随自变量变化而变化的曲线趋势。曲线图的绘制目的是把数值数据可视化，方便科研工作者或者其他学习者对数据进行后续处理和操作。

曲线图的绘制函数来源于Matplotlib.pyplot模块的plot()函数，其语法格式如下：

```
    matplotlib.pyplot.plot(x, y, color, linestyle, maker, makersize,
makerfacecolor)
```

其中的参数说明见表8-7。

表 8-7　曲线图生成函数 plot() 的参数说明

matplotlib.pyplot.plot()参数	含　义	matplotlib.pyplot.plot()参数	含　义
(x, y)	自变量和因变量	maker	线型上坐标点常用形态，{'o', 'v', '^'}对应圆圈、倒三角、正三角
color	常用线型颜色，{'r', 'g', 'b'} 对应红色、绿色和蓝色	makersize	常用线型上坐标点大小，{'heavy', 'medium'} 对应加粗、中等
linestyle	常用线型风格，{'-', '--', '-.', '…'} 对应实线、虚线、点划线、点虚线	makerfacecolor	线型上坐标点常用颜色，{'r', 'g', 'b'}对应红色、绿色和蓝色

【例8.4】根据国家统计局发布的国民经济的标志性数据——国内生产总值（GDP），绘制近11年（2012—2022年）来的曲线走势图。

分析：本例根据国家统计局发布的2012—2022年的国民经济的标志性数据绘制对应的曲线走势图，其中考察pyplot模块中的plot()函数用法及参数使用规则。（本例数据均来源于国家统计局网站。）

根据分析，参考程序代码如下：

```
    from matplotlib import pyplot as plt
    import numpy as np
    import math
    data_x = np.arange(2012, 2023)
    data_y = np.array([53.86, 59.3, 64.36, 68.89, 74.64, 83.2, 91.93, 98.65,
101.36, 114.92, 121.02])
    pic = plt.figure()
    pic.set_size_inches(5, 5)
    pic.set_facecolor('white')
    plt.plot(data_x, data_y, color = 'k', linewidth = 3)
    plt.show()
```

> **注意：** 代码中的 color = 'k'，表示设置黑色。linewidth 表示线条宽度，默认是 1。

运行程序，结果如图 8-4 所示。

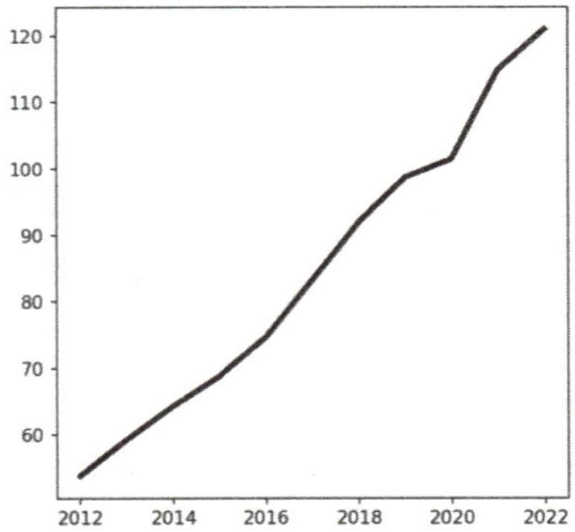

图 8-4　例 8.4 程序运行结果（单位：万亿元）

2. 散点图

散点图是指数据点在笛卡尔坐标系平面上的分布图，表示因变量随自变量变化而变化的趋势。散点图的绘制目的除了能够把数据直观地显示以外，还方便研究者们查看和研究这些数据的分布规律。

散点图的绘制函数来源于Matplotlib.pyplot模块的scatter()函数，其语法格式如下：

```
    matplotlib.pyplot.scatter(x, y, s = None, c = None, marker = None, cmap =
None, vmin = None, vmax = None, alpha = None, linewidths = None, edgecolors = None)
```

其中的参数说明见表 8-8。

表 8-8　散点图生成函数 scatter() 的参数说明

matplotlib.pyplot.scatter() 参数	含　义	matplotlib.pyplot.scatter() 参数	含　义
(x,y)	数据自变量和因变量数值	vmin	散点尺寸最小值显示
s	输入散点尺寸，用一维向量表示	vmax	散点尺寸最大值显示
c	输入散点颜色，用一维向量表示	alpha	常用散点透明度，{'0', '1'} 对应散点透明和散点不透明
marker	常用散点形态，{'o', 'v', '^'} 对应圆圈、倒三角、正三角	linewidths	常用散点粗细，{'heavy', 'medium'} 对应加粗、中等
cmap	常用散点颜色，{'r', 'g', 'b'} 对应红色、绿色和蓝色	edgecolor	常用散点边缘线颜色，{'r', 'g', 'b'} 对应红色、绿色和蓝色

【例8.5】绘制两个散点图，要求两个图中的数据采用Python第三方库random库随机生成。第一个图中的散点平均半径要求为30 pixel；第二个图中的散点平均半径要求为20 pixel。两个图中每个散点的颜色要求随机生成。

分析：本例主要考察pyplot模块中的scatter()函数的用法及参数使用规则。在导入数据时，需注意数据自变量和因变量数值的一致性，否则会造成数据因类型不统一而报错。

根据分析，参考程序代码如下：

```
from matplotlib import pyplot as plt
import numpy as np
import math
pic = plt.figure()
pic.set_size_inches(5, 5)
pic.set_facecolor('white')
x = np.random.randn(50)
y = np.random.randn(50)
color = 10 * np.random.rand(50)
area = np.square(30 * np.random.rand(50))    # 生成随机圆圈平均半径为30
plt.scatter(x, y, s = area, c = color, marker = 'o', cmap = 'hsv', alpha = 0.5, 
edgecolor = 'r')
plt.show()
```

运行程序，第一个图的运行结果如图8-5（a）所示，把上述程序代码中的area对象替换为 area= np.square(20*np.random.rand(50))语句，可以得到第二个图的绘制结果，如图8-5（b）所示。

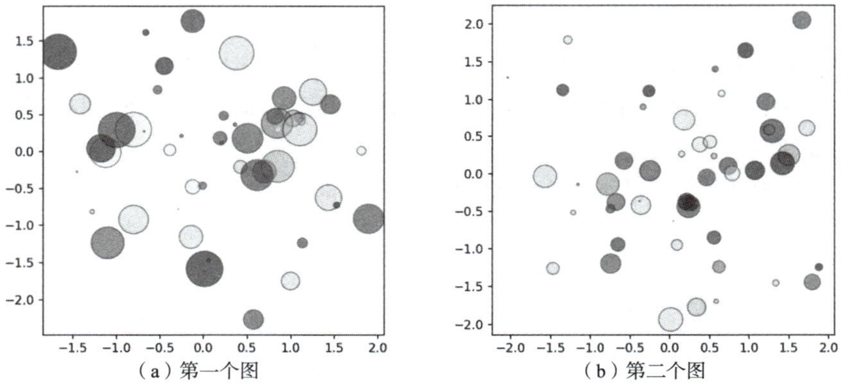

（a）第一个图　　（b）第二个图

图 8-5　例 8.5 程序运行结果

3. 直方图

直方图是指数据点在笛卡尔坐标系平面上的分布图，表示因变量随自变量变化而变化的条形状态变化趋势。直方图绘制的目的能够把不同类型数据显示在不同方格中，比较直观、形象。

直方图的绘制函数来源于Matplotlib.pyplot模块的hist()函数，其语法格式如下：

```
matplotlib.pyplot.hist(data, bins = None, normed = None, color = 
None, edgecolor = None, alpha = Nonee)
```

其中的参数说明见表8-9。

表 8-9　直方图生成函数 hist() 的参数说明

matplotlib.pyplot.hist 参数	含　义
data	直方图绘制原始数据
bins	直方图长条形数量，默认为 10
histtype	表示生成直方图的类型，bar 表示生成条形状直方图，step 表示生产阶梯图，stepfiled 表示生成阶梯填充图
normed	直方图向量归一化参数，默认为 0，表示不进行归一化处理，1 表示归一化
color	常用长条形的颜色，{'r', 'g', 'b'} 对应红色、绿色和蓝色
stacked	参数 stacked 有两个取值，一个是 True，表示堆叠显示，一个表示 False 表示非堆叠显示

【例 8.6】绘制两个叠加直方图，要求两个图中的数据采用 Python 第三方库 random 库随机生成，第一个图要求绿色与粉色直方图叠加，第二个图要求蓝色与红色直方图叠加，并且两个图中的直方图长条形数量都要求设置为 8，即为 bins 的数量。

分析：本例主要考察 pyplot 模块中的 hist() 函数的用法及参数使用规则。

根据分析，参考程序代码如下：

```
from matplotlib import pyplot as plt
import numpy as np
import math
plt.rcParams['font.sans-serif'] = ['FangSong']
plt.rcParams['axes.unicode_minus'] = False
pic = plt.figure()
pic.set_size_inches(5, 5)
pic.set_facecolor('white')
ax = pic.add_axes([0.1, 0.1, 0.8, 0.8])
ax.set_title('叠加直方图')
x1 = np.random.randn(500)
x2 = np.random.randn(400)
c = ['m', 'g']
ax.hist([x1, x2], bins = 8, histtype = 'bar', color = c, stacked = True)
plt.show()
```

运行程序，洋红色（m）与绿色（g）叠加的直方图如图 8-6（a）所示，把上述程序代码中的 c 列表替换为 c=['r','b'] 语句，可以得到第二个图的绘制结果，如图 8-6（b）所示。

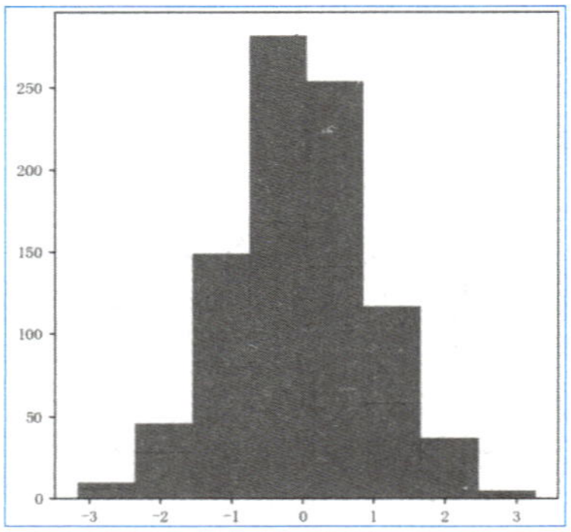

（a）第一个图

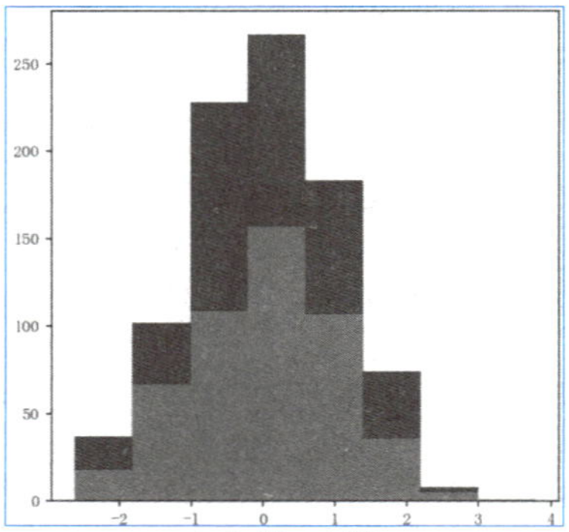

（b）第二个图

图 8-6　例 8.6 程序运行结果

PDF

图8-6彩色版

4. 饼图

饼图是指数据点在笛卡尔坐标系平面上的分布图，表示因变量随自变量变化而变化的饼状图形。绘制饼图能够把不同类型数据显示在扇形区域中，可以让不同类型数据以分隔方式显示，数据对比较为直观。

直方图的绘制函数来源于Matplotlib.pyplot模块的pie()函数，其语法格式如下：

```
matplotlib.pyplot.pie(x, explode = None, labels = None, colors = None,
autopct = None, shadow = None, radius = None)
```

其中，参数的解释说明见表8-10。

表 8-10　饼图生成函数 pie() 的参数说明

matplotlib.pyplot.pie() 参数	含　义
x	原始数据
explode	饼面每部分偏离正常值幅度，{(0, 0.1, 0.1)} 对应第一饼面不偏离，第二饼面偏离中心点 10% 角度，第三饼面偏离中心点 10% 角度
labels	为每个饼面标记文字说明
colors	常用饼面颜色，{'r', 'g', 'b'} 对应红色、绿色和蓝色
autopct	显示每个饼面部分的占比比例，{50%, 60%} 对应第一饼面显示 50%，第二饼面显示 60%
shadow	判断大饼面是否有阴影，{True, False} 对应有阴影、无阴影
radius	饼面的半径大小

【例8.7】根据国家统计局网站发布的国民人均可支配收入的数值绘制2014—2023年的数据饼图。（本例数据来源于国家统计局网站。）

分析：本例根据国家统计局发布的2014—2023年的国民人均可支配收入的数值绘制对应的饼图，其中考察pyplot模块中的pie()函数用法及参数使用规则。

根据分析，参考程序代码如下：

```
from matplotlib import pyplot as plt
import numpy as np
import math
plt.rcParams['font.sans-serif'] = ['FangSong']
plt.rcParams['axes.unicode_minus'] = False
pic = plt.figure()
pic.set_size_inches(5, 5)
pic.set_facecolor('white')
ax = pic.add_axes([0.1, 0.1, 0.8, 0.8])
ax.set_title('饼图')
x = [20167, 21966, 23821, 25974, 28228, 30733, 32189, 35128, 36883, 39218]
label = ['2014', '2015', '2016', '2017', '2018', '2019', '2020', '2021',
'2022', '2023']
colors = ['red', 'blue', 'pink']
ax.pie(x, labels = label, colors = colors, autopct = '%1.2f%%')
plt.show()
```

运行程序，结果如图8-7所示。

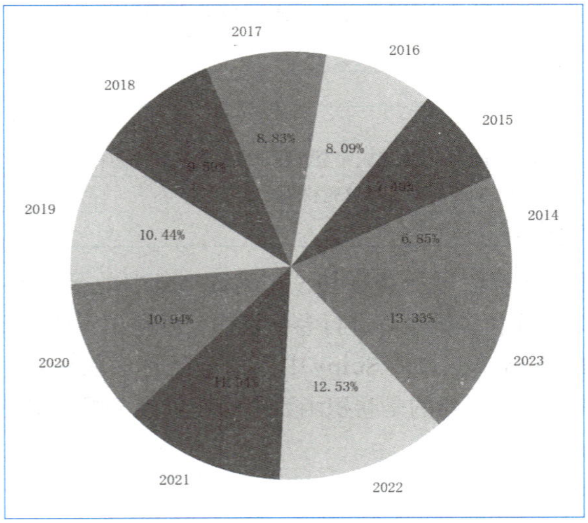

PDF
图8-7彩色版

图 8-7　例 8.7 程序运行结果

8.3　SciPy 科学计算库

Scipy 是基于 NumPy 开发的一种科学计算库，包括统计、信号处理、线性代数等科学计算领域中的众多模块。其中，使用频次最高的是 NumPy 矩阵模块和 Matplotlib 绘图模块。

8.3.1　SciPy 科学计算库概述

在 Python 生态系统中，Scipy 库是一个重要工具，提供了许多用于科学计算的功能。Scipy 库建立在 NumPy 库之上，利用 NumPy 矩阵作为基本的数据计算单元。NumPy 提供了高效的多维矩阵操作功能，而 Scipy 在此基础上提供了更高级的数学和科学计算工具。因此，熟悉 NumPy 的基本用法对于理解和使用 Scipy 非常重要。Scipy 库扩展了 NumPy 库的功能，提供了许多高级的数值算法和工具，例如优化、插值、统计、降维、图像处理等。

8.3.2　矩阵卷积运算

在 Scipy 库中，用于参与矩阵卷积运算的模块为 scipy.signal。该模块中的 convolve() 和 convolve2d() 函数分别表示对两个多维矩阵和对两个二维矩阵进行卷积运算。这些卷积运算在深度学习算法中已经广泛应用，例如深度卷积神经网络、多元感知器网络等。

convolve() 和 convolve2d() 函数的语法格式如下：

```
convolve(in1, in2, mode = 'full', method = 'auto')
convolve2d(in1, in2, mode = 'full', boundary = 'fill', fillvalue = 0)
```

其中，convolve() 和 convolve2d() 函数的参数含义分别见表 8-11 和表 8-12。

表 8-11　convolve() 函数的参数含义

参　数	含　义
in1	数据 1
in2	数据 2
mode	卷积模式，{'full', 'valid', 'same'} 对应完全卷积、有效卷积和边界卷积
method	卷积算法，{'auto', 'direct', 'fft'} 对应自动卷积、狄利克雷卷积和傅里叶卷积

表 8-12　convolve2d() 函数的参数含义

参　数	含　义
in1	数据 1
in2	数据 2
mode	卷积模式，{'full', 'valid', 'same'} 对应完全卷积、有效卷积和边界卷积
boundary	边界填充方式，{'fft', 'wrap'} 对应零填充和循环填充
fillvalue	边界填充时的填充值，默认为 0

【例 8.8】基于第三方库信号处理模块 Scipy.signal 中的函数 convolve2d() 和 signal.convolve()，分别对二维矩阵和多维矩阵进行卷积操作，并输出对应的卷积结果。

分析：本例考察 Python 第三方库 Scipy 中的信号处理模块函数 signal.convolve2d() 和 signal.convolve() 的用法。需要注意的是卷积函数中的变量维度要保持一致，否则会报错。

根据分析，参考程序代码如下：

```
import numpy as np
import scipy as sp
x1 = np.random.randn(2, 4)            # 二维矩阵
x2 = np.random.randn(4, 2)
result1 = sp.signal.convolve2d(x1, x2)
print(result1)
x3 = np.random.randn(2, 2, 2)         # 三维矩阵
x4 = np.random.randn(2, 2, 2)
result2 = sp.signal.convolve(x3, x4)
print(result2)
```

运行程序，结果如图 8-8 所示。

```
=========================== RESTART: D:\第8章\例8.8.py ========
[[-0.47983541 -0.94973941  1.10939031 -0.99961977 -1.98871837]
 [ 1.44070056  0.79833826 -2.71829334 -0.58194247 -0.90696033]
 [-0.8229957   0.48072636  1.57550807  2.03871077  0.99956133]
 [ 0.56087666 -0.71586893  0.70586443  1.60029839  0.08333304]
 [-0.9765891   1.24715305  0.67675084  0.95712962 -0.11652392]]
[[[ 0.17093693  1.58783397 -0.54186407]
  [ 0.57622182 -0.77505558  0.26553806]
  [-1.06342667 -1.71613789  0.76018218]]

 [[-0.91252976  1.4577445  -0.83461995]
  [ 1.52355569 -2.25740833  1.16895241]
  [-0.21578643  1.33043332  0.71185294]]

 [[-0.24878814  0.53860913 -0.27304122]
  [ 0.16154843 -0.98131064  0.78644644]
  [-0.01081587  0.16042086 -0.50451267]]]
```

图 8-8　例 8.8 程序运行结果

8.3.3　图像处理

在 Scipy 库中，图像处理函数主要存在于 scipy.ndimage 模块中。图像处理是指对图像某些像素点位置做变换、更新、运算等，具体操作包括图像滤波、图像锐化、图像统计、图像仿射变换、空洞填充、图像二值化等。本节主要对图像仿射变换中的图像旋转和图像锐化进行介绍。

图像旋转函数来源于 scipy.ndimage.rotate()，其语法格式如下：

```
    rotate(input, angle, axes=(1, 0), reshape = True, output = None, order
= 3, mode = 'constant', cval = 0.0, prefilter = True)
```

其中，参数说明参见表 8-13。

表 8-13　scipy.ndimage.rotate() 旋转函数参数说明

参　数	含　义
input	图像输入
angle	常用的旋转角度，{"30", "90"} 对应输出图像逆时针旋转 30°、逆时针旋转 90°
axes	调整矩阵维度，{(0,0), (0,1), (1,0), (1,1)} 对应原始轴为主轴、以纵轴为主轴、以横轴为主轴、横纵轴对换
reshape	调整图像尺寸，{True, False} 对应调整输出图像尺寸、不做调整
output	图像输出
order	常用样条插值顺序，{"0", "1", "2", "3", "4"} 分别按照 0 ～ 4 规则进行样条插值
mode	常用边界填充，{'reflect', 'grid-mirror', 'constant', 'grid-constant', 'nearest', 'mirror', 'grid-wrap', 'wrap'} 表示不同填充规则
cval	常用背景填充，取标量 {0, 1, 2} 表示按照对应填充规则进行背景填充
prefilter	是否滤波处理，{True, False} 对应输出图像进行滤波处理、不进行滤波处理

图像锐化函数来源于scipy.ndimage.prewitt()，其语法格式分别为：

```
prewitt(input, axis = -1, output = None, mode = 'reflect', cval = 0.0)
```

其中，参数说明参见表8-14。

表 8-14　scipy.ndimage.prewitt() 锐化函数参数说明

参　数	含　义
input	图像输入
axes	调整矩阵维度，{(0,0), (0,1), (1,0), (1,1)} 对应原始轴为主轴、以纵轴为主轴、以横轴为主轴、横纵轴对换
output	图像输出
mode	常用边界填充，{'reflect', 'constant', 'nearest', 'mirror', 'wrap'} 表示不 同填充规则
cval	常用背景填充，取标量 {0, 1, 2} 表示按照填充规则进行背景填充

【例8.9】基于第三方库图像处理模块scipy.ndimage中的函数rotate()和prewitt()分别对输入的图像进行图像旋转和图像锐化，并输出显示图像在处理前后的结果。

分析：本例考察Python第三方库Scipy中的图像处理模块函数rotate()和prewitt()的用法。需要注意的是图像在进行旋转和锐化之前需要插入画布，在不同的画布上生成不同的图像处理结果，否则程序会把处理后的图像以命令框的形式显示。

根据分析，参考程序代码如下：

```
import numpy as np
from scipy import ndimage
from scipy import misc
import matplotlib.pyplot as plt
image = misc.ascent()                    # 显示全部图片，在SciPy v1.10.0版本可执行
plt.subplot(131)
plt.title("title")
plt.imshow(image)
plt.axis('off')
plt.subplot(132)
rotate = ndimage.rotate(image, 60)       # 图像逆时针旋转60°
plt.title("rotate")
plt.imshow(rotate)
plt.axis('off')                          # 边缘检测
plt.subplot(133)
```

```
prewitt = ndimage.prewitt(image)     # 图像锐化
plt.title("prewitt")
plt.imshow(prewitt)
plt.axis('off')
```

运行程序，原始图像如图8-9（a）所示，图像逆时针旋转60° 结果如图8-9（b）所示，图像锐化后结果如图8-9（c）所示。

PDF

图8-9彩色版

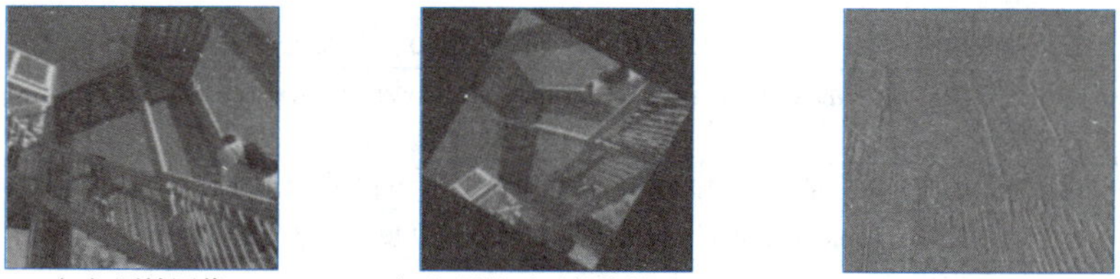

（a）原始图像　　（b）图像逆时针旋转60°　　（c）图像锐化后

图 8-9　例 8.9 程序运行结果

8.3.4　聚类分析

聚类分析是模式识别领域中的经典模型，属于非监督学习的一种。其基本思想为：在获取的输入数据中自动根据每种数据源表达出来的特征，按照某种计算方式缩小同类样本间距离，扩大异类样本间距离，从而在不同类别的样本数据间根据特征差异产生数据点聚集的方法。在Scipy库中，聚类分析的函数主要存在于scipy.spatial.distance 模块中。该模块下的pdist()函数表示计算不同特征点之间的距离，此函数的语法格式如下：

```
pdist(data, metric = 'euclidean', *, out = None)
```

该函数的参数说明参见表8-15。

表 8-15　scipy.spatial.distance.pdist() 旋转函数参数说明

参　数	含　义
data	数据输入
metric	常用距离度量，{'correlation', 'cosine', 'euclidean', 'hamming', 'minkowski'} 对应相关度距离、余弦夹角距离、欧氏距离、汉明距离、明可夫斯基距离
out	图像输出

【例8.10】基于Python第三方库scipy中的聚类分析模块函数scipy.spatial()和scipy.cluster.hierarchy()，分别根据五个类别“0”“1”“2”“3”“4”之间的邻近距离进行分类，给出聚类结果，并调用Matplotlib库中的pyplot模块绘制对应图示。

分析： 本例考察Python第三方库Scipy中的聚类分析模块函数scipy.spatial()和scipy.cluster.hierarchy()的用法。各个类别在调用函数pdist()进行各自特征点之间的距离计算时，需要先计算各自类别所在的圆心坐标，然后根据结果在画布上调用Matplotlib库中的pyplot模块绘制聚类分析的结果。

根据分析，参考程序代码如下：

```
import scipy.cluster.hierarchy as sch
import matplotlib.pylab as plt
import numpy as np
from scipy import spatial
```

```
plt.rcParams['font.sans-serif'] = ['SimHei']      # 用来正常显示中文标签
plt.rcParams['axes.unicode_minus'] = False         # 用来正常显示负号
data = np.array([[1, 2, 5, 9, 13]])
dist1 = spatial.distance.pdist(data.T, 'minkowski')
Min = sch.linkage(dist1, method = 'single')
P = sch.dendrogram(Min)
plt.xlabel('类别标签')
plt.ylabel('距离')
plt.show()
```

运行程序，结果如图 8-10 所示。

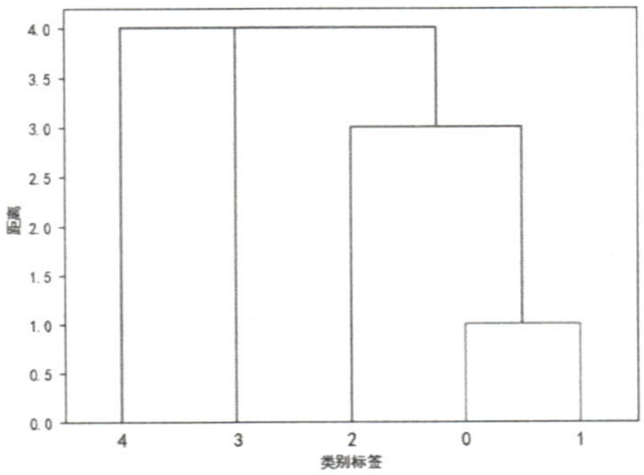

图 8-10　例 8.10 程序运行结果

8.4　Pandas 数据统计与分析库

尽管 NumPy 和 SciPy 库已经足够强大，然而在某些方面还有待完善。例如，NumPy 矩阵结构不支持异构行列表格数据。异构行列表格数据是指在一个二维数据结构中允许不同的行或列拥有不同的数据类型。在实际工作中，遇到的大多数数据都是非线性的而且也是异构行列表格数据。针对此问题，Pandas 应运而生，它为处理类似 SQL 和 Excel 表的异构数据提供了灵活的数据存储结构，从而成为 Python 数据统计与分析的核心分析支持库。

8.4.1　Pandas 数据统计与分析库概述

Pandas 是 Python 的核心数据统计与分析的支持库，提供了快速、灵活、明确的数据结构，旨在简单、直观地处理关系型和标记型数据。Pandas 提供了两种数据结构：Series 时间序列和 DataFrame 矩阵序列的数据结构模式。这两种数据结构极大地增强了 Pandas 的数据计算能力。基于这两种数据结构可实现数据挖掘与分析、数据清洗、数据输入输出、数据可视化等工程应用，具有较好的实用性。

8.4.2　Pandas 数据创建与索引

Pandas 库存在两种数据类型：数据系列（Series）和数据表（DataFrame）。数据创建是针对这两种数据而言。

1. 数据系列

数据系列（Series）是一种一维数据的对象。相比于 8.1 节介绍的 NumPy 数据，数据系列是一维数组的强化版本，其增加了类似字典一样的“键-值”对的访问机制，也保留了矩阵的索引访问机制。相比于一维数组，它有更强的可读性。数据系列主要包含两部分：数据索引标签（index）和对应存储数据（values）。Series的语法格式如下：

```
pandas.Series(data = None, index = None, dtype = None, name = None, copy = None)
```

关于数据系列Series()创建数据的参数说明见表8-16。

表 8-16　数据系列 Series() 创建数据的参数说明

pandas.Series() 参数	含　义	pandas.Series() 参数	含　义
data	输入数据数值	name	系列名称
index	标签	copy	浅复制
dtype	数据类型		

（1）数据系列创建

数据系列创建方式有两种：通过NumPy矩阵创建，例如通过array()函数创建；通过高级数据类型创建，例如通过列表或字典创建。

下面举例说明这两种创建方式。

【例8.11】分别通过NumPy库中的array()函数、列表和字典这三种方式创建Pandas库中Series一维数组并输出。

分析：本例考察如何把NumPy库中的array()函数创建的矩阵转换为Pandas库中的Series数据类型，可以先通过调用numpy.np.array()函数创建数据，再通过pd.Series()函数转换数据，实现数据类型的转化，也可以使用pd.Series()函数对列表和字典进行数据转换。

根据分析，参考程序代码如下：

```
import numpy as np
import pandas as pd
num1 = np.array(['a', 'b', 'c', 1, 2, 3])  # 通过NumPy创建series一维数组
pd1 = pd.Series(num1)
print(pd1)
num2 = ['a', 'b', 'c', 1, 2, 3]             # 通过列表创建series一维数组
pd2 = pd.Series(num2)
print(pd2)
num3 = {'NBA球队':30, 'CBA球队':20}           # 通过字典创建series一维数组
pd3 = pd.Series(num3)
print(pd3)
```

运行程序，结果如图8-11所示。

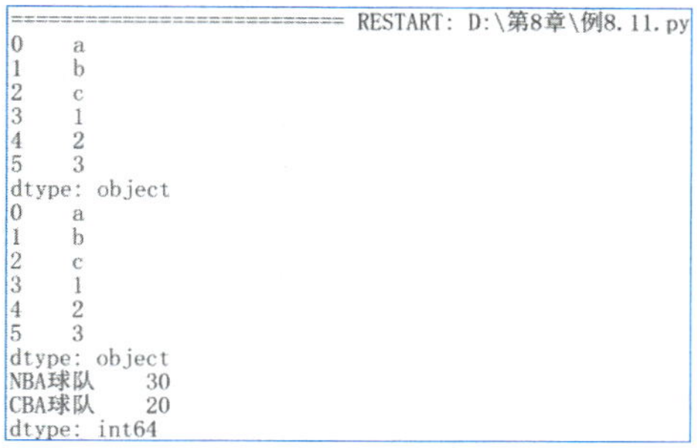

图 8-11　例 8.11 程序运行结果

【例8.12】现有一字典data={'1班':['张三','李四','王五','赵六','刘七'],'score':[63,73,80,74,95,67,88]}，要求把data转换为pandas库的Series数据类型，并输出结果。

分析：本例考察Python第三方库pandas中数据类型Series的用法，其可以实现把不同的高级数据类型转换为Series数据类型。

根据分析，参考程序代码如下：

```
import numpy as np
import pandas as pd
data = {'1班':['张三', '李四', '王五', '赵六', '刘七'],
        'score':[63, 73, 80, 74, 95, 67, 88]}
df1 = pd.Series(data)
df1.describe()
print(df1)
```

运行程序，结果如图8-12所示。

```
=========================== RESTART: D:\第8章\例8.12.py
===========================
1班          [张三, 李四, 王五, 赵六, 刘七]
score     [63, 73, 80, 74, 95, 67, 88]
dtype: object
```

图 8-12　例 8.12 程序运行结果

（2）数据系列索引

数据系列Series的数据索引可以通过成员方法head()进行索引。其中索引元素需要与原始数据data对应起来，否则会报错。

【例8.13】输入一个字典，将其转换为Pandas库中的Series数据类型，输出转换后的数据，并判断原始字典中第一个“键-值”对中值为“python”的位置，如果是，输出True，否则，输出False。

根据分析，参考程序代码如下：

```
import numpy as np
import pandas as pd
data = {'grammer':['python', 'java', 'go', np.nan, 'python', 'C', 'C++'],
     'score':[1, np.nan, np.nan, 4, 5, 7, 8]}
df1 = pd.Series(data)
print(df1.head(2))
for i in range(len(df1['grammer']) - 1):
   print(df1['grammer'][i] == 'python')
```

运行程序，结果如图8-13所示。

```
=========================== RESTART: D:\第8章\例8.13.py
===========================
grammer     [python, java, go, nan, python, C, C++]
score                      [1, nan, nan, 4, 5, 7, 8]
dtype: object
True
False
False
False
True
False
```

图 8-13　例 8.13 程序运行结果

2. 数据表

相比于数据系列，数据表（DataFrame）可以存储二维数据，允许数据异构，而且支持对数据进行增加、修改等操作，数据表是以行和列表示的。其行列排列规则类似Excel表格，每行一条记录，每列表示一个属性，每列的属性数据具有相同的数据类型。

DataFrame语法格式如下：

```
pandas.DataFrame(data = None, index = None, columns = None, dtype = None,
copy = None)
```

其中，参数含义见表8-17。

表 8-17　数据系列 DataFrame() 创建数据的参数

pandas.DataFrame() 参数	含　义	pandas.DataFrame() 参数	含　义
data	输入数据	dtype	数据类型
index	标签	copy	浅复制
columns	列标签		

【例8.14】现有一个包含三个子列表的列表，要求将其转化为Pandas库中DataFrame数据类型并输出。

分析： 本例考察如何把列表转换为Python第三方库Pandas中DataFrame数据类型。可以通过调用pd.DataFrame()函数转换数据，即可实现数据类型的转化，并输出结果。

根据分析，参考程序代码如下：

```
import pandas as pd
data = [['a', 1],['b', 2], ['c', 3]]
mydata = pd.DataFrame(data, dtype = str)
print(mydata)
```

运行程序，结果如图8-14所示。

```
RESTART: D:\第8章\例8.14.py
============================
   0  1
0  a  1
1  b  2
2  c  3
```

图 8-14　例 8.14 程序运行结果

【例8.15】 现有一字典data ={'grammer':['python','java','go', np.nan,'python','C','C++'],'score':[1, np.nan, np.nan,4,5,7,8]}，要求把data转换为pandas库的DataFrame数据类型，并输出结果。

分析： 本例考察Python第三方库pandas中数据类型DataFrame的用法，可以实现把不同的高级数据类型转换为DataFrame数据类型，并输出结果。

根据分析，参考程序代码如下：

```
import numpy as np
import pandas as pd
data = {'grammer':['python', 'java', 'go', np.nan, 'python', 'C', 'C++'],
        'score':[1, np.nan, np.nan, 4, 5, 7, 8]}
df2 = pd.DataFrame(data)
df2.describe()
print(df2)
```

运行程序，结果如图8-15所示。

```
========================== RESTART: D:\第8章\例8.15.py
==========================
  grammer  score
0  python    1.0
1    java    NaN
2      go    NaN
3     NaN    4.0
4  python    5.0
5       C    7.0
6     C++    8.0
```

图 8-15　例 8.15 程序运行结果

数据表的数据索引可以通过赋值法index参数进行索引，其中索引元素需要与原始数据data对应起来，否则程序会报错。

【例8.16】 把数据表DataFrame的数据通过调用函数pd.DataFrame中的参数index()进行索引，并输出结果。

分析： 本例考察Pandas数据表中如何对pd.DataFrame()中的参数index()进行赋值，要求输入的index()以列表形式表示。

根据分析，参考程序代码如下：

```
import pandas as pd
data = {'first':['a', 1, [1]], 'second':['b', 2, [2]], 'third':['c', 3, [3]]}
pd1 = pd.DataFrame(data, index = ['first row', 'second row', 'third row'])
print(pd1.loc['third row'])
```

运行程序，结果如图8-16所示。

```
========================== RESTART: D:\第8章\例8.16.py
==========================
first     [1]
second    [2]
third     [3]
Name: third row, dtype: object
```

图 8-16　例 8.16 程序运行结果

8.4.3　Pandas 数据操作与运算

在Pandas库的数据操作和运算中使用频次最高的是数据表DataFrame数据类型，其存储形式简洁、结构明晰，方便运算。本节以一个综合案例总结用于数据操作与运算的数据表DataFrame数据类型。

【例 8.17】根据在Pandas库输入的DataFrame数据类型中的数值数据标签“visits”，筛选其中大于等于3的所有数据条目，统计在标签为“animal”中每一类宠物的数量，而且求解每一类宠物数量平均值。题目给定初始数据以一个字典形式存在，其中有四个“键”，在每个“键”下面存在若干“值”。

分析：本例考察如何使用Pandas库中的DataFrame数据类型进行给定数据条目的筛选数据、统计和求平均。基于数据类型DataFrame中的成员函数value_counts()实现统计宠物数量。基于数据类型DataFrame中的mean()函数求解每一类宠物数量的平均值，并输出结果。

根据分析，参考程序代码如下：

```
import numpy as np
import pandas as pd
data = {'animal': ['cat', 'cat', 'snake', 'dog', 'dog', 'cat', 'snake', 'cat', 'dog', 'dog'],
        'age': [2.5, 3, 0.5, np.nan, 5, 2, 4.5, np.nan, 7, 3],
        'visits': [1, 3, 2, 3, 2, 3, 1, 1, 2, 1],
        'priority': ['yes', 'yes', 'no', 'yes', 'no', 'no', 'no', 'yes', 'no', 'no']}
labels = ['a', 'b', 'c', 'd', 'e', 'f', 'g', 'h', 'i', 'j']
df = pd.DataFrame(data = data, index = labels)
df[df['visits'] >= 3]                    # 筛选满足条件数据
df['animal'].value_counts()              # “animal”列统计每一类宠物数量
df.groupby('animal')['age'].mean()       # “animal”列求解每一类宠物数量平均值
```

运行程序，结果如图8-17所示。

```
============================ RESTART: D:\第8章\例8.17.py
============================
  animal  age  visits priority
a    cat  2.5       1      yes
b    cat  3.0       3      yes
c  snake  0.5       2       no
d    dog  NaN       3      yes
e    dog  5.0       2       no
f    cat  2.0       3       no
g  snake  4.5       1       no
h    cat  NaN       1      yes
i    dog  7.0       2       no
j    dog  3.0       1       no
```

图 8-17　例 8.17 程序运行结果

拓展知识——Python 第三方库的发展历程

Python第三方库在过去二十几年里经历了快速发展，涌现出许多优秀的库，为Python开发者们提供了丰富的工具和功能。在本章学习的Python应用中，每种库都历经了一定的发展阶段，而且在这些众多的第三方库中，按照不同的逻辑分类标准可以对其分级归类。

让我们扫描侧边栏中的二维码，一起来了解有关Python第三方库发展过程、归类标准、流行程度、研发项目使用频次等，以体现学习Python第三方库的重要性。

PDF

Python第三方库的发展历程

习　　题

选择题

1. NumPy中可以获得矩阵长度的属性是（　　）。
   A. dtype　　B. shape　　C. ndim　　D. size
2. 在NumPy中创建一个元素均为0的矩阵可以使用（　　）函数。
   A. zeros()　　B. arange()　　C. linspace()　　D. logspace()
3. 在NumPy中，创建一个全是1的矩阵可以使用（　　）函数。
   A. empty()　　B. arange()　　C. ones()　　D. zeros()
4. 正确导入pandas模块的方式是（　　）。
   A. import sys　　B. import pandas as np
   C. import matplotlib　　D. import pandas
5. 在pandas中，以下选项中，最适合读取CSV文件的函数是（　　）。
   A. read_excel()　　B. read_CSV()
   C. real_sql_query()　　D. to_excel()
6. 以下选项中，可以实现画布的创建的函数是（　　）。
   A. subplots()　　B. add_subplot()　　C. figure()　　D. subplot2grid()
7. 以下不属于Python第三方模块的是（　　）。
   A. Pandas　　B. NumPy　　C. Add　　D. Scipy
8. 以下数据结构选项中，属于Python第三方库Pandas的是（　　）。
   A. Serie　　B. DataFrame　　C. Data　　D. DataCreate
9. 下面函数选项中，可以实现随机数的生成的是（　　）。
   A. numpy.random　　B. numpy.random.randn
   C. numpy.random.random　　D. 以上都不对
10. 下面库选项中，可以实现把NumPy的数据结构array转换为pandas.DataFrame的数据类型的是（　　）。
   A. pandas.Data(numpy.array)
   B. pandas.Series(numpy.array)
   C. pandas.DataFrame(numpy.array)
   D. 以上都不对

第 9 章

Python 数据库设计与应用

数据库（database, DB）技术支持长期保存数据，支持跨平台、跨地域的数据查询、共享及修改。这些功能为各行各业带来了很大的便利，极大地方便了人们的生活和工作。例如，各类网站、金融行业、电子邮箱、办公自动化系统等，都离不开数据库技术的支持。

Python 中自带有一个轻量级的数据库 SQLite，并支持多种数据库，如 MySQL、Oracle 等。本章主要介绍数据库概念、SQL 结构化查询语言，以及 Python 自带的数据库 SQLite 的使用方法。

学习目标

知识目标：

◎理解和掌握数据库基本概念、关系数据库和 Python 数据库访问模块；

◎掌握常用的 SQL 数据库操作；

◎理解和掌握 SQLite 数据类型、数据库的访问和 SQLite 数据库函数；

◎掌握 SQLite 数据库应用，包括 SQLite 数据库的查看与维护、数据库与表的创建、数据库表的插入、修改与删除、数据库表的查询；

◎理解和掌握 SQLite 可视化工具 SQLiteStudio 的使用；

◎理解数据库操作的错误和异常。

技能目标：

◎能够利用 SQL 实现数据库操作；

◎能够利用 SQLite 数据库技术实现数据库操作；

◎具备一定的程序优化技能。

素质目标：

◎熟悉数据库设计与应用方法，培养善于观察、勤于思考的习惯，提高解决问题的分析与归纳能力，树立解决问题的工程化思想；

◎培养积极向上、奋发图强的精神。

知识导图

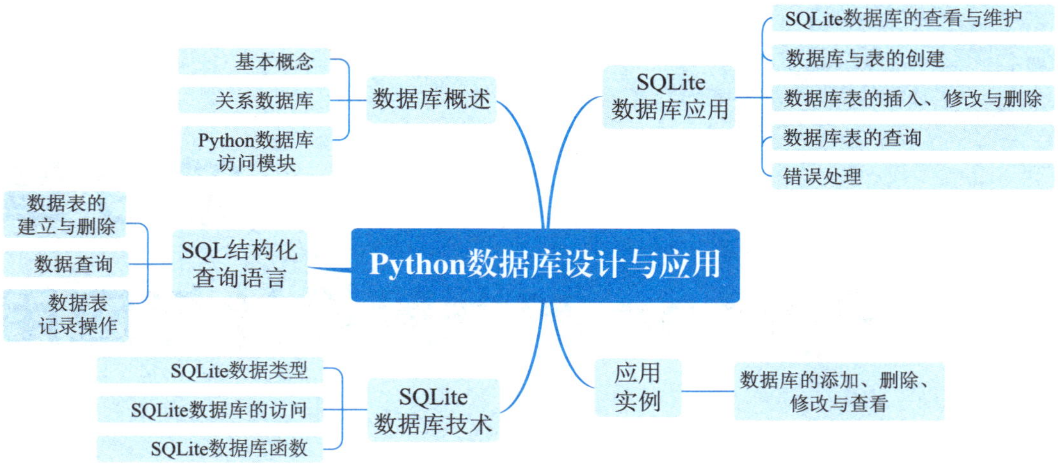

9.1 数据库概述

9.1.1 基本概念

工作中常常需要处理大量数据。利用数据库技术，能将大量数据按照一定的方式组织并存储起来，以便于管理和维护。数据库技术涉及的基本术语有数据库（DB）、数据库管理系统（database management system, DBMS）、数据库系统（database system, DBS）。

1. 数据库

数据库可以理解为存储数据的仓库，是按照一定的组织方式将相关数据组织在一起并存储在计算机外存储器上所形成的、可动态变化的、与应用程序彼此独立的、不同用户可以共享的一组相关数据的集合。例如，学校相关部门常常需要把学生的基本情况（学号、姓名、性别等）存放在表中，这张表就是一个数据库。

2. 数据库管理系统

数据库管理系统是用户建立、使用和管理数据库的软件系统。它使用户能方便地定义数据和操纵数据，以保证数据库的安全性和完整性，支持多用户对数据的并发使用。

数据库管理系统具有以下功能：

① 数据定义：提供了数据定义语言（data definition language, DDL），供用户定义数据库结构，建立所需的数据库和表。

② 数据存取：提供了数据操纵语言（data manipulation language, DML），实现对数据库和表中的数据进行基本的存取操作：检索、插入、修改和删除。

③ 数据库运行管理：提供了核心控制程序，实现对数据库运行操作的统一管理，包括安全性、完整性和并发控制等。

④ 数据库的建立和维护：提供了一组实用程序，完成数据库初始数据的载入、转换，数据库的转储、恢复、重组织、性能监视和分析等。

⑤ 数据库的传输：提供处理数据的传输，实现用户程序与DBMS之间的通信。

常用的数据库管理系统有MySQL、MSSQL、ORACLE等。

3. 数据库系统

数据库系统是以计算机系统为基础，用数据库技术管理大量共享数据的综合系统。数据库系统一般由计算机硬件系统、操作系统、数据库、数据库管理系统、应用程序、数据库管理员、应用程序员和用户构成。

9.1.2 关系数据库

使用计算机来处理现实世界的具体事物时，必须先把具体事物转化为抽象的模型，再转化为计算机可以处理的数据模型。

数据模型描述了客观事物及其联系的数据化描述。数据库系统中的基本数据模型有四种：层次模型、网状模型、关系模型和面向对象模型。

目前，使用最广泛的数据模型是关系模型。下面就关系模型进行介绍。

1. 关系模型

关系模型把世界看作是由实体（entity）和联系（relationship）构成的。

实体是指现实世界中可以相互区别、具有一定特征或属性的对象。

联系是指实体之间的关系，可以分为以下三种：

（1）一对一（1∶1）

一个实体集A中的每个实体至多只与另一个实体集B中的一个实体联系，反之亦然。例如，一个班级只要一位班长，并且一个班长只能管理一个班级，所以班级实体集和班长实体集之间就是一对一联系。

（2）一对多（1∶n）

一个实体集A中的每个实体与另一个实体集B中的多个实体有联系，反之，实体集B中的每个实体至多与实体集A中的一个实体相联系。例如，一个班级有许多学生，但每个学生只能在一个班级学习，所以班级和学生是一对多的联系。

（3）多对多（m∶n）

一个实体集A中的每个实体与另一个实体集B中的多个实体联系，反之，对于实体集B中的每个实体，也能在实体集A中找到多个与它相对应的实体。例如，一个学生可以选修多门课程，而每一门课程可以被多个学生选修，所以学生实体集和课程实体集之间就是多对多联系。

实体-联系方法（entity-relationship approach），简称E-R方法，是常用的描述关系数据库模型的方法。

E-R方法的规则是：用长方形表示实体，并在长方形内写上实体名称；用椭圆表示实体属性，椭圆内写上属性名称，并用无向边（即直线）将实体与其属性连接起来；用菱形表示实体间的联系，菱形框内写上联系名称，并用无向边将菱形与相关实体相连接，在无向边旁标上联系的类型（1∶1、1∶n、m∶n）。若实体之间的联系也具有属性，则把属性和菱形也用无向边连接上。

图9-1使用E-R方法说明了班长与班级、班级与学生、学生与课程这三种联系。

在关系数据库中，常见的数据库对象包括表、视图、触发器、存储过程等。

关系数据库使用表（又称数据表，可简称“表”）来存储数据。表由行（row）和列（column）组成。每一行称为一个元组（tuple），相当于一个记录值。每一列是一个属性（attribute）值集，属性的取值范围称为域（domain），相当于数据项或字段（field），列的标题称为字段名。例如，表9-1所示“学生表”中有七个属性（学号、姓名、性别、专业、出生日期、籍贯、奖学金）。

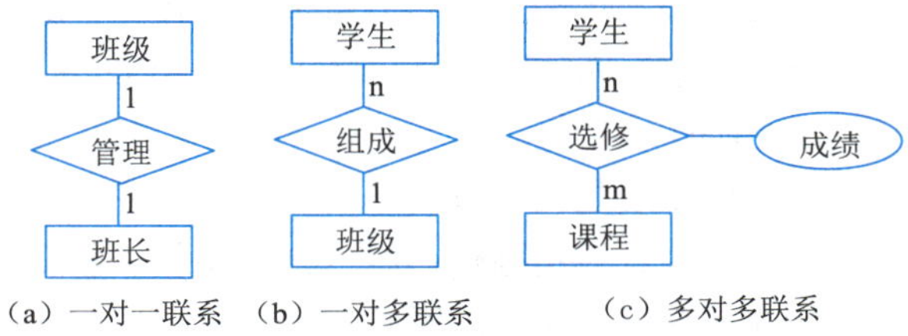

图 9-1　实体之间的联系

表 9-1　学生表

学号	姓名	性别	专业	出生日期	籍贯	奖学金
202459225101	林文伟	男	计算机科学与技术	2005-8-20	四川成都	1200
202459225203	方晓娜	女	计算机科学与技术	2005-7-16	浙江台州	—
202452125101	肖青可	女	工商管理	2006-6-15	重庆	—
202459225109	杨林峰	男	计算机科学与技术	2005-7-4	江苏镇江	2000
202459455101	王嘉明	男	软件工程	2006-3-7	安徽合肥	—
202452125203	赵雪	女	工商管理	2005-5-6	云南昆明	—
202459545101	欧阳克军	男	网络工程	2005-6-11	浙江丽水	1000
202459545112	张小杰	男	网络工程	2006-1-12	北京	—
202459455209	张翰元	男	软件工程	2006-2-20	浙江杭州	—
202459225111	李娟娟	女	计算机科学与技术	2005-10-2	天津	1500
202459545222	宁佳佳	女	网络工程	2005-9-7	浙江嘉兴	—
202459455120	张奇峰	男	网络工程	2006-4-25	湖南长沙	—
202459225115	蒋成斌	男	计算机科学与技术	2005-8-9	江苏南京	—
202459545126	徐建成	男	网络工程	2006-3-22	浙江慈溪	1000
202459225220	程英	女	计算机科学与技术	2005-12-3	浙江杭州	—

数据表中通常都有一个主关键字（primary key），又称主码或主键。通过主关键字可以唯一确定一条记录。主关键字可以是一个属性，也可以是几个属性的组合。

例如，表9-1中“学号”字段即为“学生表”的主关键字。

2. 关系操作

关系模型的数据操作主要包括查询、插入、修改和删除数据。这些数据操作是基于集合的操作，操作对象和操作结果都是集合（或关系）。关系操作必须要满足关系的数据完整性约束条件。

3. 关系模型的数据完整性约束

数据完整性是指数据库中存储的数据是有意义或是正确的。关系数据库模型中的数据完整性规则是对关系的某种约束条件，主要包括三大类：实体完整性、参照完整性和用户定义完整性。

① 实体完整性：要求基本关系的所有主键对应的属性不能为空，且主键取值具有唯一性，即通过主键就可以区别不同的记录。

② 参照完整性：也称为引用完整性，指明多个表之间的关联关系，它不允许引用不存在

的记录。例如，在选课数据表中的学生必须受限于学生数据表中存在的学生。

③ 用户自定义完整性：又称为域完整性或应用语义完整性，是针对某一具体应用定义的数据必须满足的取值类型及取值范围。例如，学生考试成绩的取值范围为0～100。

9.1.3　Python 数据库访问模块

Python数据库访问模块有两类：通用数据库访问模块和专用数据库访问模块。

1. 通用数据库访问模块

（1）ODBC

ODBC（open database connectivity，开放数据库互连）提供了一种标准的应用程序编程接口（application programming interface, API）方法来访问数据库管理系统。ODBC Python接口连接数据库需要ODBC驱动，包括mxODBC、pyodbc、turbodbc、ceODBC、mxODBC Connect等。

（2）JDBC

JDBC（Java database connectivity，Java数据库连接）是基于Java的面向对象的应用编程接口，描述了一套访问关系数据库的Java类库标准。在Python 2.1以后的发行版中，包括通过JDBC访问数据的模块zxJDBC，建立在底层的JDBC接口之上，支持DB-API 2.0接口。

2. 专用数据库访问模块

Python针对各种流行的数据库，提供了各种专用的数据库访问模块，见表9-2。

表 9-2　专用数据库访问模块

数　据　库	Python 模块	网　　址
MySQL	MySQL-python	https://sourceforge.net/projects/mysql-python/
PostgreSQL	PyGreSQL	http://www.pygresql.org/
Oracle	python-oracledb	https://pypi.org/project/oracledb/
IBM DB2	PyDB2	http://sourceforge.net/projects/pydb2/
SQL Server	pymssql	https://pypi.org/project/pymssql/

9.2　SQL 结构化查询语言

SQL（structured query language，结构化查询语言）是通用的关系数据库操作语言，具有数据定义、数据操纵等多种功能。SQL是一种非过程化语言，使用SQL时，只需要告诉计算机“做什么”，而不需要告诉它“怎么做”。SQL不是独立的编程语言，没有for、while等循环语句。

使用SQL的方式有两种：一是独立应用于终端，以命令方式交互使用；二是嵌入到其他程序语言（如Python、C、C++等）中使用。

SQL对关键字大小写不敏感。为方便区分SQL语句和Python语句，本书中的SQL语句采用大写形式。

SQL共分为四大类，即数据定义语言、数据查询语言、数据操纵语言和数据控制语言，分别完成数据定义、数据查询、数据操纵和数据控制的功能，且总共只用了九个动词：CREATE、DROP、ALTER、SELECT、INSERT、DELETE、UPDATE、GRANT、REVOKE。

下面介绍常用的SQL功能。

9.2.1 数据表的建立与删除

利用SQL可以进行数据表的建立与删除。

1. 创建表

SQL使用CREATE TABLE语句创建数据库的表，其基本语法格式如下：

```
CREATE TABLE 表名称
(
    列名1 数据类型[约束],
    列名2 数据类型[约束],
    列名3 数据类型[约束],
    …
)
```

说明：

① 数据类型包括：整数类型（tinyint、smallint、mediumint、int、bigint），实数类型（float、double、decimal），位类型（bit(m)），日期和时间类型（date、datetime、timestamp、time、year），字符串类型（char、varchar、tinytext、text、mediumtext、longtext、tiny blob、blob、mediumblob、longblob）。

② 约束。常用的约束主要有以下几种：

主键（primary key）：设置某个或某几个字段为主键，通过主键唯一标识一条记录。主键不能重复，其值不能为空。

非空（not null）：字段值不能有空值，否则出错。

唯一（unique）：字段值唯一。

默认（default）：当为字段设置值时，将自动采用默认值。

外键（foreign key）：假设A表的B字段是唯一的，而C表的D字段的值引用了B字段的值，则这个引用关系称为外键。D字段的值只能来自于B字段已存在的值。

创建表的示例如下：

创建students表，该表包含六个字段：stuNumber、stuName、sex、major、score、city。参考语句代码如下：

```
CREATE TABLE students
(
    stuNumber varchar(12), primary key
    stuName varchar(20),
    sex varchar(2),
    major varchar(20),
    score int(4),
    city varchar(20)
)
```

2. 删除表

SQL使用DROP TABLE语句删除表，表的结构、属性以及索引也会被删除。其基本语法格式如下：

```
DROP TABLE 表名称
```

例如，删除students表，参考语句代码如下：

```
DROP TABLE students
```

9.2.2　数据查询

数据查询是指从数据库查询需要的数据记录，是最常用的数据库操作。SQL使用SELECT语句实现查询功能，语法格式如下：

```
SELECT 字段1, 字段2, 字段3, … FROM 表名 WHERE 查询条件 GROUP BY 分组字段
ORDER BY 字段 [ASC|DESC]
```

查询语句SELECT包括字段表、FROM子句、WHERE子句、GROUP BY子句和ORDER BY子句。它们分别表明所查询的列、查询的表或视图、搜索条件、分组字段和排序字段。各部分详细说明如下：

1. 字段表和 FROM 子句

字段表指出要查询的列，由一组字段名（用逗号间隔）、星号（表示所有列）、表达式、变量等构成。FROM子句指出要查询的表。

使用FROM子句的数据查询示例如下：

① 查询students表中所有记录的stuNumber、stuName字段内容。参考语句代码如下：

```
SELECT stuNumber, stuName FROM students
```

② 查询students表中所有记录的所有字段内容。参考语句代码如下：

```
SELECT * FROM students
```

2. WHERE 子句

WHERE子句用来设置查询条件，过滤掉不满足条件的记录。查询条件可包括各种运算符。这些运算符包括：

① 比较运算符（大小比较）：>、>=、=、<、<=、<>、!>、!<。

例如，查询students表中学生名为“张三”的学号。参考语句代码如下：

```
SELECT stuNumber FROM students WHERE stuName = '张三'
```

② 范围运算符（表达式的值是否在指定范围内）：BETWEEN…AND…、NOT BETWEEN…AND…。

例如，查询students表中成绩在90～100分的学生姓名。参考语句代码如下：

```
SELECT stuName FROM students WHERE score BETWEEN 90 AND 100
```

③ 列表运算符（判断表达式是否为指定项）：IN(项1,项2, …)、NOT IN(项1,项2, …)。

例如，查询students表中籍贯（city）是“北京”或“上海”的学生姓名。参考语句代码如下：

```
SELECT stuName FROM students WHERE city IN('北京', '上海')
```

④ 逻辑运算符（用于多个条件的逻辑连接）：NOT、AND、OR。

例如，查询students表中年龄大于18岁的男生姓名。参考语句代码如下：

```
SELECT stuName FROM students WHERE age > 18 AND sex = '男'
```

⑤ 模式匹配符（判断是否与指定的字符统配格式相符）：LIKE、NOT LIKE。

"LIKE"和"NOT LIKE"这两个模式匹配符常用于模糊查询。

例如，查询students表中姓李的所有学生信息。参考语句代码如下：

```
SELECT * FROM students WHERE stuName LIKE '李%%'
```

其中，%可匹配任意类型和长度的字符串。如果是匹配中文，则用两个百分号，即%%。

例如，查询students表中成绩在60～70之间的所有学生信息。参考语句代码如下：

```
SELECT * FROM students WHERE score LIKE [60-70]
```

其中，[]用来指定一个字符、字符串或范围，要求所匹配对象为它们中的任一个。[^]则表示所匹配对象为指定字符以外的任一字符。

3. GROUP BY 子句

GROUP BY子句用于依据一个或多个字段对结果集进行分组，通常结合聚合函数进行使用。常用的聚合函数及其功能见表9-3。

表 9-3 常用的聚合函数及其功能

函　数	功　能	函　数	功　能
avg(字段名)	求平均值	min(字段名)	求最小值
count(字段名)	统计记录数	sum(字段名)	求和
max(字段名)	求最大值		

例如，统计students表中所有男生的平均成绩。参考语句代码如下：

```
SELECT avg(score) AS avgScore FROM students GROUP BY sex WHERE sex = '男'
```

4. ORDER BY 子句

SQL使用ORDER BY子句对查询返回的结果按指定的单个或多个字段进行升序（用"ASC"标记）或降序（用"DESC"标记）排序，默认为升序。

例如，查询students表的stuName、stuNumber字段，查询结果按照成绩降序排列。参考语句代码如下：

```
SELECT stuName, stuNumber FROM student ORDER BY score DESC
```

9.2.3 数据表记录操作

SQL数据表记录操作有：添加记录、修改记录和删除记录。

1. 添加记录

SQL通过命令INSERT INTO语句向数据表中插入新的行，语法格式如下：

```
INSERT INTO 表名称(字段1, 字段2, 字段3, …) VALUES(值1, 值2, 值3, …)
```

当INSERT INTO语句中的字段列表中的字段的顺序与数据表中字段的顺序一致时，可以省略INSERT INTO语句中的字段列表，即语法格式为：

```
INSERT INTO 表名称 VALUES(值1, 值2, 值3, …)
```

例如，向students表添加一条记录，参考语句代码如下：

```
INSERT INTO students(stuNumber, stuName, sex, major, score, city)
VALUES('202459225116', '张三', '男', '计算机科学与技术', 87, '浙江嘉兴')
```

或

```
INSERT INTO students VALUES('202459225116', '张三', '男', '计算机科学与技
术', 87, '浙江嘉兴')
```

2. 修改记录

SQL通过UPDATE语句修改表中的数据，语法格式如下：

```
UPDATE 表名称 SET 字段1 = 新值1, 字段2 = 新值2, … WHERE 条件
```

修改记录的示例如下：

① 将students表中sex为“女”的学生的年龄增加1岁，参考语句代码如下：

```
UPDATE students SET age = age + 1 WHERE sex = '女'
```

② 将students表中学生张三的专业及分数分别修改为“软件工程”、90。参考语句代码如下：

```
UPDATE students SET major = '软件工程', score = 90 WHERE stuName = '张三'
```

3. 删除记录

SQL通过DELETE FROM语句删除表中的记录，语法格式如下：

```
DELETE FROM 表 WHERE 条件
```

例如，删除students表中的“张三”的记录，参考语句代码如下：

```
DELETE FROM students WHERE stuName = '张三'
```

例如，删除students表中所有记录，参考语句代码如下：

```
DELETE FROM students
```

9.3 SQLite 数据库技术

SQLite是Python自带的轻量级关系型数据库，支持原子的、一致的、独立的和持久的事务，还支持触发器、复杂查询，以及多线程并发访问。一个SQLite数据库就是一个文件（扩展名为.db），可以独立存放在磁盘中，通过直接复制数据库文件就可以实现数据库的备份，不需要安装和配置服务器。SQLite可以在Windows/Linux/UNIX等主流操作系统中运行，能够与很多程序语言（如Python、C#和Java）相结合。

尽管SQLite具有操作简单、运行效率高和直接备份的优点，但它的数据管理机制更多地依赖于操作系统的文件系统，因此，在C/S（客户/服务器）应用中操作效率较低。另外，SQLite只是提供了表级锁，没有提供记录行级锁，使得并发性能受限。

9.3.1 SQLite 数据类型

SQLite采用动态的数据类型，即根据存入值自动判断数据类型。这使得SQLite能兼容其他数据库普遍使用的静态类型，也就意味着使用静态数据类型的数据库上使用的数据表，也可以在SQLite上使用。

每个存放在SQLite数据库中的值，归属于表9-4中的数据类型之一。

表 9-4　SQLite 数据类型

数据类型	说　明	数据类型	说　明
BLOB	无类型，保存二进制数据	TEXT	字符串文本，采用数据库的编码（UTF-8、UTF-16BE 或 UTF-16LE）
INTEGER	带符号整数，根据存入的数值的大小占据 1、2、3、4、6 或者 8 个字节	NULL	空值
REAL	浮点数		

SQLite采用弱数据类型，除了被声明为主键的INTEGER类型的列外，任何表的任何列可以保存任何类型的数据，与列的类型声明无关，也完全可以不声明列的类型。

9.3.2 SQLite 数据库的访问

从Python 2.5版本开始，SQLite作为Python的标准模块，也是Python中唯一的数据库接口类模块，非常便于开发小型数据库应用系统。

访问和操作SQLite数据库时，首先需要导入SQLite3模块，然后创建一个关联数据库的Connection对象，再创建一个游标Cursor对象，通过调用Cursor对象的execute()方法来执行SQL语句创建数据表以及查询、插入、修改或删除数据库中的数据，最后关闭Cursor对象和Connection对象。图9-2所示为访问和操作SQLite数据库的流程图。

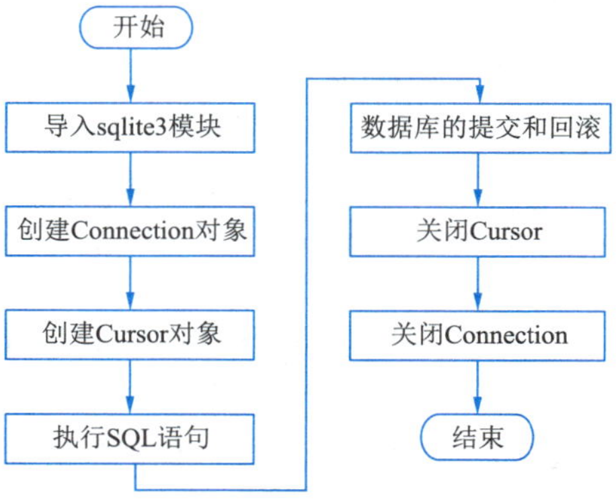

图 9-2　访问和操作 SQLite 数据库的流程图

1. 导入 SQLite3 模块

Python标准库中带有SQLite3模块，可以直接导入该模块，其语法格式如下：

```
import sqlite3
```

2. 建立数据库连接，返回 Connection 对象

导入数据库模块后，通过使用数据模块的connect()函数返回连接数据库的Connection对象，语法格式如下：

```
conn = sqlite3.connect(connectstring) # 连接数据库，返回sqlite3.Connection对象
```

其中，connectstring是连接字符串。SQLlite的连接字符串为数据库的文件名。如果文件存在，则打开数据库，否则创建并打开数据库。如果指定连接字符串为“:memory:”，则可以创建一个内存数据库。

Connection是SQLite3模块中最基本也是最重要的一个类，其主要方法及说明见表9-5。

表 9-5　Connection 对象的主要方法及说明

方　法	说　明
execute(sql[, parameters])	执行一条 SQL 语句
executemany(sql[, parameters])	执行多条 SQL 语句
cursor()	返回连接的游标
commit()	提交当前事务，如果不提交，那么自上次调用 commit() 方法之后的所有修改都不会真正保存到数据库中
rollback()	撤销当前事务，将数据库恢复至上次调用 commit() 方法后的状态
close()	关闭数据库连接
create_function(name, num_params, func)	创建可在 SQL 语句中调用的函数，其中 name 为函数名，num_params 表示该函数可以接收的参数个数，func 表示 Python 可调用对象

例如，以下代码创建了连接D盘目录下数据库名称为test.db的对象conn。如果D盘目录下不存在test.db数据库，则建立一个空数据库test.db。

```
conn = sqlite3.connect('D:/test.db')
```

创建数据库连接对象（Connection 对象）后，可以设置其属性。例如：

```
conn.isolation_level = None                # 设置事务隔离级别，默认为自动提交
conn.row_factory = sqlite3.Row             # 设置连接对象使用的行工厂对象
```

3. 创建游标对象

除了使用 where 子句来限制只有一条记录被选中，SQLite 没有其他描述数据表中单一记录的表达形式。如果要处理单条记录，需要借助具有定位功能的游标（Cursor）。例如，以下代码通过数据库连接对象的 cursor() 方法创建了游标对象 cur。

```
cur = con.cursor()
```

4. 使用游标对象的方法执行 SQL 命令返回结果集

游标 Cursor 也是 SQLite3 模块中比较重要的一个类。下面简单介绍 Cursor 对象的常用方法。

① execute(sql)：执行一条 SQL 语句。

② execute(sql, parameters)：执行带参数的 SQL 语句。

③ executemany(sql, seq_of_parameters) ：对于所有给定参数执行同一个 SQL 语句，参数序列可以使用不同的方式产生。

④ executescript(sql_script)：执行 SQL 脚本。

例如，创建一个表 Course，参考语句代码如下：

```
cur.execute("CREATE TABLE Course(Course_coding, Course_name, Credits, Hours)")
```

上面代码将创建一个包含 Course_coding、Course_name、Credits 和 Hours 四个字段的表 Course。向表中插入记录的参考代码如下：

```
cur.execute("INSERT INTO Course VALUES(2402536005, "大学计算机", 3, 56)")
```

SQL 语句字符串中可以使用占位符“?”表示参数，传递的参数使用元组。例如：

```
cur.execute("INSERT INTO Course VALUES(?, ?, ?, ?)", (2402536001, "马克
思主义原理概述", 2.5, 40))
```

一般地，建议直接使用 Connection 对象的 execute/executemany/executescript 方法。事实上，它们是 Cursor 对象对应方法的快捷方式，系统创建一个临时 Cursor 对象，然后调用对应的方法，并返回 Cursor 对象。例如：

```
conn.execute("CREATE TABLE IF NOT EXISTS Course(Course_coding, Course_name,
Credits, Hours)")
```

5. 获取游标的查询结果集

通过调用游标对象的方法返回查询结果，方法及其说明如下：

① fetchone()：返回结果集的下一行（Row 对象）。无数据时，返回 None。

② fetchall()：返回结果集的剩余行（Row 对象列表）。无数据时，返回空列表。

③ fetchmany()：返回结果集的多行（Row 对象列表）。无数据时，返回空列表。

④ rowcount()：返回影响的行数、结果集的行数。

例如，运行以下代码：

```
cur.execute("SELECT * FROM Course")
print cur.fetchall()                         # 提取查询到的数据
```

返回结果如下：

```
[(2402536005, "大学计算机", 3, 56), (2402536001, "马克思主义原理概述", 2.5, 40)]
```

如果使用cur.fetchone()，则首先返回列表中的第1个元素，再次使用cur.fetchone()，返回第2个元素，依次进行。

也可以直接使用循环语句输出查询结果，参考语句代码如下：

```
for row in cur.execute("SELECT * FROM Course")
    print(row[0], row[1])
```

6. 数据库的提交和回滚

根据数据库事务隔离级别的不同，可以提交或回滚，命令格式如下：

```
conn.commit()                                        # 事务提交
conn.rollback()                                      # 事务回滚
```

7. 关闭 Cursor 对象和 Connection 对象

最后，需要关闭打开的Cursor对象和Connection对象，命令格式如下：

```
cur.close()                                          # 关闭Cursor对象
coon.close()                                         # 关闭Connection对象
```

9.3.3 SQLite 数据库函数

SQLite数据库中的函数主要包括数值计算函数、字符串处理函数、日期时间函数、数据库函数及其他函数。SQLite核心函数及说明见表9-6。

表 9-6 SQLite 核心函数及说明

类　别	函　数	说　明
数值计算函数	abs(x)	返回 x 的绝对值。如果 x 为 NULL，则返回 NULL；如果 x 为不能转换成数值的字符串，则返回 0；如果 x 值超出整型数据的上限，则抛出异常
	max(x, y, ...)	返回参数中的最大值，如果参数中有 NULL，则返回 NULL
	min(x, y, ...)	返回参数中的最小值，如果参数中有 NULL，则返回 NULL
	random()	返回整型的伪随机数
	round(x[, y])	返回参数 x 的四舍五入，y 为小数点位数，y 的默认值为 0
字符串处理函数	length(stra)	返回字符串字符个数，如果 stra 为数值，则返回 stra 的字符串表示形式的长度，如果 stra 为 NULL，则返回 NULL
	lower(stra)	返回 stra 的小写形式
	ltrim(stra[, strb])	删除 stra 左侧的任意在 strb 中出现的字符；如果不指定 strb，则删除 stra 两侧的所有空格。最后返回删除后的字符串
	replace(stra, strb, strc)	将字符串类型的 stra 中所有子字符串 strb 替换为字符串 strc，并返回替换后的字符串，原字符串 stra 保持不变
	rtrim(stra[, strb])	删除 stra 右侧的任意在 strb 中出现的字符；如果不指定 strb，则删除 stra 两侧的所有空格。最后返回删除后的字符串
	substr(stra, x[, y])	返回字符串 stra 中第 x 位（位置序号从 1 开始）开始、长度为 y 的子字符串；如果不指定参数 y，则取第 x 位开始的后面所有字符；如果 y 为负数，则从第 x 位开始，向左截取 abs(y) 个字符；如果 x 为负数，则从字符串 stra 的尾部开始第 abs(x) 的位置开始截取
	trim(stra[, strb])	删除 stra 两侧的任意在 strb 中出现的字符；如果不指定 strb，则删除 stra 两侧的所有空格。最后返回删除后的字符串
	upper(stra)	返回 stra 的大写形式

续表

类　别	函　数	说　明
日期时间函数	date()	设置日期
	time()	设置时间
	datetime()	设置日期时间
数据库函数	changes()	统计最近执行的 INSERT INTO、UPDATE 和 DELETE FROM 等 SQL 语句所影响的记录条数
	total_changes()	统计从连接表起，INSERT INTO、UPDATE 和 DELETE FROM 等 SQL 语句所影响的记录条数
其他函数	typeof(x)	返回 x 的数据类型
	ifnull(x, y)	返回第一个不是 NULL 的参数，如果两个参数均为 NULL，则返回 NULL
	nullif(x, y)	x,y 相同时返回 NULL，否则返回 x
	coalesce(x, y, …)	返回第一个非 NULL 的参数，如果参数全都是 NULL，则返回 NULL

SQLite还支持聚合函数。聚合函数也称为组函数，是在行的集合上进行操作。聚合函数常用于对数据进行分类汇总和统计分析，见表9-7所示。

表 9-7　SQLite 聚合函数

函　数	说　明
avg(field)	求平均值。不能转换为数值的字符串和布尔值被视为 0。所有字段值均为 NULL 时，返回 NULL，否则返回浮点型数据
count(field 或 *)	统计字段 field 中值不等于 NULL 的行数，并返回数据行数
max(field)	求字段 field 中的最大值。字段中所有值均为 NULL 时，返回 NULL
min(field)	求字段 field 中的最小值。字段中所有值均为 NULL 时，返回 NULL
sum(field)	求字段 field 中所有值的和。如果字段 field 中所有值均为 NULL，返回 NULL；如果字段 field 中所有值均为整型数据，该函数返回整型值，否则返回浮点型值
total(field)	功能和 sum(field) 相似，函数始终返回浮点型数值。字段 field 中所有值均为 NULL 时，返回 0.0

9.4　SQLite 数据库应用

9.4.1　SQLite 数据库的查看与维护

使用SQLite可视化工具SQLiteStudio可以方便地查看程序运行后更新数据库的结果。下载、安装和使用SQLiteStudio.exe的详情介绍如下：

1. 下载 SQLiteStudio.exe

在浏览器中输入SQLiteStudio官网地址，下载最新版本SQLiteStudio-3.4.4。

2. 安装 SQLiteStudio

运行SQLiteStudio.exe，根据提示安装SQLiteStudio。

3. 打开数据库

打开SQLiteStudio，使用“添加数据库”命令，选择数据库文件（如student.db），使用“连接到数据库”命令建立数据库连接，选中数据表（如StudentInfo），单击“编辑表”命令，查看表结构，如图9-3所示。

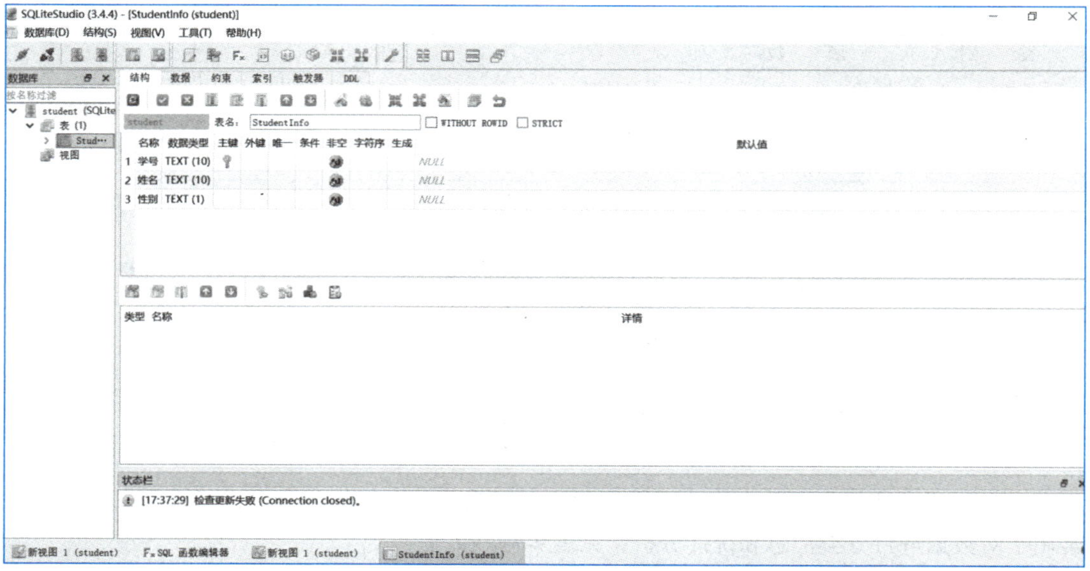

图 9-3　使用 SQLiteStudio 查看数据表

9.4.2　数据库与表的创建

使用 sqlite3.connect("数据库文件名") 可以创建或打开 SQLite 数据库，并返回连接对象 conn；使用 conn.execute("CREATE TABLE…") 可以创建表。

【例 9.1】创建一个数据库 stuinfo，并在其中创建数据库表 student，表中包含五个字段：stuid、stuname、birthday、sex、rxrq，分别表示学号、姓名、出生日期、性别和入学日期，其中 stuid 设为主键。

参考程序代码如下：

```
    import sqlite3                                   # 导入 Python SQLite 数据库模块
    conn = sqlite3.connect("D:/stuinfo.db")          # 创建 SQLite 数据库
    # 创建数据库表 student
    conn.execute("CREATE TABLE student(stuid primary key, stuname, birthday,
sex, rxrq)")
```

创建数据库和数据表 student 后，可以使用 SQLiteStudio 进行查看，如图 9-4 所示。

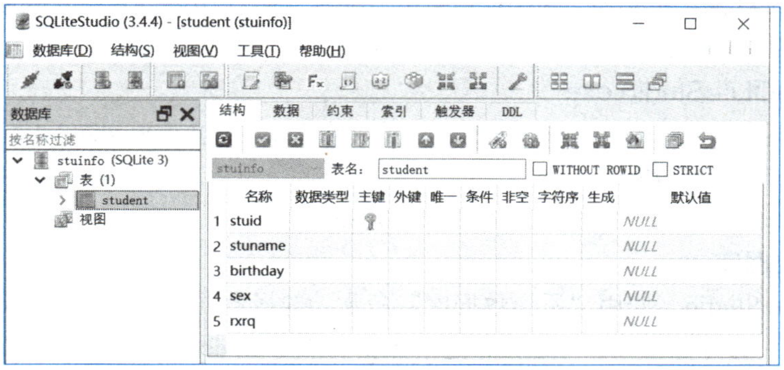

图 9-4　使用 SQLiteStudio 查看数据表 student

9.4.3　数据库表的插入、修改与删除

在数据库表中插入、更新和删除记录的一般步骤如下：

① 建立数据库连接。

② 创建游标对象cur，使用cur.execute(sql)执行SQL的INSERT、UPDATE、DELETE等语句完成数据库记录的插入、更新、删除等操作，并根据返回值判断操作结果。

③ 提交操作。

④ 关闭数据库。

【例9.2】数据库表记录的插入、修改和删除操作。

参考程序代码如下：

```
    import sqlite3                                   # 导入Python SQLite数据库模块
    conn = sqlite3.connect("D:/stuinfo.db")          # 打开数据库
    cur = conn.cursor()                              # 创建游标对象
    # 插入一行数据
    cur.execute('''INSERT INTO student(stuid, stuname, birthday, sex, rxrq)
                   VALUES('202459225101', '林文伟', '2005-8-20', '男', '2024-8-
26')''')
    cur.execute('''INSERT INTO student(stuid, stuname, birthday, sex, rxrq)
                   VALUES(?, ?, ?, ?, ?)''',('202459225203', '方晓娜',
'2005-7-16', '女', '2024-8-26')''')
    stulist = [('202452125101', '肖青可', '2006-6-15', '女', '2024-8-26'),
               ('202459225109', '杨林峰', '2005-7-4', '男', '2024-8-26'),
               ('202459455101', '王嘉明', '2006-3-7', '男', '2024-8-26')]
    cur.executemany("INSERT INTO student(stuid, stuname, birthday, sex, rxrq)
VALUES (?, ?, ?, ?, ?) ", stulist)                    # 插入多行记录
    # 修改一行记录
    cur.execute("UPDATE student SET birthday = ? WHERE stuname = ?", ('2005-
9-20', '林文伟'))
    # 删除一行记录
    m = cur.execute("DELETE FROM student WHERE stuname = ?", ('方晓娜', ))
    print("删除了", m.rowcount, "行记录")
    conn.commit()
    cur.close()
    conn.close()
```

运行结果如下：

```
删除了 1 行记录
```

程序运行之后，使用SQLiteStudio查看数据表student，如图9-5所示。

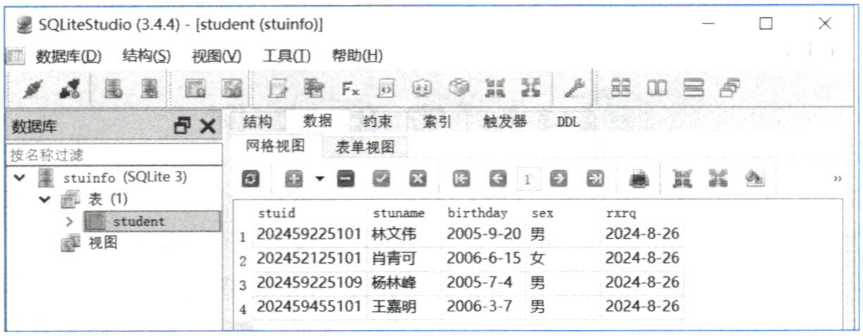

图 9-5　数据库表 student 的插入、修改和删除

9.4.4 数据库表的查询

查询数据库表的步骤如下：

① 建立数据库连接。

② 创建游标对象cur，使用cur.execute(sql)执行SQL的SELECT语句。

③ 循环输出结果。

【例9.3】数据库表的查询。

参考程序代码如下：

```
import sqlite3                                # 导入Python SQLite数据库模块
conn = sqlite3.connect("D:/stuinfo.db")       # 打开数据库
cur = conn.cursor()                           # 创建游标对象
cur.execute("SELECT * FROM student")          # 查询数据库表
for row in cur:
    print(row)
```

运行程序，结果如下：

```
('202459225101', '林文伟', '2005-9-20', '男', '2024-8-26')
('202452125101', '肖青可', '2006-6-15', '女', '2024-8-26')
('202459225109', '杨林峰', '2005-7-4', '男', '2024-8-26')
('202459455101', '王嘉明', '2006-3-7', '男', '2024-8-26')
```

9.4.5 错误处理

Python的DB API（database application programing interface，数据库应用程序接口）中定义了一些数据库操作的常见错误和异常，表9-8列出了这些错误和异常。

表 9-8 数据库操作的常见错误和异常

异　常	说　明
Warning	严重警告，如插入数据时被截断等
Error	一般错误，警告以外所有其他错误类
InterfaceError	接口错误，当数据接口模块发生错误时触发（不是数据库的错误）
DatabaseError	数据库错误，发生和数据库相关的错误时触发
DataError	数据错误，数据处理发生错误时触发，如除零错误、数据超范围等
OperationError	操作错误，操作数据库时发生的错误，如连接意外断开、事务处理失败、内存分配错误等操作
IntegrityError	完整性错误，如外键检查失败等
InternalError	数据库内部错误，如游标失效、事务同步失败等
ProgrammingError	程序错误，如数据表没找到、SQL 语句语法错误、参数数量错误等
NotSupportedError	不支持错误，使用了数据库不支持的函数或 API 等，如连接对象使用 .rollback() 函数，而数据库并不支持事务或者事务已关闭

9.5 应 用 实 例

本节通过设计一个记录与梅花相关的诗词的数据库的综合应用实例，根据SQLite数据库技术提供的功能，实现SQLite数据库的添加、删除、修改与查看等操作。

【例9.4】梅花不畏严寒，在隆冬美丽绽放，是中国文人墨客经常吟咏的主题。设计一个数据库来记录与梅花相关的诗词，实现数据库信息的添加、删除、修改和查看。

分析：设计数据库数据表包含四个字段：title、author、verse、notes，分别表示题目、作者、诗/词句和注释。使用PRIMARY KEY声明title和author共同组成主键。

根据分析，参考程序代码如下：

```
import sqlite3

def opendb():                                          # 创建/打开数据库
    conn = sqlite3.connect("D:/mytest.db")
    cur = conn.execute('''CREATE TABLE IF NOT EXISTS meihua
(title, author, verse, notes, PRIMARY KEY(title, author))''')
    return cur, conn

def showallitems():                                    # 查询全部记录
    print("--------处理后的数据记录--------")
    ope = opendb()
    cur = ope[1].cursor()
    cur.execute("SELECT * FROM meihua")
    res = cur.fetchall()
    for record in res:
        for i in record:
            print(i)
        print()
    cur.close()

def add():                                             # 输入信息
    title = input("请输入作品名称：")
    author = input("请输入作者名：")
    verse = input("请输入诗/词句：")
    notes = input("请输入注释：")
    return title, author, verse, notes

def inserttb():                                        # 向数据库中添加记录
    print("--------添加数据记录--------")
    record = add()
    ope = opendb()
    ope[1].execute('''INSERT INTO meihua(title, author, verse, notes)
values(?, ?, ?, ?)''', (record[0], record[1], record[2], record[3]))
    ope[1].commit()
    print("--------数据添加成功--------")
    showallitems()
    ope[1].close()

def deletetb():                                        # 删除数据记录
    print("--------删除数据记录--------")
    delitem = input("请输入要删除的作品：")
    ope = opendb()
    ope[1].execute("DELETE FROM meihua WHERE title=?",(delitem, ))
    ope[1].commit()
    print("--------数据删除成功--------")
```

```
        showallitems()
        ope[1].close()

def alteritem():                                        # 修改数据记录
        print("--------修改数据记录--------")
        altitem = input("请输入要修改的作品：")
        ope = opendb()
        record = add()
        ope[1].execute('''UPDATE meihua SET title=?, author=?, verse=?, notes=?
WHERE title=?''', (record[0], record[1], record[2], record[3], altitem))
        ope[1].commit()
        showallitems()
        ope[1].close()

def search():                                           # 查询数据记录
        print("--------查询数据记录--------")
        seaitem = input("请输入要查询的作品：")
        ope = opendb()
        cur = ope[1].cursor()
        cur.execute("SELECT * FROM meihua WHERE title=?", (seaitem, ))
        ope[1].commit()
        print("--------查询的数据记录如下--------")
        for row in cur:
            print(row[0], row[1], row[2], row[3], sep = '\n')
        cur.close()
        ope[1].close()

def conti(a):                                           # 是否继续
        cont = input('是否继续？(yes or no)')
        if cont == 'yes':
            a = 1
        else:
            a = 0
        return a
flag = 1
while flag:
        print("--------欢迎使用数据库--------")
        choicehint = '''
请选择您的数据库操作：
(添加)往数据库中添加记录
(删除)删除数据库中的记录
(修改)修改数据库中的记录
(查询)查询数据库中的记录
'''
        choice = input(choicehint)
        if choice == '添加':
            inserttb()
```

```
            flag = conti(flag)
        elif choice == '删除':
            deletetb()
            flag = conti(flag)
        elif choice == '修改':
            alteritem()
            flag = conti(flag)
        elif choice == '查询':
            search()
            flag = conti(flag)
        else:
            print("输入错误，请重新输入")
```

运行程序，结果如图9-6所示。

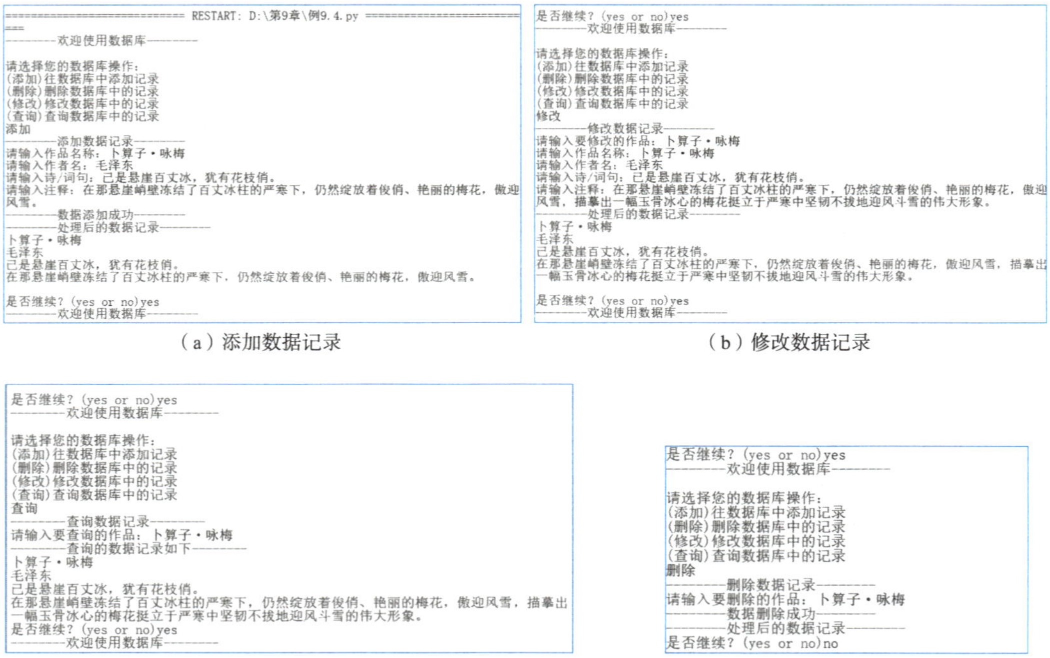

```
============================ RESTART: D:\第9章\例9.4.py ============================
===
---------欢迎使用数据库---------

请选择您的数据库操作:
(添加)往数据库中添加记录
(删除)删除数据库中的记录
(修改)修改数据库中的记录
(查询)查询数据库中的记录
添加
---------添加数据记录---------
请输入作品名称：卜算子·咏梅
请输入作者名：毛泽东
请输入诗/词句：已是悬崖百丈冰，犹有花枝俏。
请输入注释：在那悬崖峭壁冻结了百丈冰柱的严寒下，仍然绽放着俊俏、艳丽的梅花，傲迎风雪。
---------数据添加成功---------
---------处理后的数据记录---------
卜算子·咏梅
毛泽东
已是悬崖百丈冰，犹有花枝俏。
在那悬崖峭壁冻结了百丈冰柱的严寒下，仍然绽放着俊俏、艳丽的梅花，傲迎风雪。

是否继续？(yes or no)yes
---------欢迎使用数据库---------
```

（a）添加数据记录

```
是否继续？(yes or no)yes
---------欢迎使用数据库---------

请选择您的数据库操作:
(添加)往数据库中添加记录
(删除)删除数据库中的记录
(修改)修改数据库中的记录
(查询)查询数据库中的记录
修改
---------修改数据记录---------
请输入要修改的作品：卜算子·咏梅
请输入作品名称：卜算子·咏梅
请输入作者名：毛泽东
请输入诗/词句：已是悬崖百丈冰，犹有花枝俏。
请输入注释：在那悬崖峭壁冻结了百丈冰柱的严寒下，仍然绽放着俊俏、艳丽的梅花，傲迎风雪，描摹出一幅玉骨冰心的梅花挺立于严寒中坚韧不拔地迎风斗雪的伟大形象。
---------处理后的数据记录---------
卜算子·咏梅
毛泽东
已是悬崖百丈冰，犹有花枝俏。
在那悬崖峭壁冻结了百丈冰柱的严寒下，仍然绽放着俊俏、艳丽的梅花，傲迎风雪，描摹出一幅玉骨冰心的梅花挺立于严寒中坚韧不拔地迎风斗雪的伟大形象。

是否继续？(yes or no)yes
---------欢迎使用数据库---------
```

（b）修改数据记录

```
是否继续？(yes or no)yes
---------欢迎使用数据库---------

请选择您的数据库操作:
(添加)往数据库中添加记录
(删除)删除数据库中的记录
(修改)修改数据库中的记录
(查询)查询数据库中的记录
查询
---------查询数据记录---------
请输入要查询的作品：卜算子·咏梅
---------查询的数据记录如下---------
卜算子·咏梅
毛泽东
已是悬崖百丈冰，犹有花枝俏。
在那悬崖峭壁冻结了百丈冰柱的严寒下，仍然绽放着俊俏、艳丽的梅花，傲迎风雪，描摹出一幅玉骨冰心的梅花挺立于严寒中坚韧不拔地迎风斗雪的伟大形象。
是否继续？(yes or no)yes
---------欢迎使用数据库---------
```

（c）查询数据记录

```
是否继续？(yes or no)yes
---------欢迎使用数据库---------

请选择您的数据库操作:
(添加)往数据库中添加记录
(删除)删除数据库中的记录
(修改)修改数据库中的记录
(查询)查询数据库中的记录
删除
---------删除数据记录---------
请输入要删除的作品：卜算子·咏梅
---------数据删除成功---------
---------处理后的数据记录---------
是否继续？(yes or no)no
```

（d）删除数据记录

图 9-6　例 9.4 程序运行结果

拓展知识——国产数据库

随着中国互联网的飞速发展和业务多样化，猛增海量数据量，传统的数据库已无法满足当下的高并发需求，同时，使用国外数据库需要向厂商支付高昂的IT运维费用。

在此背景下，中国研发出新兴数据库，突破了“卡脖子”技术。让我们扫描侧边栏中的二维码，一起来从核心特征、应用场景和软件架构等方面来了解两款主流的国产数据库：TiDB和openGause。

PDF

国产数据库

习　题

一、选择题

1. 设置数据表的主键使用的约束是（　　）。

   A. PRIMARY KEY　　B. NOT NULL

   C. NOT NULL　　D. UNIQUE

2. 创建数据表使用的SQL命令是（　　）。

   A. NEW　　B. CREATE　　C. ADD　　D. INSERT

3. 删除数据表使用的SQL命令是（　　）。

   A. DELETE　　B. DROP　　C. OPEN　　D. ADD

4. 使用SQLite数据库时，创建数据库连接的方法是（　　）。

   A. execute()　　B. commit()　　C. cursor()　　D. connect()

5. 使用SQLite数据库时，创建游标对象的方法是（　　）。

   A. execute()　　B. excutemany()　　C. cursor()　　D. commit()

二、填空题

1. 关系模型把世界看作是________和________构成的。
2. 关系模型中，联系是实体之间的联系，可以分为三种：________、________和________。
3. 访问和操作SQLite数据库时，首先需要导入________模块。

三、简答题

1. 数据库管理系统有哪些功能？
2. E-R方法描述关系数据库模型的规则有哪些？
3. 关系模型的数据完整性约束有哪些？
4. 如何理解SQL是非过程化语言？
5. 简述SQLite数据库表的插入的一般步骤。
6. 简述SQLite数据库表的查询的一般步骤。

四、编程题

1. 在D:/目录下，创建mytest.db数据库。

2. 在mytest.db数据库中创建数据表stuscore。数据表stuscore包含四个字段：stuid、stuname、course和score，分别表示学号、姓名、课程、成绩，其中stuid为主键。

3. 向数据表stuscore中添加三条记录，记录见表9-9。

表 9-9　题 3 要添加的三条记录

stuid	stuname	course	score
202452125101	肖青可	大学计算机	95
202459225109	杨林峰	大学计算机	83
202459455101	王嘉明	大学计算机	78

4. 将数据表stuscore中学号为202459455101的成绩修改为80。
5. 删除数据表stuscore中学号为202459225109的记录。
6. 查询数据表stuscore中学号为202452125101的学生的成绩。

第10章 Python图形界面设计与应用

Python既支持传统的面向过程的结构化程序设计，也支持面向对象的程序设计。利用Python自带的面向对象的程序设计技术，用户可以便捷地设计出具有Windows风格的应用程序。

本章主要介绍Python中与图形设计及应用相关的常用软件包或库，主要包括Tkinter和Turtle。

学习目标

知识目标：

◎理解图形界面设计方法；

◎掌握组件常用属性、方法与事件；

◎掌握常用组件、对话框、菜单、画图与组件布局方法；

◎了解Turtle使用方法。

技能目标：

◎能够根据实际需要选择组件，设计程序界面；

◎能够编写组件触发事件；

◎能够设计与开发简单的Python图形界面应用程序。

素质目标：

◎深刻理解分而治之、分工协作的思想，培养团结协作精神；

◎弘扬红船精神，厚植家国情怀、涵养进取品格。

知识导图

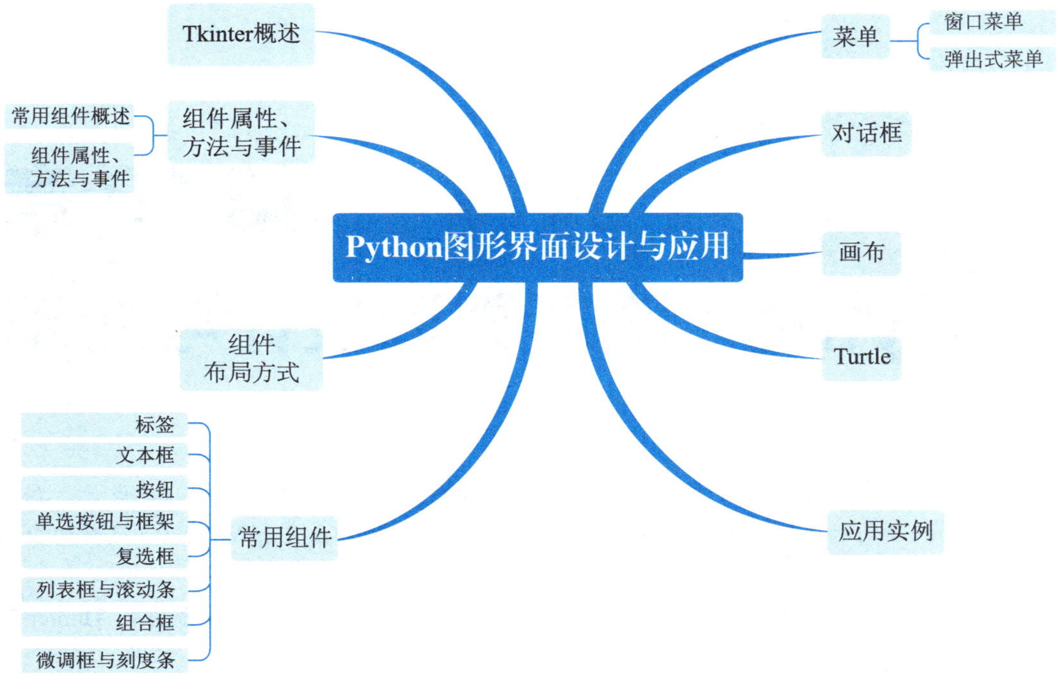

10.1 Tkinter 概述

图形用户界面（Graphical user interface, GUI），即图形用户接口，用来实现计算机中图形计算、处理及显示的程序设计工具，结合计算机设计语言，可以开发出界面友好、操作方便的应用程序，实现人机交互。GUI主要由窗口、菜单、对话框及各类组件组成，例如由标签、文本框、按钮等各种图形对象组成的界面，体现了面向对象程序设计方法的核心理念。目前，支持GUI开发的软件包有很多，其中多数使用C/C++语言开发，例如Qt、GTK、wxWidgets、Electron、MFC/ATL等；对于Java语言，主要有AWT、SWING、JavaFX等；对于C#语言，主要有WinForm、WPF等；对于Python语言，主要有Tkinter、wxPython、PyQt、PyGTK、Pywin32等。本章着重介绍Python中的Tkinter，其余GUI软件包请读者查找相关资料予以学习。

Tkinter（Tk interface，Tk接口，简称“Tk”）是Python标准的GUI软件包或库，安装好Python后，就可以直接使用它，而无须额外安装。其简单易学、功能强大，而且跨平台，支持Windows、Linux、Mac平台，它传承了Python语法简洁、代码易读的基本特点。与其他编程语言的GUI工具包相比，Tkinter编码效率高，能够实现快速开发的目的。利用Tkinter可以快速创建GUI应用程序，Python的IDLE就是用Tkinter编写而成。导入Tkinter软件包通常有两种方式。

```
import tkinter                          # 第一种导入方式
from tkinter import *                   # 第二种导入方式，本章主要采用第二种方式
```

需要说明的是，虽然Tkinter简单易用，体现了面向对象程序设计思想，但是其提供的功能还较少，只能用于一些简单应用程序的开发，不适合复杂、大型的应用程序设计。后续出

现的第三方库 wxPython、PyQt、PyGTK 等，提供了较完整的、强大的应用程序开发包，读者可以根据需要选择使用。另外，为了叙述简洁，程序中使用标准的小写的 turtle，其余处使用 Turtle。Tkinter 处理方式也如此。

10.2　组件属性、方法与事件

Python 的 Tkinter 库提供了多种组件，包括容器类组件和控件类组件，同时每种组件有自己的属性和方法。为了响应用户的请求，Tkinter 还提供了事件处理机制。

10.2.1　常用组件概述

Tkinter 库中的组件分为容器类组件和控件类组件。

1. 容器类组件

容器（Container）类组件是指能包含其他组件的对象。其本身为一个组件，还可以在其中添加其他组件，实现分类管理。Tkinter 中的常用容器类组件有四个，见表 10-1。

表 10-1　常用容器类组件

容器名称	描　述
Frame	在屏幕上显示一个矩形区域，用于多个组件组合与界面布局
LabelFrame	类似 Frame，区别在于此矩形区域可以被定义一个标题
PanedWindows	一种特殊的 Frame 组件，又称为窗格界面，以分块形式为其他组件提供一个容器或者框架，对图形界面进行布局
Toplevel	又称为子窗体组件，功能类似 Frame 组件，但是该组件会创建一个脱离根窗口的独立子窗口

2. 控件类组件

控件（Control）类组件是指可以以图形化的方式显示出来，并能与用户进行交互的对象。标签、文本框和按钮等都是典型的控件类组件。此类组件不能容纳其他组件，必须独自作为一个整体来使用。Tkinter 库的常用控件类组件见表 10-2。

表 10-2　常用控件类组件

控件名称	描　述	控件名称	描　述
Label	标签	Scrollbar	滚动条
Button	按钮	Canvas	画布
Entry	单行文本框	Menu	菜单栏
Text	多行文本框	Menubutton	菜单按钮
Radiobutton	单选按钮	OptionMenu	选项菜单
Checkbutton	复选框	Combobox	组合框
Listbox	列表框	MessageBox	消息框
Scale	进度条	Spinbox	微调框

在 Python 中，所有组件放在一个主窗口中，该窗口又称为根窗口，一个应用程序只能有一个根窗口。其余组件根据需要在根窗口中进行创建及引用，基本语句格式如下：

```
from tkinter import *                          # 语句一
<主窗口变量名> = Tk()                          # 语句二
'''语句三'''
<组件变量名> = <组件名>( <父窗口>[, <选项1 = 值1>][, <选项2 = 值2>][, …] )
<主窗口变量名>.mainloop()                      # 语句四
```

说明：

① 语句一用来导入Tkinter库。

② 语句二用来创建一个根窗口，其窗口变量名为<主窗口变量名>。Tk()为Python的Tkinter库中的构造函数，用于创建一个根窗口。

③ 语句三用来实现在<父窗口>中创建一个组件<组件名>，在创建该组件时可以设置组件的属性，例如大小、颜色、布局等，并且可以定义一个<组件变量名>来表示该组件。<父窗口>可以是主窗口，也可以是其他容器类组件。

④ 语句四用来实现消息循环，告诉主窗口进行窗口内容的不断更新。

10.2.2 组件属性、方法与事件

在面向对象程序设计中，组件对象是一个具有各种属性（数据）和方法（内部动作）的实体。不同的对象具有不同的属性、方法和事件。一个组件对象建立以后，其操作就可以通过与该对象有关的属性、方法和事件来实现。

1. 组件属性

组件对象所具有的特征被称为组件的属性（properties）。不同的组件对象有不同的属性，而每个组件对象又都由若干属性来描述。例如，一个学生可以有姓名、身高和体重等属性。同时，所有组件对象也具有某些共同的属性，例如大小、字体和颜色等，它们称为组件的标准属性，常用的组件的标准属性见表10-3。

表 10-3 常用组件的标准属性

属　性	说　明
width/height	设置组件的宽度 / 高度
foreground/fg	设置前景色，即字体的颜色，fg 是 foreground 的简写
background/bg	设置背景色，bg 是 background 的缩写
anchor	设置组件在窗口内的位置，取值 E（东）、S（南）、W（西）、N（北）、SE（东南）、SW（西南）、NW（西北）、NE（东北）、CENTER（中心），默认为 CENTER
borderwidth/bd	设置组件的边框宽度，单位为像素
cursor	当鼠标指针移到组件上时，鼠标指针的形状，取值有 crosshair（十字光标）、watch（待加载圆圈）、plus（加号）、arrow（箭头）等
text	设置组件的标题文字
state	控制组件状态，取值 normal（正常）、active（激活）、disabled（禁用）
font	设置字体，为一个三元组（字体、字号、字体样式）。字体有宋体、隶书、Arial、Times New Roman 等；字号为字体大小，单位为磅；字体样式有 bold（粗体）、italic（斜体）、underline（下划线）等
padx/pady	设置组件内的文字或者图片与组件边框之间的水平 / 垂直距离
relief	设置组件的边框样式，取值 flat（平）、raised（凸）、sunken（凹陷）、groove（沟槽边缘）、ridge（脊状边缘）
justify	设置组件上多行文字的排列方式，取值 lef（左对齐）、center（居中对齐）、right（右对齐）
image	设置组件的图片文件
bitmap	设置组件的位图文件

在Python中，每个组件对象有许多属性，在创建组件对象时可以为一些属性设置属性值，没有设置属性值的属性将取默认值。组件对象的属性值既可以在创建组件时设置，也可以在创建后根据需要设置或修改。组件的属性设置方法主要有以下几种：

① 创建组件对象时，利用构造函数来创建组件并设置属性。

这种方式主要是采用“属性名=属性值”来设置属性，例如：

```
bt = Button(myroot, text = "确定")
lb = Label(myroot, text = "显示标签事例", width = 20)
```

② 创建组件对象后，利用字典索引方式设置属性。

这种方式用于已创建的组件。将组件对象视为一个字典，属性名为关键字，属性值为字典的值，如上面创建的按钮组件和标签组件，其属性值的设置或修改方法如下：

```
bt["text"] = "确定"
lb["fg"] = "green"
```

③ 使用方法 config()/configure() 修改或更新属性。

字典方法每次只能修改一个属性，如果使用方法 config() 或 configure()，可以一次性修改或更新组件对象的多个属性的值，例如：

```
bt.config(text = "确定", fg = "red", bg = "blue")
```

2. 组件方法

方法（method）是附属于对象的行为和动作，是对象能够执行并完成相应任务的操作命令代码。系统定义的方法是在创建组件对象时事先编制好的程序代码，用于完成组件规定的操作，各组件的方法不完全相同。组件对象的方法可以比作面向过程的程序设计中的函数，调用“函数”可以完成相应的操作，而不必再编写程序代码。在 Python 中，主窗口的方法有 mainloop()（用于实现主窗口循环）、geometry()（用于设置窗口尺寸）等。组件对象常用的方法见表 10-4。

表 10-4　组件对象常用的方法

方　法	说　明	方　法	说　明
config()/configure()	设置组件多个属性	state()	设置组件的状态
insert()	在指定位置插入数据	update()	刷新当前窗口
delete()	删除指定的数据	flash()	刷新组件
pack()/grid()/place()	设置组件的排列位置		

在 Python 中，当一个组件对象建立以后，就可以在应用程序的任何位置调用对象的方法，也就是执行对象的方法代码，用来完成某一个特定的功能。在程序中调用对象的方法的语句格式如下：

```
<组件变量名>.<方法>
```

例如：

```
myroot.mainlood()        # 进入主窗体循环
bt.pack()                # 以默认布局方式显示组件bt
```

3. 组件事件

在 Python 中进行 GUI 程序设计时，组件是面向对象程序设计不可或缺的重要组成部分，然而组件只是构成程序界面的对象，如果希望各个组件能够协调一致的行动，实现交互，完成预定的任务，必须进行事件处理。所谓事件（event），是由 Tkinter 预先定义好的、能够被对象识别的动作或状态，如单击、双击、按键、组件状态改变等。不同的组件对象的事件不完全相同，组件对象常用的事件见表 10-5。

表 10-5　组件对象常用的事件

事　件	说　明
Activate/Deactivate	组件状态（state）改变时触发，由不可用（disabled）转为可用（enabled））时触发 Activate 事件；反之触发 Deactivate 事件
FocusIn/FocusOut	组件获得焦点时触发 FocusIn 事件；失去焦点时触发 FocusOut 事件
Visible	组件变为可见时触发
Configure	组件尺寸改变时触发
Property	组件属性值发生改变时触发
Destroy	组件销毁时触发
Map/Unmap	组件由隐藏状态变为显示状态时触发 Map 事件；反之触发 Unmap 事件

4. 事件处理

Python 中的事件不但包括组件对象的事件，还包括通过鼠标或键盘来实现特定功能的事件。本节将介绍相关的常用事件及其处理方法。事件处理是指当事件发生时，调用相应的事件处理函数来实现对应的操作。

（1）事件格式

Python 中的事件通常使用特定格式来描述，其语句格式如下：

```
<[modifier-] type [-detail]>
```

Python 中的事件描述必须放在一对尖括号“<>”中。type 表示事件类型。例如按键盘上的某键或鼠标操作，为必选项。常见的事件类型见表 10-6。modifier 和 detail 为可选项，根据需要进行设置。通常，modifier 用于组合键定义，如 Ctrl、Alt、Shift 等，见表 10-7。detail 用来明确哪一个键或按钮，例如对于鼠标操作，1 表示左键、2 表示中键、3 表示右键。

表 10-6　常见的事件类型及其说明

type	说　明
Button	按下鼠标某键触发，detail 选项指定某键。<Button-1> 表示鼠标左键；<Button-2> 鼠标中键；<Button-3> 鼠标右键；<Button-4> 滚轮上滚；<Button-5> 滚轮下滚
ButtonRelease	释放鼠标键触发，detail 选项指定鼠标某键
Key/KeyPress	按下键盘某键触发，detail 选项指定键盘某键
KeyRelease	释放键盘某键触发，detail 选项指定键盘某键
Enter/Leave	鼠标指针进入某组件触发 Enter 事件，离开时触发 Leave 事件
Activate	组件由不可用（disabled）转为可用（enabled）时触发
Motion	鼠标指针在组件内移动时触发

表 10-7　modifier 选项及其说明

modifier	说　明
Control/Alt/Shift	分别按下【Ctrl】键、【Alt】键和【Shift】键
Any	按任意键，如 <Any-KeyPress>
Double	两个事件被连续触发，如双击左键 <Double-Button-1>
Triple	三个事件被连续触发
Lock	按【Caps Lock】键

根据 Python 对于事件的格式要求，下面是一些常用的 Tkinter 事件对应的键组合形式。

```
<Control-Button-1>                # 【Ctrl】+ 鼠标左键
<Double-Button-1>                 #  双击鼠标左键
<Alt-Key-x>                       # 【Alt+x】
```

```
<Any-Key-x>                       #【任意键+x】
<Control-Key-x>                   #【Ctrl+x】
<Return>                          #【Enter】键
```

（2）事件对象及属性

Python的每个事件都会使系统自动创建一个事件对象。该对象具有大量属性，用来描述该事件。事件对象的常用属性见表10-8。

表 10-8　事件对象的常用属性

属　　性	说　　明
x, y	当前鼠标对于组件左上角的坐标位置，单位为像素
x_root, y_root	当前鼠标对于屏幕左上角的坐标位置，单位为像素
type	事件类型
char	对于键盘事件，对应字符串格式
num	对应的鼠标键号，1、2、3 分别表示左、中、右键
widget	触发事件的组件
keycode	键盘事件对应键盘字符的 ASCII 码
keysym	键盘事件对应键盘字符，如 Alt_L、Shift_R、F1 ～ F12 等
keysym_num	keysym 的数值表示，对于普通字符即是 ASCII 码

（3）事件绑定

Python通过事件与处理程序（通常为定义的事件处理函数）之间建立起关联实现事件处理，这种关联称为绑定。绑定方式主要有以下几种：

① 实例绑定。它又称为对象绑定，是对某个组件对象进行的事件绑定，仅对该组件有效，对其他组件无效。实例绑定调用组件对象的bind()方法实现，其绑定形式如下：

```
<组件对象名>.bind("<事件类型>", <事件处理函数>)
```

功能： 如果组件对象发生了与<事件类型>相同的事件，则调用<事件处理函数>。调用时，系统会传递一个Event类的对象作为实参。该事件对象描述了所发生事件的详细信息。

【例10.1】 返回KeyPress键盘事件的信息。

分析： KeyPress事件用来实现返回按下键盘上的任意键的信息，包括keysym、keycode及keysym_num。为这响应这个事件，先建立一个框架对象，然后通过bind()方法实现框架对象与KeyPress事件绑定。

根据分析，参考程序代码如下：

```
from tkinter import *
def call_back(event):                         # 定义事件处理函数
    print(event.keysym)
    print(event.keycode)
    print(event.keysym_num)
root = Tk()
frame = Frame(root, width = 150, height = 150, bg = 'blue')
                                              # 创建框架对象
frame.bind("<KeyPress>", call_back)           # 事件绑定
frame.pack()
frame.focus_set()
root.mainloop()
```

② command绑定。在创建组件实例时，可以通过其参数command指定事件处理函数，实现绑定，其绑定形式如下：

```
<组件变量名> = <组件名>( <父窗口>[, <选项1 = 值1>][, <选项2 = 值2>][, …],
command = <事件处理函数> )
```

功能： 创建组件<组件名>时，同时绑定指定的事件<事件处理函数>。

③ 类绑定。在Python中，可以将事件绑定在类上，这个类的任何一个实例都会触发事件，称为类绑定。类绑定调用组件对象的bind_class()方法实现，其绑定形式如下：

```
<组件对象名>.bind_class("<组件类>", "<事件类型>", <事件处理函数>)
```

功能： 如果<组件类>中任意实例对象发生了与<事件类型>相同的事件，则调用<事件处理函数>。虽然在绑定时指定了<组件对象名>，但是在实际执行中，对<组件类>中所有实例都有效。

④ 全局绑定。在Python中，可以将事件绑定在所有组件上，这个程序中的任何一个组件都会触发事件，称为全局绑定。全局绑定调用组件对象的bind_all()方法实现，其绑定形式如下：

```
<组件对象名>.bind_all("<事件类型>", <事件处理函数>)
```

功能： 如果程序中任意组件对象发生了与<事件类型>相同的事件，则调用<事件处理函数>。虽然在绑定时指定了<组件对象名>，但是在实际执行中，对程序中的所有组件都有效。

【例10.2】 全局绑定实例。

利用bind_all()方法实现在窗口内任意位置单击，显示信息。参考程序代码如下：

```
from tkinter import *
def call_back(event):
    '''标签内容显示鼠标距离主窗口左上角的坐标信息'''
    lb["text"] = "{},{}".format(event.x_root, event.y_root)
root = Tk()
Button(root, text = "确定").pack()              # 创建按钮“确定”
Button(root, text = "取消").pack()              # 创建按钮“取消”
lb = Label(root, text = "显示信息")             # 创建标签
lb.bind_all("<Button-1>", call_back)          # 全局绑定
lb.pack()
root.mainloop()
```

运行该程序，将在主窗口中放置两个按钮及一个标签，利用bind_all()方法实现绑定。只要在主窗口中任意位置单击，标签中将显示鼠标单击位置距离主窗口左上角的坐标信息。

10.3 组件布局方式

布局指的是管理组件在窗口中的位置，也就是窗口中各组件的排版。Tkinter通过布局管理器来实现，Tkinter提供了三种常用的布局管理器，分别是pack、grid和place。在同一个主窗口或同一个容器组件中，三种布局管理器只能选一种，不可混用。

1. pack 布局管理器

pack是一种较为简单的布局方法，默认的布局方式是根据组件创建的先后顺序自上而下地添加到父窗口（主窗口或容器类组件，通常为主窗口）中，利用pack()方法实现，其语句

格式如下：

```
<组件变量名>.pack([ <选项1 = 值1>][, <选项2 = 值2>][, …])
```

其选项（属性）的常用选择如下：

side：设置组件的排列位置，取值可以为TOP（默认）、BOTTOM、LEFT、RIGHT。

expand：设置组件是否扩展填充，设置为True（值1）表示扩展，False（值0）不扩展，其可随父窗口的大小变化而变化。

fill：确定组件是否填充额外空间，其值可以是none（不填充）、x（向x方向填充）、y（向y方向填充）或both（同时向x、y方向填充）。

ipadx/ipady：设置组件内部在x/y方向的间隙。

padx/pady：设置组件外部在x/y方向的间隙。

2. grid 布局管理器

grid将父窗口当作一个由多行和多列构成的二维表格（虚拟的），并将当前的组件放入各个单元格中，形成一个简洁、优雅的界面图形。grid不用指定表格或单元格大小，系统根据单元格中的组件大小自动调整，其采用grid()方法实现组件布局，其语句格式如下：

```
<组件变量名>.grid([ <选项1 = 值1>][, <选项2 = 值2>][, …])
```

其选项（属性）的常用选择如下：

row/column：指定组件位于二维表格的第几行/第几列，默认为第0行第0列。

rowspan/colmnspan：指定组件所跨的行数/列数，实现组件占据相邻的多行或多列。

sticky：设置组件在单元格中的对齐方式。可以取值E（东）、S（南）、W（西）、N（北）、SE（东南）、SW（西南）、NW（西北）、NE（东北）、CENTER（中心，默认）。

ipadx/ipady：设置组件在单元格内部x/y方向的间隙。

padx/pady：设置组件在单元格外部x/y方向的间隙。

【例10.3】grid布局管理器设计的GUI程序。

参考程序代码如下：

```
from tkinter import *
myroot = Tk()
for i in range(7):                        # 创建多个按钮，按钮名称为对应行列坐标
    for j in range(7):
        Button(myroot, text = "({},{})".format(i, j), bg = 'yellow').
grid(row = i, column = j)
Label(myroot, text = "布局方式", fg = 'blue', font = ('隶书', 16, 'bold'
)).grid(row = 3, rowspan = 3, column = 7, sticky = N)
myroot.mainloop()
```

运行程序，结果如图10-1所示。

3. place 布局管理器

place将指定的组件放在一个特定的位置，用来精确控制组件的位置及大小，即使父窗口改变大小，指定的组件大小也不变。其位置可以设置为绝对布局和相对布局，采用place()方法实现组件布局，语句格式如下：

```
<组件变量名>.place([ <选项1 = 值1>][, <选项2 = 值2>][, …])
```

其选项（属性）的常用选择如下：

x/y：确定组件位于指定位置的绝对坐标(x,y)，从父窗口在左上角(0,0)开始算起，x方向向右，y方向向下。

relx/rely：确定组件位于指定位置的相对坐标系数，取值为0.0～1.0间的小数。当父窗口大小发生改变时，该组件位置将发生相对变化。例如，relx=0.5表示组件位于父窗口x方向上的1/2处。

width/height：确定组件的绝对尺寸，单位为像素。

relwidth/relheight：确定组件的相对尺寸，相对于父窗口两个方向上的比例系数，取值0.0～1.0之间。

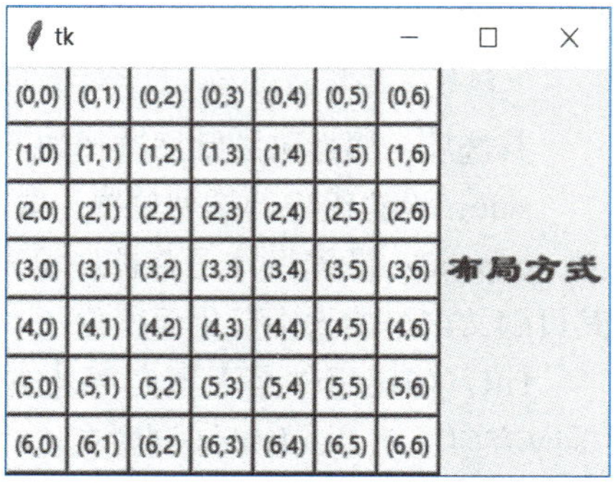

图 10-1　例 10.3 程序运行结果

4. 三种布局方式的比较

Tkinter提供了三种布局方式pack、grid和place。pack按照组件的添加顺序进行上下排列，比较简单，但灵活性较差。grid以行和列的网格形式排列组件，界面简洁、规范，组件排列较为灵活。place可以指定组件大小及位置，排列较为随意，是最为灵活的组件布局方式。读者在实际应用时，可根据需要进行选择。需要强调的是在同一父窗口中，只能选择其中的一种方式来布局组件。但容器组件在父窗口中的布局方式与容器内组件的布局方式可以不一样，即不同容器内的组件的布局方式可以不同，但同一容器内的所有组件的布局方式必须相同。

10.4 常用组件

在进行Python GUI程序设计时，Tkinter库提供了大量的组件，利用这些组件，可以便捷的设计各种图形用户界面，其设计过程主要有以下步骤：

① 导入Tkinter库，创建主窗口。

② 在主窗口中根据需要添加各种组件对象，并设置其属性。

③ 调整组件对象的位置和大小，通过选择一种布局方式来实现。也可以根据需要修改或更新组件对象的属性。

④ 根据需要编写组件对象的事件处理函数，实现组件对象间的消息通信，完成程序各项功能。

其中，第③④步的顺序可以调整，可以根据需要随时进行添加或删除部分组件的操作。

本节将介绍Tkinter库中的常用组件对象及其使用方法。

10.4.1 标签

标签（Label）组件是最常用的组件之一，用来显示文本信息。标签只能显示文本信息，而不能用来输入或编辑信息。标签上显示的信息在Text属性中指定。创建标签对象的语句格式如下：

```
<标签变量名> = Label(<父窗口>[, <属性1 = 值1>][, <属性2 = 值2>][, …])
```

功能： 在<父窗口>（主窗口或容器类组件）中创建一个具备相关属性特征的标签对象。

标签的常用属性及说明见表 10-9。

表 10-9　标签的常用属性及说明

属　性	说　明
text	标签上显示的文本信息，文本内可以包含换行符
anchor	控制文本（或图像）在 Label 中显示的位置，取值 N、NE、E、SE、S、SW、W、NW、CENTER（默认）
foreground/fg	设置 Label 的前景色
background/bg	设置 Label 的背景色
font	设置 Label 字体，它是一个三元组（字体、字号、字体样式）
justify	表示多行文本的对齐方式 left、right、center，注意文本的位置取决于 anchor 选项
wraplength	Label 显示的文本分行，该参数指定了分行后每一行的长度，默认值为 0

【例 10.4】设计如图 10-2 所示的界面，用于显示诗词《冬夜读书示子聿》。

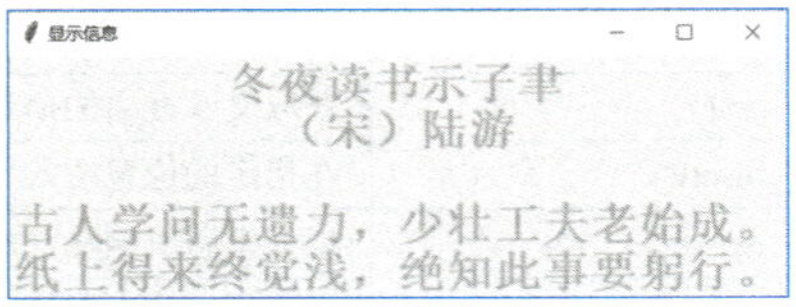

图 10-2　例 10.4“显示信息”界面

分析：根据图 10-2 所示，该窗口的标题名为“显示信息”。窗口内显示诗词信息，可以创建一个标签对象来实现，然后对其进行属性设置，包括 text、font、foreground 等。在显示信息时，可以通过设置文本间的换行符实现分行。

根据分析，参考程序代码如下：

```
from tkinter import *
myroot = Tk()
myroot.title("显示信息")
lb = Label(myroot, text = "冬夜读书示子聿\n（宋）陆游\n\n古人学问无遗力，少壮工夫老始成。\n纸上得来终觉浅，绝知此事要躬行。", font = ('宋体', 24, 'bold'), fg = "orange")
lb.pack()
myroot.mainloop()
```

10.4.2　文本框

文本框是图形用户界面中比较常见的组件对象，用来实现文本的输入和编辑，而且在输入时可随意进行编辑，如光标定位、选择、修改、插入、删除等。在 Python 的 Tkinter 库中，文本框分为单行文本框（Entry）对象和多行文本框（Text）对象，它们的属性以及使用方法类似。

1. 单行文本框

单行文本框（Entry）组件主要用于输入或编辑单行文本。创建的语句格式如下：

```
<文本框变量名> = Entry( <父窗口>[, <属性1 = 值1>][, <属性2 = 值2>][, …] )
```

功能：在<父窗口>中创建一个具备相关属性特征的单行文本框对象。

Entry 对象的常用属性及说明见表 10-10。

表 10-10　Entry 对象的常用属性及说明

属　性	说　明
selectbackground	选中文本时的背景颜色
selectforeground	选中文本时的前景色
show	指定文本框内容以何种样式的字符显示，例如 show="*"，则输入文本显示为“*”，常用于输入密码
textvariable	文本框的值，也称动态字符串，通过 StringVar() 方法设置

续表

属　性	说　明
xscrollcommand	设置输入框内的水平滚动条，当输入的内容大于输入框的宽度时使用
validate	设置文本框触发方式，主要有 focus（获得或失去焦点）、focusin（获得焦点）、focusout（失去焦点）、key（任意键）、all（任何情况）、none（不触发）
validatecommand	对应的事件处理函数
invalidcommand	validatecommand 无效时，可以再指定一个事件处理函数

调用Entry对象可以实现对该文本框内内容的操作，常用方法及说明见表10-11。

表 10-11　Entry 对象的常用方法及说明

方　法	说　明
StringVar()	设置动态字符串
get()	获取文本框内的信息
insert()	在指定的位置插入文本信息，例如 insert(index, s)
delete()	根据索引值删除文本框内的值，例如 delete(first, last=None)
index()	返回指定的索引值
select_clear()	取消选中状态
select_adujst()	选中指定索引和光标所在位置之前的字符
select_from(index)	设置一个选中范围，通过索引值 index 来设置
select_present()	返回文本框是否有处于选中状态的文本，如果有则返回 true，否则返回 false
select_to()	选中指定索引与光标之间的所有值
select_range()	选中指定索引与光标之间的所有值，参数值为 start 及 end，要求 start 小于 end

StringVar()方法用来设置动态字符串数据类型。类似方法还有BooleanVar()、DoubleVar()、IntVar()方法，分别代表数据类型布尔值、浮点型、整型，是Tkinter特有的数据类型设置方法。

对于Entry对象，可以通过以下方式指定文本所在的位置：

① index：表示从0开始的索引数字。

② anchor：对应文本框中第一个被选中的字符。

③ end：对应文本框中文本信息的最后一个位置。

【例10.5】设计一个判断数的奇偶性的界面，如图10-3所示。当用户从键盘输入一个自然数并按回车后，显示该数为偶数或奇数的信息。

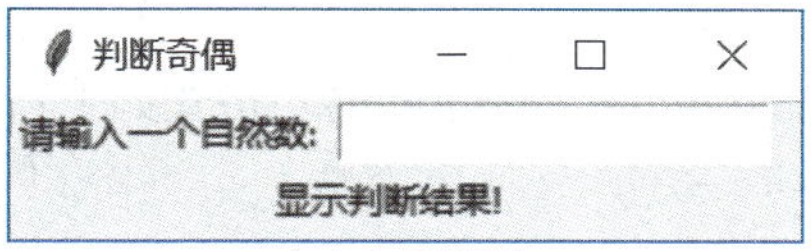

（a）初始界面

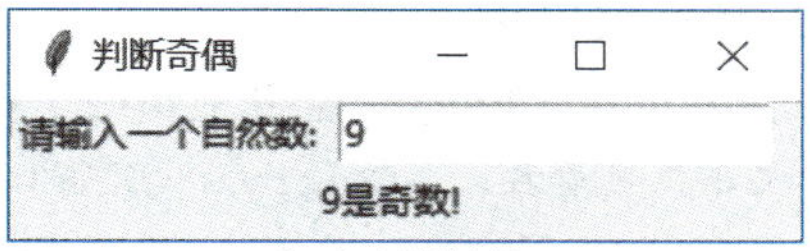

（b）判断结果

图 10-3　例 10.5 判断奇偶界面

分析： 根据图10-3所示，该窗口的标题名为“判断奇偶”。窗口中需要显示两种信息，因此可以创建两个标签对象分别显示提示信息和判断结果，还需要一个文本框接收数据，窗口中共三个组件对象。布局方式可采用grid()方法。本例需要响应按键盘上的回车键后，执行判断输入的数的奇偶性的操作，因此需要编写事件处理函数。此事件可以绑定在文本框对象上，只要输入数据后，按回车键将触发该事件函数。

根据分析，参考程序代码如下：

```
from tkinter import *
myroot = Tk()
myroot.title("判断奇偶")
v = StringVar()
def call_back(event):
    n = int(ety.get())
    if n % 2 == 0:
        lb2["text"] = "{}是偶数！".format(n)
    else:
        lb2["text"] = "{}是奇数！".format(n)
lb1= Label(myroot, text = "请输入一个自然数： ")
lb1.grid(row = 0, column = 0)
ety = Entry(myroot, textvariable = v)
ety.grid(row = 0, column = 1)
lb2 = Label(myroot, text = "显示判断结果！")
lb2.grid(row = 1, column = 0, columnspan = 2)
ety.bind("<Return>", call_back)
myroot.mainloop()
```

2. 多行文本框

多行文本框（Text）组件用来显示和处理多行文本信息，功能强大，使用灵活，不但可以用来显示多行文本，还可以进行文本的获取、插入、删除等各种编辑工作。它的使用方法与Entry相似。创建Text对象的语句格式如下：

```
<文本框变量名> = Text( <父窗口>[, <属性1 = 值1>][, <属性2 = 值2>][, …] )
```

功能：在<父窗口>中创建一个具备相关属性特征的多行文本框对象。

Text对象的许多属性与Entry对象相同，可以参考表10-10所示的内容。Text对象还提供了表10-12所示的属性。

表 10-12　Text 对象的属性及说明

属　性	说　明
spacing1	指定 Text 对象的文本中每一行与上一行的行距，默认值为 0
spacing2	指定 Text 对象的文本中各行行间距，默认值为 0
spacing3	指定 Text 对象的文本中每一行与下一行的行距，默认值为 0
tabs	指定 Tab 按键的功能，例如 tabs=('1c', '2c', '8c') 表示前三个 Tab 宽度分别为 1cm、2cm、8cm，默认为 8 个字符宽度
undo	默认为 False，表示关闭 Text 控件的“撤销”功能，若为 True 则表示开启
wrap	当一行文本的长度超过 width 设置的宽度时，是否自动换行，可选 none（不自动换行）、char（按字符自动换行）、word（按单词自动换行）
xscrollcommand	设置水平滚动条
yscrollcommand	设置垂直滚动条

通过调用Text对象的方法实现对文本框中内容的操作，其常用方法与Entry对象相同，可参考表10-11所示的内容。由于Text对象为多行文本框，其方法名中对应参数的个数与含义有所不同。

get(index1, index2)：获取指定范围的文本。

insert(index, text)：在指定位置index处插入文本。

replace(index1, index2, text)：用文本text替换指定范围的文本。

delete(index, index2)：删除指定范围的文本。

其中，index表示文本所在的位置，其格式为“line.column”表示某一行某一列的位置。line从1开始，column从0开始，1.0表示第1行第1列，2.1表示第2行第2列。index也可以使用位置标签，insert表示光标的插入点，current表示鼠标的当前位置，end表示文本框最后一个字符的下一个位置，sel_first表示选中文本块的第一个字符，sel_last表示选中文本块的最后一个字符，“line.end”表示某一行到末尾的最后一个字符的下一个位置。

【例10.6】设计一个获取文本部分信息的界面，如图10-4所示。文本框中的信息保存在文本文档“红船精神.txt”中，并将第二行的文本信息复制到右侧的单行文本框中。“红船精神”详细内容见本章末的拓展知识。

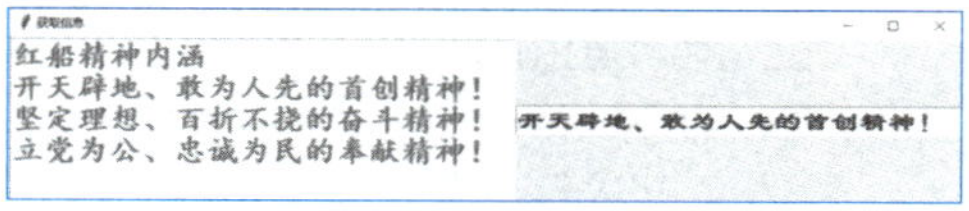

图10-4　例10.6获取文本部分信息界面

分析：根据图10-4所示，该窗口的标题名为“获取信息”。窗口中需要获取两种信息，左侧为多行文本，右侧为单行文本，因此可以创建一个多行文本框对象和一个单行文本框对象。其中，多行文本框内容通过文件读操作获取，单行文本框信息由多行文本框中指定位置获取。在创建对象时设置好属性，布局方式采用grid()方法。

根据分析，参考程序代码如下：

```
from tkinter import *
myroot = Tk()
myroot.title("获取信息")
txt = Text(myroot, width = 30, height = 5, font = ("楷体", 24, "bold"), fg = "red")
txt.grid(row = 0, column = 0)
ety = Entry(myroot, width = 30, font = ("隶书", 20, "bold"), fg = "blue")
ety.grid(row = 0, column = 1)
with open("D:\\红船精神.txt") as f:       # 打开指定的文件
    txt.insert(INSERT, f.read())         # 读取文件内容并插入到多行文本框对象中
ety.insert(0, txt.get("2.0", "2.end")) # 将第二行内容插入到单行文本框对象中
myroot.mainloop()
```

10.4.3　按钮

按钮（Button）组件又称为命令按钮组件，是Tkinter中的常用组件之一，是实现程序与用户之间交互的重要组件。通过用户单击按钮的行为来执行事件处理函数，是Button组件的主要功能。用户定义一个函数，将函数与按钮关联起来。当用户单击这个按钮时，会自动调用事件处理函数。创建Button对象的语句格式如下：

```
<按钮变量名> = Button( <父窗口>[, <属性1 = 值1>][, <属性2 = 值2>][, …] )
```

功能：在<父窗口>中创建一个具备相关属性特征的按钮对象。

按钮对象也有许多属性，如width、height、fg、bg、state、relief、anchor、font等，与其他组件对象的作用与使用方法一样。按钮对象最重要的属性是text（用于显示按钮上的文本）

和 command（用于关联事件处理函数）。

【例 10.7】设计一个密码验证窗口，如图 10-5 所示。当输入用户名（user）和密码（123456）都正确时，单击“登录”按钮，出现如图 10-5（a）所示的提示框。当用户名或密码不正确时，出现如图 10-5（b）所示的提示框。单击“退出”按钮，关闭登录窗口。

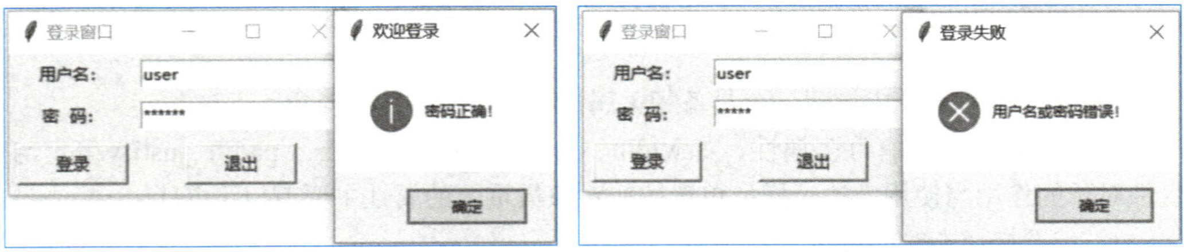

（a）正确提示框　　　　（b）错误提示框

图 10-5　例 10.7 密码验证窗口

分析：根据图 10-5 所示，该窗口的标题名为“登录窗口”。窗口中包括两个标签对象，两个单行文本框对象以及两个按钮。按钮需关联相应的事件处理函数，用来判断输入的用户名和密码是否都正确，并给出提示，提示结果为两个消息对话框。“退出”按钮用来关闭登录窗口，可调用主窗口的 destroy() 方法实现。

根据分析，参考程序代码如下：

```
    from tkinter import *
    from tkinter.messagebox import *                              # 导入messagebox模块
    myroot = Tk()
    myroot.title("登录窗口")
    Label(myroot, text = "用户名：").grid(row = 0)
    Label(myroot, text = "密   码：").grid(row = 1)
    v1 = StringVar()
    v2 = StringVar()
    ety1 = Entry(myroot, textvariable = v1)
    ety2 = Entry(myroot, show = '*', textvariable = v2)      # 输入字符用*代替
    ety1.grid(row = 0, column = 1, padx = 3, pady = 5)
    ety2.grid(row = 1, column = 1, padx = 3, pady = 5)
    def login_in():
        if ety1.get() == "user" and ety2.get() == "123456": # 判断用户名及密
码是否正确
            showinfo("欢迎登录", "密码正确！")
        else:
            showerror("登录失败", "用户名或密码错误！")
    Button(myroot, text = "登录", width = 10, command = login_in).grid(row = 3,
column = 0,  padx = 6, pady = 5)                          # 调用事件处理函数
    Button(myroot, text = "退出", width = 10, command = myroot.destroy).grid(row
= 3, column = 1, padx = 6, pady = 5)                      # 调用destroy()方法，销毁主窗口
    myroot.mainloop()
```

10.4.4　单选按钮与框架

单选按钮（Radiobutton）组件是 GUI 设计中较为常见的组件之一，用来提供一些选项供用户选择，这些选项有选中或未选中两种状态，用户每次只能选择多个单选按钮中的一项。单选按钮的常用操作是鼠标单击。框架是一种容器，用于将一组相关的基本组件组合成一个

复合组件，实现窗口的分块设计，包括框架（Frame）组件和标签框架（LabelFrame）组件。

1. 单选按钮

单选按钮的外观是一个小圆圈加上相邻的标题组成，未选时圆圈内为空白，选中时圆圈中出现一个圆点。创建Radiobutton对象的语句格式如下：

```
<单选按钮变量名> = Radiobutton( <父窗口>[, <属性1 = 值1>][, <属性2 = 值2>]
[, …] )
```

功能：在<父窗口>中创建一个具备相关属性特征的单选按钮对象。

Radiobutton对象也有许多属性，如width、fg、bg、state、padx、pady、justify等，与其他组件对象的作用与使用方法一样。单选按钮对象最重要的属性主要有以下几个：

text：单选按钮右侧的文本。

command：单击单选按钮触发的事件处理函数。

value：单选按钮关联的值，多个单选按钮时其值各不相同。

variable：关联单选按钮设置的变量，可使用get()方法获取，用来确定哪个按钮被选中。

单选按钮对象的常用方法有以下几个：

select()：选中单选按钮。

deselect()：取消选择。

invoke()：调用单选按钮关联的事件处理函数。

flash()：刷新单选按钮。

2. 框架

框架（Frame）组件作为子窗口可以将多个对象放在一起。创建Frame对象的语句格式如下：

```
<框架变量名> = Frame( <父窗口>[, <属性1 = 值1>][, <属性2 = 值2>][, …] )
```

功能：在<父窗口>中创建一个具备相关属性特征的框架对象。

Frame对象的常用属性主要有width、height、bg、bd（border）、borderwidth、relief等。

3. 标签框架

标签框架（LableFrame）组件是有标题的框架（Frame）对象，标题名由属性text设置。创建Frame对象的语句格式如下：

```
<标题框架变量名> = LabelFrame( <父窗口>, <text = 字符串> [, <属性1 = 值1>]
[, <属性2 = 值2>][, …] )
```

功能：在<父窗口>中创建一个具备相关属性特征的标签框架对象。

LabelFrame对象与Frame对象的功能相似，使用方法相同。

【例10.8】用单选按钮设计一个“调色板”界面，如图10-6所示。当用户单击第一行（红、橙和黄）中的任意一个按钮后，标签框架的背景色变成相应的颜色；当用户单击第二行（绿、青和蓝）中的任意一个按钮后，标签框架的前景色变成相应的颜色；当用户单击最后一行（紫、黑和白）中的任意一个按钮后，主窗口的背景色变成相应的颜色。

分析：根据图10-6所示，该窗口的标题名为“单选按钮调色板”，窗口中包括一个标签框架对象，其标题名为“调色板”，标签框架中包括九个单选按钮，其名称为对应的九种颜色，并设置其位置。通过每个单选按钮的command属性，关联相应的事件处理函数，执行颜色选择。

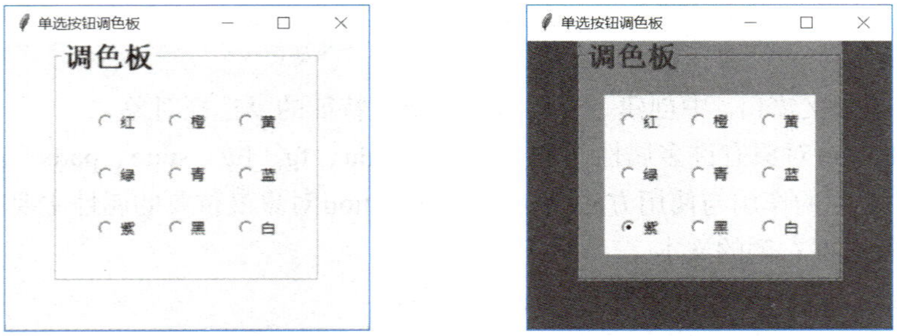

（a）初始调色板窗口　　（b）背景色变化后调色板窗口

图 10-6　例 10.8 单选按钮调色板窗口

根据分析，参考程序代码如下：

```
from tkinter import *
myroot = Tk()
myroot.title("单选按钮调色板")
myroot.geometry('300x300')
lbf = LabelFrame(myroot, width = 150, height = 150, padx = 20, pady =
20, text = "调色板", font = ("宋体", 18, "bold"))
lbf.pack()
site = [[('红', 1), ('橙', 2), ('黄', 3)],
        [('绿', 4), ('青', 5), ('蓝', 6)],
        [('紫', 7), ('黑', 8), ('白', 9)]]
v = IntVar()
def choose():
    n = v.get()
    if n == 1 : lbf["bg"] = "red"                 # 红色
    elif n == 2: lbf["bg"] = "orange"             # 橙色
    elif n == 3: lbf["bg"] = "yellow"             # 黄色
    elif n == 4: lbf["fg"] = "green"              # 绿色
    elif n == 5: lbf["fg"] = "cyan"               # 青色
    elif n == 6: lbf["fg"] = "blue"               # 蓝色
    elif n == 7: myroot["bg"] = "purple"          # 紫色
    elif n == 8: myroot["bg"] = "black"           # 黑色
    elif n == 9: myroot["bg"] = "white"           # 白色
for i in range(3):
    for j in range(3):
        radio_button = Radiobutton(lbf, text = site[i][j][0], variable
= v, value = site[i][j][1], padx = 10, pady = 10, command = choose )
        radio_button.grid(row = i, column = j)
myroot.mainloop()
```

10.4.5　复选框

复选框（Checkbutton）组件是GUI设计中较为常见的组件之一，用来提供一些选项供用户选择，这些选项有选中或未选中两种状态，用户可以选择多个复选框中的一项或同时选中多项。复选框按钮的外观是一个方框加上相邻的标题组成，未选时方框内为空白，选中时方框中出现一个勾（√）。复选框的常用操作是鼠标单击。创建复选框对象的语句格式如下：

```
<复选框变量名> = Checkbutton( <父窗口>[, <属性1 = 值1>][, <属性2 = 值2>]
[, …] )
```

功能：在<父窗口>中创建一个具备相关属性特征的复选框对象。

Checkbutton对象有许多属性，如width、height、fg、bg、state、padx、pady、justify等，与其他组件对象的作用与使用方法一样。Checkbutton对象最重要的属性主要有以下几个：

text：复选框右侧的文本。

command：单击复选框触发的事件处理函数。

onvalue：复选框选中时变量的值。

offvalue：复选框未选中时变量的值。

variable：关联复选框设置的变量，可以使用get()方法获取，用来确定哪些复选框被选中。每个复选框使用不同的变量，使复选框各自独立。

复选框对象的常用方法主要有：

select()：选中复选框，即variable为onvalue。

deselect()：取消选择，即variable为offvalue。

invoke()：调用复选框关联的事件处理函数。

flash()：刷新复选框。

toggle()：改变复选框的状态。

【例10.9】用复选框设计一个“格式设置”界面，如图10-7所示。当用户单击界面中的任意一个复选框后，标签中的字体格式将作出相应的变化；当再次单击以取消选中时，字体格式还原。

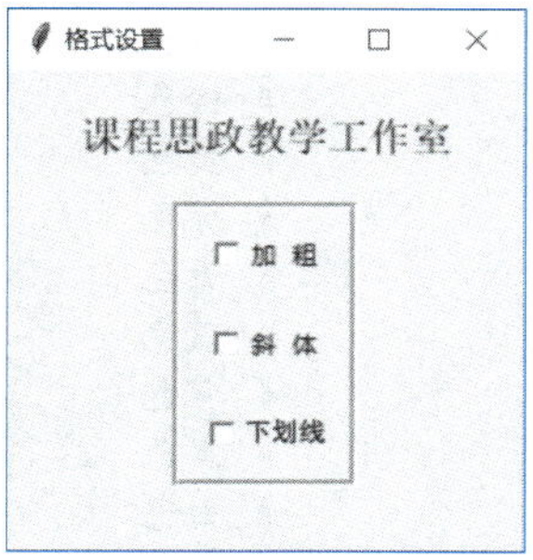

（a）格式设置前

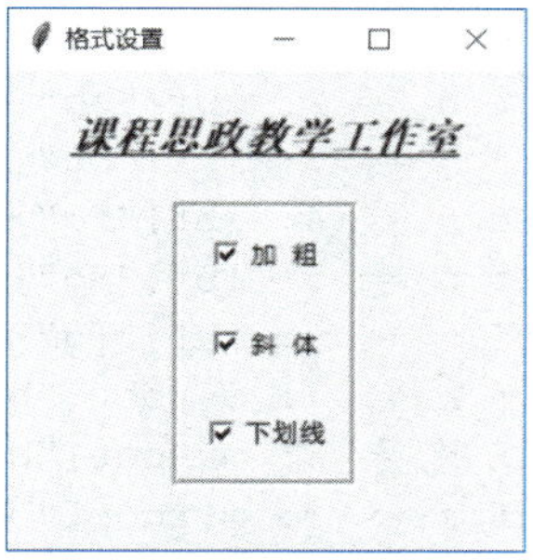

（b）格式设置后

图 10-7 例 10.9 格式设置界面

分析：根据图10-7所示，该窗口的标题名为“格式设置”，窗口中包括一个框架对象，框架内包括三个复选框对象，其名称为对应的三种格式，同时设置其位置特性。单击任意一个复选框，调用相应的事件处理函数，执行格式设置功能。

根据分析，参考程序代码如下：

```
from tkinter import *
from tkinter.font import *
myroot = Tk()
myroot.title("格式设置")
myroot.geometry('250x240')
```

```
    myfont = Font(family = "宋体", size = 15, weight = "normal", underline
= 0, slant = "roman")
    lb = Label(text = '课程思政教学工作室', font = myfont)
    lb.pack(padx = 20, pady = 20)
    lf = Frame(myroot, bd = 4, relief = "groove")
    lf.pack()
    ckv1, ckv2, ckv3 = IntVar(), IntVar(), IntVar()
    def select():
        if ckv1.get() == 1: myfont.configure(weight = "bold")
        else:  myfont.configure(weight = "normal")
        if ckv2.get() == 1: myfont.configure(slant = "italic")
        else:  myfont.configure(slant = "roman")
        if ckv3.get() == 1: myfont.configure(underline = 1)
        else:  myfont.configure(underline = 0)
    ck1 = Checkbutton(lf, text = "加  粗", padx = 10, pady = 10, variable =
ckv1, onvalue = 1, offvalue = 0, command = select)
    ck2 = Checkbutton(lf, text = "斜  体", padx = 10, pady = 10, variable =
ckv2, onvalue = 1, offvalue = 0, command = select)
    ck3 = Checkbutton(lf, text = "下划线", padx = 10, pady = 10, variable =
ckv3, onvalue = 1, offvalue = 0, command = select)
    ck1.pack(); ck2.pack(); ck3.pack()
    myroot.mainloop()
```

10.4.6　列表框与滚动条

列表框（Listbox）组件显示一个项目列表，用户可以从中选择一项或多项，但不能直接编辑列表框中的数据。滚动条（Scrollbar）用来拓展内容的可见范围，通常与列表框、文本框（单行文本框或多行文本框）、画布等组件组合在一起使用，让用户可以上下或左右滚动，以查阅所有内容。

1. 列表框

列表框（Listbox）组件用于显示多个项目，并且允许用户选择一个或多个项目。创建列表框框对象的语句格式如下：

```
<列表框变量名> = Listbox( <父窗口>[, <属性1 = 值1>][, <属性2 = 值2>][, …] )
```

功能： 在<父窗口>中创建一个具备相关属性特征的列表框对象。

Listbox 对象的常用属性见表 10-13。

表 10-13　Listbox 对象的常用属性

属　性	说　明
listvariable	指向 StringVar 类型的变量，用于存放 Listbox 中的项目
selectmode	设置选择模式，single（单选）、browse（默认，单选，拖动鼠标或通过方向键可以改变选项）、multiple（多选）和 extended（多选，需同时按住【Shift】键或【Ctrl】键或拖拽鼠标）
xscrollcommand	设置水平滚动条
yscrollcommand	设置垂直滚动条

Listbox 对象的常用方法见表 10-14。

表 10-14　Listbox 对象的常用方法

方　法	说　明
get(first, last)	返回指定范围 (first, last) 的项目，为一个元组，不指定 last 仅返回一项
insert(index, item)	插入一个项目，index 为插入位置，END 为尾部插入，ACTICE 为当前插入。item 为插入项
curselection()	返回一个元组，包含被选中项目的索引，从 0 开始
delete(first, last)	删除指定范围 (first, last) 的项目，不指定 last 仅删除一项
size()	返回组件中项目的数量
xview(*args)	设置水平滚动条，利用绑定 Scollbar 组件的 command 选项实现。若第一个参数为 moveto，则第二个参数表示滚动到指定的位置：0.0 表示最左端，1.0 表示最右端；若第一个参数是 scroll，则第二个参数表示滚动的数量，第三个参数表示滚动的单位 (units 或 pages)，例如：xview("scroll", 2, "pages") 表示向右滚动二行
yview(*args)	设置垂直滚动条，利用绑定 Scollbar 组件的 command 选项实现

2. 滚动条

滚动条（Scrollbar）组件常用于将不可见的内容需要显示出来的场合，常常和其他组件组合使用。创建滚动条对象的语句格式如下：

```
<滚动条变量名> = Scrollbar( <父窗口>[, <属性1 = 值1>][, <属性2 = 值2>][, …] )
```

功能：在<父窗口>中创建一个具备相关属性特征的滚动条对象。

Scrollbar 对象有许多属性，如 width、height、bg、bd 等，与其他组件对象的作用与使用方法一样。Scrollbar 对象最重要的属性主要有以下几个：

command：关联其他组件提供的事件处理函数，每次移动滚动条时调用该过程。

orient：设置滚动条的方向，horizontal（水平方向）或 vertical（垂直方向）。

滚动条对象最重要的方法有以下几个：

get()：返回滚动条的当前位置。

set(first, last)：将滚动条连接到其他组件的 yscrollcommand 或 xscrollcommand。

【例 10.10】党的二十大报告提出“加快转变超大特大城市发展方式，实施城市更新行动，加强城市基础设施建设，打造宜居、韧性、智慧城市。”根据住房和城乡建设部于 2022 年 10 月公布的《2021 年城市建设统计年鉴》，截至 2021 年末，全国共有 8 个超大城市，分别为上海、北京、深圳、重庆、广州、成都、天津、武汉，有 11 个特大城市，分别为杭州、东莞、西安、郑州、南京、济南、合肥、沈阳、青岛、长沙、哈尔滨。设计一个“选择城市”界面，如图 10-8 所示，将这 19 个城市名单录入，显示在左侧列表框中。通过中间的按钮，将选择的城市移到右侧列表框中，反之亦然。

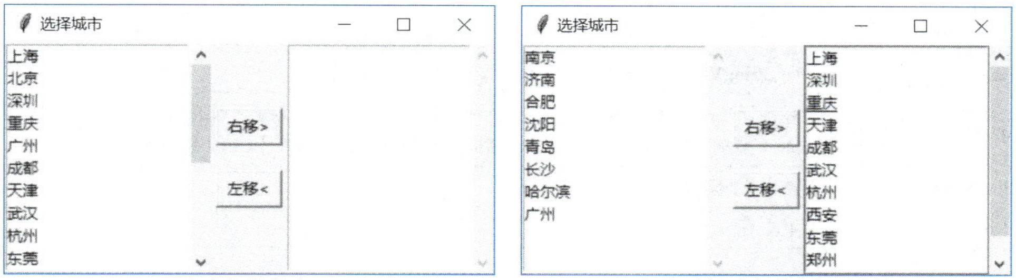

（a）初始状态　　（b）选择城市移右侧列表框

图 10-8　例 10.10 选择城市界面

分析：根据图 10-8 所示，该窗口的标题名为“选择城市”。窗口中包括：左侧为带垂直滚动条的列表框，右侧为带垂直滚动条的列表框，中间两个按钮。窗口中共有六个组件，可以用 Frame 框架对象来建立，共三个框架，用 grid() 方法布局。第一个框架包含左侧列表框和滚动条，第二个框架包括两个按钮，第三个框架包括右侧的列表框和滚动条。设置列表框和滚动条的属性，使他们进行关联。编写事件处理函数，实现选中的项目在列表框中相互移动。

根据分析，参考程序代码如下：

```
from tkinter import *
def dbtl():
    for x in lstl.curselection():
        lstr.insert(END, lstl.get(x))
        lstl.delete(x)
def dbtr():
    for y in lstr.curselection():
        lstl.insert(END, lstr.get(y))
        lstr.delete(y)
myroot = Tk()
myroot.title("选择城市")
city = ['上海', '北京', '深圳', '重庆', '广州', '成都', '天津', '武汉',
'杭州', '东莞', '西安', '郑州', '南京', '济南', '合肥', '沈阳', '青岛', '长沙
', '哈尔滨']
fr1 = Frame(myroot); fr2 = Frame(myroot); fr3 = Frame(myroot)
fr1.grid(row = 0, column = 0); fr2.grid(row = 0, column = 1);  fr3.
grid(row = 0, column = 2)
lstl = Listbox(fr1)
lstr = Listbox(fr3)
for item in city:
    lstl.insert(END, item)
lstl.pack(side = LEFT, fill = BOTH); lstr.pack(side = LEFT, fill = BOTH)
slbl = Scrollbar(fr1);  slbr = Scrollbar(fr3)
slbl.pack(side = RIGHT, fill = Y); slbr.pack(side = RIGHT, fill = Y)
lstl.config(yscrollcommand = slbl.set); lstr.config(yscrollcommand =
slbr.set)
slbl.configure(command = lstl.yview); slbr.configure(command = lstr.yview)
btl = Button(fr2, text = "右移>", command = dbtl, width = 6)
btr = Button(fr2, text = "左移<", command = dbtr, width = 6)
btl.grid(row = 0, column = 1, padx = 3, pady = 10)
btr.grid(row = 1, column = 1, padx = 3, pady = 10)
```

10.4.7 组合框

组合框（Combobox）组件是 Entry 组件和 Listbox 组件的组合，允许用户在一个项目列表中选择一项，还可以输入自定义值。组合框对象在 Tkinter 的子库 TTK 中，因此使用时需要导入语句：from tkinter.ttk import *。创建组合框对象的语句格式如下：

```
<组合框变量名> = Combobox( <父窗口>[, <属性1 = 值1>][, <属性2 = 值2>][, …] )
```

功能：在<父窗口>中创建一个具备相关属性特征的组合框对象。

Combobox 对象与 Listbox 对象存在外观上的差异，但其属性和方法类似。其主要属性有 2

个。textvariable用来设置Combobox对象的变量值，value用来设置Combobox对象的选项内容，以元组方式存在。Combobox对象的常用方法有两个，分别是get()和current()，前者为获取当前选中的项目的内容，后者为获取选中选项的索引值。

特别地，当Combobox对象中的选项有变动时，会产生虚拟事件<<ComboboxSelected>>，可以使用这个特性将此事件绑定以调用相应的事件处理函数。

【例10.11】设计一个“选择大城市”界面，如图10-9所示。将八个超大城市名单存放在一个组合框中，默认为第1项，如图10-9（a）所示。当选择一个城市后，该城市名称按指定格式显示在右下角的标签组件中，如图10-9（b）所示。

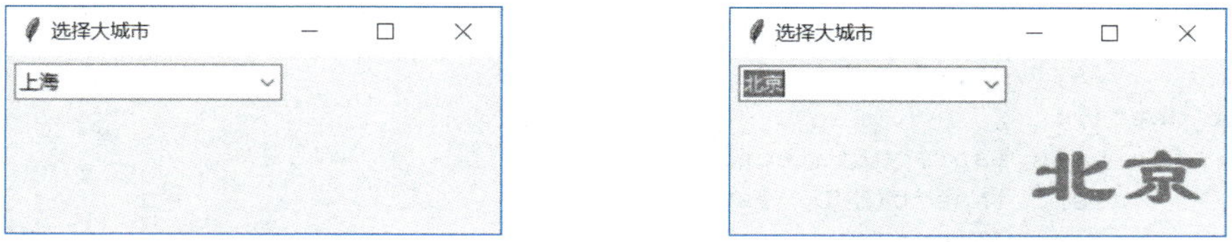

（a）初始状态　　（b）选择“北京”

图 10-9　例 10.11 选择大城市界面

分析：根据图10-9所示，该窗口的标题名为“选择大城市”。窗口中包括组合框和标签两个组件，其布局方式可以采用grid()方法。当选择一个城市时，该城市显示在标签中，可使用组合框的虚拟事件<<ComboboxSelected>>，然后调用事件处理函数实现取值并显示在标签中。

根据分析，参考程序代码如下：

```
from tkinter import *
import tkinter.ttk
def sel_city(event):
    v2.set(v1.get())
myroot = Tk()
myroot.title("选择大城市")
v1 = StringVar()
cbb = tkinter.ttk.Combobox(myroot, textvariable = v1)
cbb['value'] = ('上海', '北京', '深圳', '重庆', '广州', '成都', '天津', '武汉')
cbb.current(0)
cbb.bind('<<ComboboxSelected>>', sel_city)
cbb.grid(row=0, column = 0, padx = 5, pady = 5)
v2 = StringVar()
lb = Label(myroot, textvariable = v2, width = 4, font = ("隶书", 40, "bold"),
fg = 'red')
lb.grid(row = 1, column = 1, rowspan = 2, padx = 5, pady = 10)
myroot.mainloop()
```

10.4.8　微调框与刻度条

微调框（Spinbox）组件用于在固定的范围内选取一个值。刻度条（Scale）组件通过滑动滑块选择一定范围内的数字。

1. 微调框

微调框（Spinbox）组件与Entry组件用法非常相似，主要区别是Spinbox可以通过范围或者元组指定用户输入的内容。Spinbox组件由三部分组成：输入框、上箭头和下箭头。通过单击上下箭头来改变输入框的值。单击上箭头，根据步长值将初始值增大到最大值。单击下箭头，根据步长值将初始值减少到最小值。也可以直接在输入框输入数据。创建微条框对象的语句格式如下：

```
<微调框变量名> = Spinbox( <父窗口>[, <属性1 = 值1>][, <属性2 = 值2>][, …] )
```

功能： 在<父窗口>中创建一个具备相关属性特征的微调框对象。

Spinbox组件的常用属性有width、bg、fg、font、justify、relief、state、textvariable、xscrollcommand等，作用与Entry组件的相同，其重要属性主要有以下几个：

from_：范围的初值。注意与保留字from的区别。

to：范围的终值。

increment：步长值。

values：可以是元组或其他序列值，用于设置取值范围。

command：当用户更改选项时，会执行关联的事件处理函数。

Spinbox组件的常用方法主要有get()、index()、insert()、delete()、selection()、invoke()等，作用与使用方法和Listbox组件的类似。

Spinbox组件既可以用来处理数值型数据，也可以处理非数值数据。对于数值型数据，其一般形式为Spinbox(myroot, from_=初值, to=终值, increment=步长值,…)。对于非数值数据，可通过设置values来确定数据范围，其一般格式为Spinbox(myroot, values=列表或元组名,…)。

【例10.12】 设计一个"微调选择城市"界面，如图10-10所示。将八个超大城市名单存放在一个微调框中，如图10-10（a）所示。通过微调框中的上下箭头选择一个城市后，该城市名称按指定格式显示在右下角的标签中，如图10-10（b）所示。

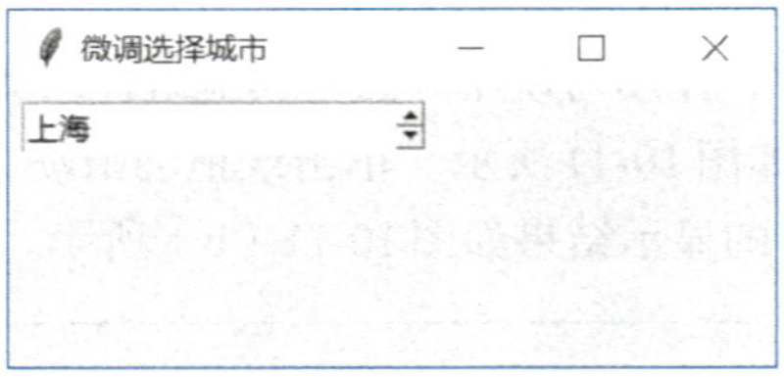

（a）初始状态

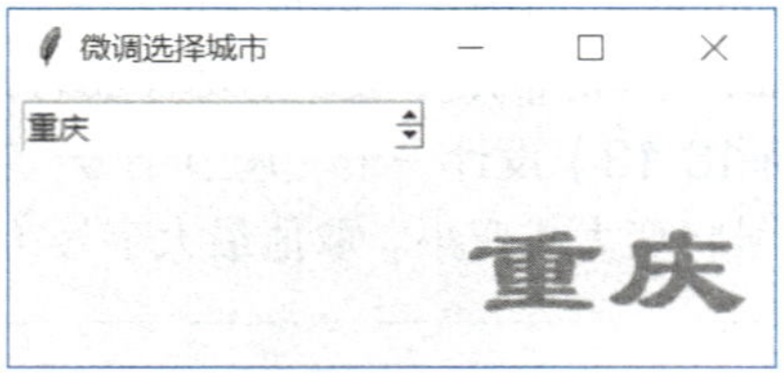

（b）选择"重庆"

图 10-10 例 10.12"微调选择城市"界面

分析： 根据图10-10所示，该窗口的标题名为"微调选择城市"。窗口中包括微调框和标签两个组件，其布局方式参照例10.11，可通过微调框的values属性将城市名称加入。设置微调框的command属性与事件处理函数关联，可实现用get()方法获取微调框的当前值，然后将该值通过set()方法按指定格式显示在标签中。

根据分析，参考程序代码如下：

```
from tkinter import *
def sel_city():
    v.set(spb.get())
myroot = Tk()
myroot.title("微调选择城市")
cities = ('上海', '北京', '深圳', '重庆', '广州', '成都', '天津', '武汉')
spb = Spinbox(myroot, values = cities, command = sel_city)
```

```
    spb.grid(row = 0, column = 0, padx = 5, pady = 5)
    v = StringVar()
    lb = Label(myroot, textvariable = v, width = 4, font = ("隶书", 40, "bold"),
fg = 'red')
    lb.grid(row = 1, column = 1, rowspan = 2, padx = 5, pady = 10)
    myroot.mainloop()
```

2. 刻度条

刻度条（Scale）组件主要通过滑块来表示一定范围内的数字，可以设置最小值、最大值以及步长值。滚动的滑条取值在最小值和最大值之间，每次以步长值递增或递减。创建刻度条对象的语句格式如下：

```
<刻度条变量名> = Scale( <父窗口>[, <属性1 = 值1>][, <属性2 = 值2>][, …] )
```

功能：在<父窗口>中创建一个具备相关属性特征的刻度条对象。

Scale组件的常用属性有width、bg、fg、font、justify、relief、state等，作用与Spinbox组件的相同，其重要属性主要有以下几个：

from_：范围的初值。注意与保留字from的区别。

to：范围的终值，默认为100。

orient：设置scale组件方向，vertical（垂直方向，默认）或horizontal（水平方向）。

label：刻度条的名称。

tickinterval：尺度条的标记刻度

length：scale组件的长度，默认值为100像素

resolution：步长值。

command：当用户更改选项时，会执行关联的事件处理函数。

Scale组件的常用方法，主要有get()、set()等，作用与使用方法与其他组件的类似。

【例10.13】设计一个“调节字号”界面，如图10-11所示。单击或拖动滑动，标签中的文本字号将变大或变小。取值最大字号（55磅）的显示结果如图10-11（b）所示。

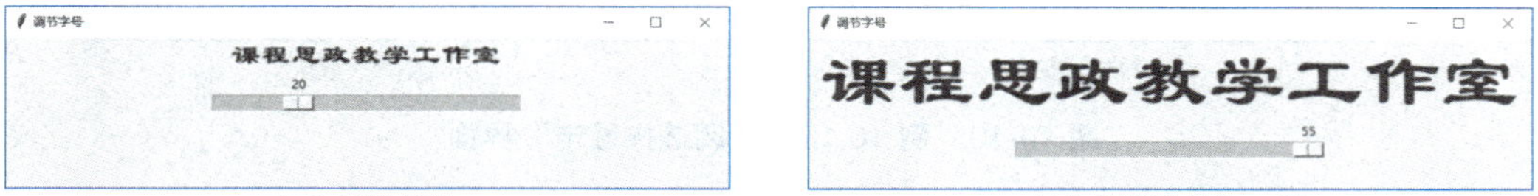

（a）初始状态　　（b）调节字号为55磅

图 10-11　例 10.13“调节字号”界面

分析：根据图10-11所示，该窗口的标题名为“调节字号”。窗口中包括标签和刻度条两个组件，其布局方式为上下结构。标签内容及字体按初始值设置。设置刻度条的常用属性，并将其command属性与事件处理函数关联，实现字号的调整。

根据分析，参考程序代码如下：

```
from tkinter import *
def change_size(value):
    lb.configure(font = ("隶书", scl.get(), "bold"))
myroot = Tk()
myroot.title("调节字号")
```

```
    myroot.geometry("700x150")
    lb = Label(myroot, text = "课程思政教学工作室", font = ("隶书", 20, "bold"),
fg = 'blue')
    lb.pack()
    scl = Scale(myroot, from_= 8, to = 55, length = 300, orient = HORIZONTAL,
command = change_size)
    scl.set(20)
    scl.pack()
    myroot.mainloop()
```

10.5 菜　　单

在应用程序的图形用户界面中，菜单（Menu）是较常见的组件之一，操作极为便捷。每个菜单提供了相应的菜单命令以实现相应功能。菜单主要分为窗口菜单和弹出式菜单。

① 窗口菜单：将多个菜单（菜单名）放在窗口的顶部，形成左右排列的菜单栏。或者，不但形成菜单栏，而且每个菜单下面又包括多个菜单项（菜单命令），形成级联式菜单。例如，通常由文件、编辑、格式设置等对象组成菜单栏，“文件”菜单中又包括打开、保存、另存为等级联式菜单。

② 弹出式菜单：又称为上下文菜单或快捷菜单，在图形用户界面中右击某个对象时弹出一个与对象操作相关的菜单命令列表。

Tkinter库均支持窗口菜单及弹出式菜单的设计。

10.5.1 窗口菜单

在Tkinter库中，创建菜单（Menu）对象的语句格式如下：

```
<菜单变量名> = Menu( <主窗口或顶层窗口>[, <属性1 = 值1>][, <属性2 = 值2>][, …] )
```

功能：在<主窗口或顶层窗口>中创建一个具备相关属性特征的菜单对象。

Menu组件的常用属性有bg、fg、bd、font、justify、relief、state等，它们的作用与其他组件的相同，其重要属性见表10-15。

表 10-15　Menu 对象的属性

属　性	说　明
label	菜单名称
command	与菜单关联的事件处理函数
menu	与 add_cascade() 方法一起，用来新增级联式菜单项
onvalue/offvalue	默认 variable 值为 1 时表示选中状态，反之为 0。设置 onvalue/offvalue 的值可以自定义菜单项选中状态 / 未选中状态时的值
underline	设置菜单项的下划线
value	设置按钮菜单项的值，用来判断用户选中了哪个按钮菜单
variable	与菜单项关联的变量
accelerator	设置菜单项的快捷键，显示在菜单项的右侧。快捷键不会自动与菜单项关联，必须通过按键绑定实现

Menu对象的常用方法见表10-16。

表 10-16　Menu 对象的常用方法

方　法	说　明
add_cascade(**options)	添加父菜单，将指定的子菜单通过 menu 参数与父菜单连接，从而创建下拉式菜单
add_command(**options)	添加菜单命令项
add_checkbutton(**options)	添加复选形式的菜单项
add_radiobutton(**options)	添加单选形式的菜单项
add_separator(**options)	添加分割线
index(index)	返回与 index 对应的菜单项的序号
delete(index1, index2=None)	删除指定范围 index1 ～ index2 的所有菜单项。省略 index2，则删除当前菜单项
entrycget(index, option)	获得指定菜单项的某选项的值
entryconfig(index, **options)	设置指定菜单项的属性
insert(index, itemType, **options)	插入指定类型的菜单项到 index 指定的位置，类型可以是 command、cascade、checkbutton、radiobutton 或 separator，或者使用 insert_ 类型 () 实现，如 insert_cascade(index,**options)
invoke(index)	调用 index 指定的菜单项相关联的方法
post(x, y)	在指定的位置显示弹出式菜单
type(index)	获得 index 指定菜单项的类型
unpost()	移除弹出式菜单
yposition(index)	返回指定的菜单项的垂直位置

【例10.14】设计一个“菜单界面”，如图10-12所示。菜单栏包括文件、编辑和格式设置等菜单，如图10-12（a）所示。“文件”菜单又包括新建、保存、另存为、自动保存和退出等级联式菜单项，还有分隔条，如图10-12（b）所示。“编辑”菜单包括复制、剪切和粘贴，如图10-12（c）所示。“格式设置”菜单包括字体、段落和项目编号。

分析：根据图10-12所示，该窗口的标题名为“菜单界面”。利用菜单创建命令Menu()可创建菜单窗口。通过add_command()方法添加菜单项，add_separator()方法添加分隔条，add_checkbutton()添加复选式菜单项，add_cascade()方法建立级联式菜单。调用相应的方法，可建立如图10-12所示的菜单界面。

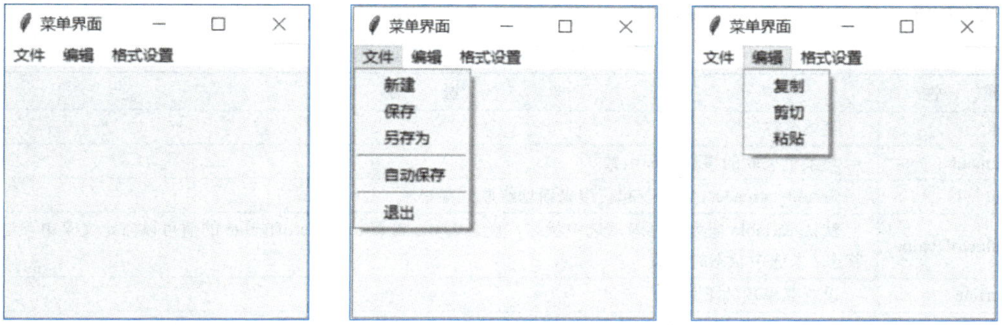

（a）初始状态　（b）“文件”菜单　（c）“编辑”菜单

图 10-12　例 10.14“菜单界面”

根据分析，参考程序代码如下：

```
from tkinter import *
myroot = Tk()
```

```
myroot.title("菜单界面")
menu = Menu(myroot)
fmenu = Menu(menu, tearoff = False)
for fitem in ['新建', '保存', '另存为']:                 # 添加级联式菜单项
    fmenu.add_command(label = fitem)
fmenu.add_separator()                                   # 添加分隔条
fmenu.add_checkbutton(label = "自动保存")              # 添加复选形式的菜单项
fmenu.add_separator()
fmenu.add_command(label = "退出")
emenu = Menu(menu, tearoff = False)
for fitem in ['复制', '剪切', '粘贴']:                   # 添加级联式菜单项
    emenu.add_command(label = fitem)
smenu = Menu(menu, tearoff = False)
for sitem in ['字体', '段落', '项目编号']:               # 添加级联式菜单项
    smenu.add_command(label = sitem)
menu.add_cascade(label = "文件", menu = fmenu)         # 创建菜单栏
menu.add_cascade(label = "编辑", menu = emenu)
menu.add_cascade(label = "格式设置", menu = smenu)
myroot["menu"] = menu
myroot.mainloop()
```

10.5.2　弹出式菜单

创建弹出式菜单的方法是先创建菜单，然后绑定右击对象的事件处理函数，在右击位置弹出菜单命令列表。

【例10.15】 设计一个“快捷菜单”界面，如图10-13所示。快捷菜单命令列表包括复制、剪切和粘贴。

图 10-13　例 10.15
“快捷菜单”界面

分析： 根据图10-13所示，该窗口的标题名为“快捷菜单”。利用菜单创建命令Menu()可创建菜单窗口。在窗口中任意位置单击右键，对应的事件为<Button-3>，然后绑定主窗口，并调用事件处理函数返回鼠标当前位置，即快捷菜单出现的位置。

根据分析，参考程序代码如下：

```
from tkinter import *
def pop_up(event):
    kmenu.post(event.x_root, event.y_root)
myroot = Tk()
myroot.title("快捷菜单")
kmenu = Menu(myroot, tearoff = False)
for item in ['复制', '剪切', '粘贴']:
    kmenu.add_command(label = item)
myroot.bind('<Button-3>', pop_up)
```

10.6　对　话　框

在进行GUI应用程序设计时，除了利用上述Tkinter提供的组件外，用户与应用程序之间

进行交互的方法是对话框。对话框通常以一种独立窗口的形式弹出，用于向用户获取信息或显示信息。Tkinter提供了丰富的、各种样式的对话框，可直接调用。本节主要介绍其中的文件对话框、消息对话框和颜色对话框。

1. 文件对话框

文件对话框（Filedialog）位于Tkinter子库中，因此使用文件对话框需要先导入子库tkinter.filedialog。文件对话框的主要功能是进行文件的打开和保存时，弹出一个对话框供用户选择，并返回相应的信息。文件对话框有多种，使用方法类似，区别在于返回的信息不尽相同。调用文件对话框的语句格式如下：

```
<存放信息的变量名> = <文件对话框名>([title = "标题"] [, filetypes = 文件类型列表或元组] [, initialdir = "默认路径"] [, initialfile = "默认文件名"][, …])
```

功能：弹出一个用于文件浏览、打开或保存的对话框，并将相关信息返回指定的<存放信息的变量名>。

在使用文件对话框时，括号中的参数均为可选项，可全部省略。相关参数的含义如下：

title：文件对话框的标题。

defaultextension：指定文件的后缀名。如果添加了文件的后缀名，则该选项值无效。

filetypes：指定文件类型，由两个元素的元组构成的列表，元组形式为(类型名，后缀)，如filetypes = [("jpg", "*.jpg"),(" 文本文件 ","*.txt") ,...]。

initialdir：指定打开/保存文件的默认路径，默认路径是当前文件夹。

initialfile：指定打开/保存的文件名。

常用的文件对话框主要有以下几个：

① askopenfile()：用于打开文件，并返回文件流对象。

② askopenfiles()：用于打开多个文件，并以列表形式返回多个文件流对象。

③ askopenfilename()：用于打开某个文件，并以包含文件名的路径作为返回值。

④ askopenfilenames()：用于同时打开多个文件，并以元组形式返回多个文件名。

⑤ asksaveasfile()：用于选择以什么类型保存文件，并返回文件流对象。

⑥ asksaveasfilename()：用于选择以什么文件名保存文件，并返回文件名。

⑦ askdirectory()：用于选择目录，并返回目录名。

【例10.16】设计一个“文件操作”界面，如图10-14所示。界面由一个“文件”菜单及其级联菜单项“打开…”“另存为…”“退出”组成。要求单击“打开…”菜单项时弹出“打开”文件对话框，单击“另存为…”菜单时项弹出“另存为”文件对话框，单击“退出”菜单项时关闭窗口。

分析：根据图10-14所示，该窗口的标题名为“文件操作”。利用菜单创建命令Menu()可创建菜单窗口，然后通过add_command()方法添加级联菜单项“打开…”“另存为…”“退出”，利用add_separator()方法添加分隔条，如图10-14（a）所示。要使菜单项执行操作，需要建立相应的事件处理函数，并和菜单项的command属性进行关联。事件处理函数分别用来实现弹出“打开”文件对话框，如图10-14（b）所示，和“另存为”文件对话框。

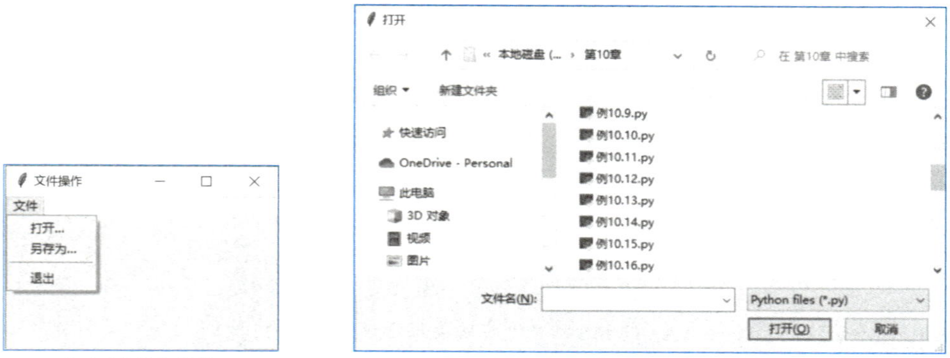

（a）“文件”菜单　　　（b）“打开”文件对话框

图 10-14　例 10.16“文件操作”界面

根据分析，参考程序代码如下：

```
from tkinter import *
from tkinter.filedialog import *
myroot = Tk()
myroot.title("文件操作")
def file_open():
    askopenfilename(initialdir = "D:\\第10章", filetypes = [("Python files", "*.py")])
def file_save():
    asksaveasfilename(initialdir = "D:\\第10章")
menu = Menu(myroot)
fmenu = Menu(menu, tearoff = False)
fmenu.add_command(label = "打开...", command = file_open)
fmenu.add_command(label = "另存为...", command = file_save)
fmenu.add_separator()
fmenu.add_command(label = "退出", command = myroot.destroy )
menu.add_cascade(label = "文件", menu = fmenu)
myroot["menu"] = menu
myroot.mainloop()
```

2. 消息对话框

消息对话框（Messagebox）位于Tkinter子库中，因此使用消息对话框需要先导入子库tkinter.messagebox。消息对话框的主要功能是进行信息提示、警告、说明、询问等。通常与事件处理函数配合使用，例如执行某个操作出现错误，然后给出提示信息。消息对话框有很多种，使用方法相同，区别在于对话框的外观及其中的图标及按钮布局不同。调用消息对话框的语句格式如下：

```
<消息对话框名>(title = "标题名", message = "消息文本" [, 选项])
```

功能： 打开指定类型的消息对话框，消息对话框的“标题名”及“消息文本”按指定的内容显示。“选项”主要用来调节对话框的外观。消息对话框的返回值是布尔值True或False。

常用的消息对话框主要有以下几种：

showinfo()：打开包含“确定”按钮的信息提示对话框。

showwarning()：打开包含“确定”按钮的警告提示对话框。

showerror()：打开包含“确定”按钮的错误提示对话框。

askokcancel()：打开包含“确定”和“取消”按钮的对话框。

askquestion()：打开包含“是”和“否”按钮的对话框。

askretrycancel()：打开包含“重试”和“取消”按钮的对话框。

askyesno()：打开包含“是”和“否”按钮的对话框。

【例10.17】调用消息对话框示例。

参考程序代码如下：

```
from tkinter.messagebox import *
result=askretrycancel("提示", "密码输入错误，请重输！")
print(result)
```

执行程序代码，结果如图10-15所示。若单击“重试”按钮，则返回值为True；若单击“取消”按钮，则返回值为False。

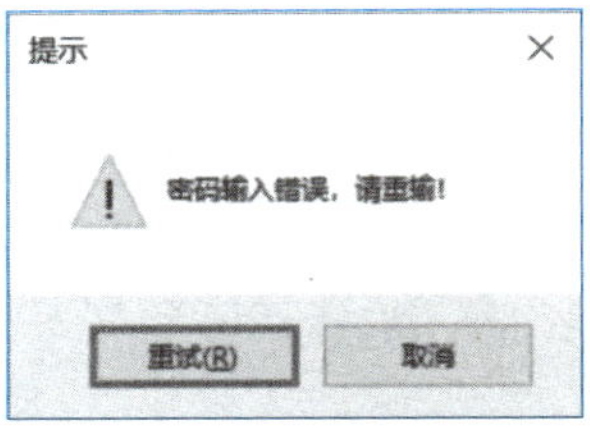

图 10-15　例 10.17 消息对话框

3. 颜色对话框

颜色对话框（Colorchooser）位于Tkinter子库中，因此使用颜色对话框需要先导入子库tkinter.colorchooser。颜色对话框的功能是用户在颜色面板中选择一种颜色并单击“确定”按钮后，返回一个二元组，其中第一个元素是选择的RGB颜色值，第二个元素是对应的16进制数。调用颜色对话框的语句格式如下：

```
<颜色变量名> = askcolor([title = "标题名"] [, color = "颜色值"] [, 选项])
```

功能： 打开颜色对话框，并将用户选择的颜色值以元组的形式返回（未选择时返回None），格式为((R, G, B), "#rrggbb")，R、G、B的取值范围均为0～255。

其中，color表示设置的颜色，默认为灰色。title为对话框的标题名，默认为“颜色”。

【例10.18】设计一个“颜色选择”界面，如图10-16所示。单击界面中的“选择颜色”按钮，弹出颜色对话框，在颜色面板中选择一种颜色，单击“确定”按钮。界面上出现该颜色的RGB及其16进制颜色值的信息，并且该文本信息的颜色自动设置为选择的颜色。

分析： 根据图10-16所示，该窗口的标题名为“颜色选择”。首先在窗口中创建一个按钮组件，并设置其属性；同时创建一个标签，用来显示信息，标签的Text属性值设为空字符串，作用为不可见，如图10-16（a）所示。建立事件处理函数，用来调用颜色对话框。选择颜色后，在标签组件中显示选择的颜色值并将标签内容的前景色设为该颜色值。

（a）初始状态　　（b）选择颜色后

图 10-16　例 10.18“颜色选择”界面

根据分析，参考程序代码如下：

```
from tkinter import *
```

```
from tkinter.colorchooser import *
myroot = Tk()
myroot.title("颜色选择")
myroot.geometry("450x150")
def return_color():
    result = askcolor(title = "颜色库")
    lb.config(text = '返回颜色值:{}'.format(result), fg = result[1])
bt = Button(myroot, text = "选择颜色", command = return_color, width = 10)
bt.pack(padx = 20,pady = 20)
lb=Label(myroot, text='', font = ("楷体", 16, "bold"))
lb.pack()
myroot.mainloop()
```

10.7 画　　布

画布（Canvas）是窗口中的一个矩形区域，用于绘制图形，例如线条、弧形、椭圆、多边形等，还可以展示图片，甚至放置其他组件或框架，这些绘制的图形称为画布对象。每个画布对象都有一个唯一身份ID（整数形式），以便控制和操作这些画布对象。

画布组件属于Tkinter库，使用时需要先导入该库，创建画布的语句格式如下：

```
<画布变量名> = Canvas(( <父窗口>[, <属性1 = 值1>][, <属性2 = 值2>][, …] )
```

功能： 在指定的<父窗口>中创建一个具备相关属性特征的画布。

画布的常用选项主要有height/width、bg、bd、relief、cursor、state、highlightcolor、xscrollcommand/yscrollcommand等，其作用与其他组件的属性相同。

创建一个画布的完整语句通常如下，其目的是用于创建一个长宽均为300像素的白底画布。

```
from tkinter import *
myroot = Tk()
cv = Canvas(myroot, width = 300, height = 300, bg = 'white')
cv.pack()
```

在创建的画布中可以绘制各种图形，也可以展示图形。画布中绘制常用图形的语句形式如下：

1. 直线或折线

使用create_line()方法可以绘制一条直线或折线，语句格式如下：

```
line = create_line(x0, y0, x1, y1, …, xn, yn, 选项)
```

功能： 以(x0, y0)、(x1, y1)、…、(xn, yn)为端点绘制折线，绘制后的折线标记号赋给变量line。

常用选项有：width为线的宽度；arrow指定是否使用箭头（none为无，first表示起点有箭头，last表示终点有箭头，both表示两端有箭头）；fill为填充颜色；dash指定折线为虚线。

2. 矩形

使用create_rectangle()方法可以绘制一个矩形，语句格式如下：

```
rect = create_rectangle(x0, y0, x1, y1, 选项)
```

功能： 分别以(x0, y0)和(x1, y1)为矩形的左上角坐标和右下角坐标绘制矩形，绘制后的矩形标记号赋给变量rect。

常用选项有：width 为线宽；outline 为边框颜色；fill 为填充颜色；dash 指定边框为虚线；stipple 为自定义填充矩形。

3. 椭圆

使用 create_oval() 方法可以绘制一个椭圆，语句格式如下：

```
oval= create_oval(x0, y0, x1, y1, 选项)
```

功能： 分别以 (x0, y0) 和 (x1, y1) 为外接矩形的左上角坐标和右下角坐标绘制内接的椭圆。

常用选项有：width、outline、fill、dash、stipple 等，作用与矩形的相同。

4. 多边形

使用 create_ploygon() 方法可以绘制一个多边形，语句格式如下：

```
ploygon = create_ploygon(x0, y0, x1, y1, …, xn, yn, 选项)
```

功能： 以 (x0, y0)，(x1, y1)，…，(xn, yn) 为各个顶点绘制多边形。

常用选项有：width、fill、smooth（指定多边形的平滑程度，0 为折线，1 为平滑曲线）、dash 等，作用与其他图形的相同。

5. 圆弧

使用 create_arc() 方法可以绘制一个圆弧，语句格式如下：

```
arc = create_arc(x0, y0, x1, y1, start, extent, 选项)
```

功能： 绘制一个圆弧，(x0, y0) 表示左上角坐标、(x1, y1) 表示右下角坐标，start 表示起始角度，默认为 0，extent 表示角度偏移量，默认为 90。

常用选项有：width、fill、outline、dash 等，作用与其他图形的相同。

【例 10.19】绘制一个风扇图形，如图 10-17 所示。

分析： 生成一个画布，然后在该画布中绘制一个由六个弧形构成的风扇形状。该风扇形状实际上是由一个圆等分成 12 份，其中间隔出现一个弧形。只要确定每个弧形起始位置，偏移量固定为 30（360 除以 12），就可以绘制出弧形。绘制弧形通过 create_arc() 方法实现。

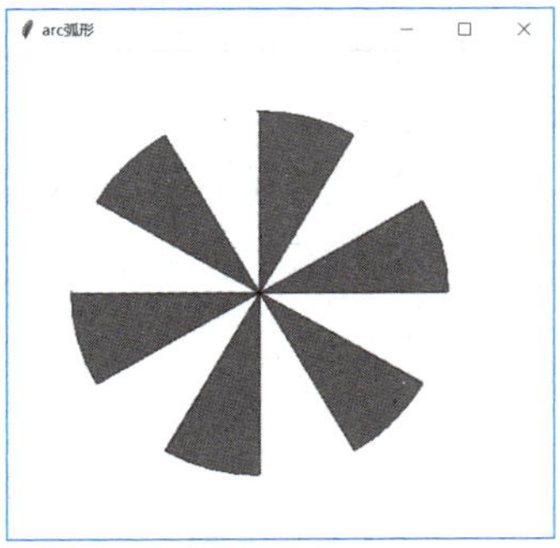

图 10-17　例 10.19 风扇图形

根据分析，参考程序代码如下：

```
from tkinter import *
myroot = Tk()
myroot.title("arc弧形")
mycv = Canvas(myroot, width = 430, height = 400, bg = "white")
mycv.pack()
for i in range(0, 360, 60):
    mycv.create_arc(50, 50, 350, 350, start = i, extent = 30, fill = "green")
myroot.mainloop()
```

6. 文字

使用 create_text() 方法可以显示一行或多行文本，这些文本被当作图形对象，其语句格式如下：

```
text = create_text((x, y), text, 选项)
```

功能： 在画布中指定的位置 (x, y) 处显示文本 text。

常用选项有：text、width、fill、anchor、font、justify等，其中text为文本内容，justify为文字的对齐方式，取值left、right、center（默认）。

可以设置文字的选择区域。select_from(文字对象,起始位置)方法用来确定选择的起始位置，select_to(文字对象,结束位置)方法用来确定选择的结束位置。

【例10.20】绘制 $y=\cos(x)$ 曲线，生成的曲线如图10-18所示。

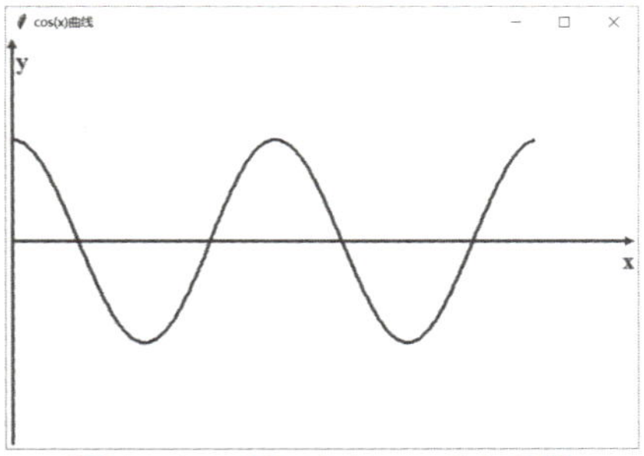

图 10-18　例 10.20 cos(x) 曲线

分析： 需要生成一个画布，该画布中有五个对象，x 轴及名称，y 轴及名称以及 $\cos(x)$ 曲线。x 轴、y 轴和 $\cos(x)$ 曲线可通过create_line()方法绘制，名称可通过create_text()方法实现。对于 $\cos(x)$ 曲线，可通过在一个周期内（360°）取若干个坐标值逐点画线实现，图中画出了两个周期内的图形。

根据分析，参考程序代码如下：

```
from math import *
from tkinter import *
myroot = Tk()
myroot.title("cos(x) 曲线")
x0,y0 = 6,300
mycv = Canvas(myroot, width = 600, height = 400, bg = "white")
mycv.pack()
mycv.create_line(6, 200, 600, 200, arrow = "last", fill = "blue", width = 3)
mycv.create_line(6, 0, 6, 400, arrow = "first", fill = "blue", width = 3)
mycv.create_text(10, 10, text = "y", fill = "blue", anchor = NW, font
= ("Times New Roman", 18, "bold"))
mycv.create_text(600, 220, text = "x", fill = "blue", anchor = E, font =
("Times New Roman", 18, "bold"))
for i in range(0, 360*2, 5):
    ac = pi * i / 180
    x = 6+ ac * 40
    y = 200 - cos(ac) * 100
    mycv.create_line(x0, y0, x, y, fill = "blue", width = 3)
    x0, y0 = x, y
myroot.mainloop()
```

7. 图像

使用create_bitmap()方法或create_image()方法显示指定的图像，语句格式如下：

```
bmp = create_bitmap((x, y), bitmap, 选项)          # 在指定位置处显示位图
img = create_image((x, y), image, 选项)            # 在指定位置处显示图形
```

功能： 在画布中指定的位置(x, y)处显示位图或其他格式的图像。

注意： *在使用create_image()方法时，获取图像对象时需要用PhotoImage()方法，语句形式如下：*

```
img1 = PhotoImage(file = 图像文件)
```

对于画布中的各种图形对象，还可以根据需要进行调整，主要有以下几种方法：

```
coords(图形对象, (x0, y0, x1, y1))   # 方法一：修改图形的左上角和右下角坐标，
可以实现图形缩放
```

```
move(图形对象, x, y)              # 方法二：将图形对象从当前位置移到指定的位置
scale(图形对象, x, y, x缩放比例, y缩放比例)   # 方法三：按比例缩放图形
delete(图形对象)                  # 方法四：删除图形对象
```

【例10.21】显示一个图像，图像文件位于D:\\第10章\\python.png，显示结果如图10-19所示。

图10-19　例10.21显示图像

分析：首先生成一个画布，然后使用PhotoImage()和create_image()方法将指定的图像调入并显示。

根据分析，参考程序代码如下：

```
from tkinter import *
myroot = Tk()
myroot.title("显示图像")
mycv = Canvas(myroot, width = 800, height = 450, bg = "white")
img = PhotoImage(file = "D:\\第10章\\python.png")
m = mycv.create_image(400, 225, image = img)
mycv.pack()
myroot.mainloop()
```

10.8　Turtle

Turtle绘图（海龟绘图）是在一个画布区域内进行绘图，将海龟的行进轨迹以笔画形式呈现。Turtle是Python语言中的一个标准函数库（方法库），通过调用Turtle库提供的各种函数（方法）可控制海龟轨迹的颜色、方向、宽度、形状等，从而实现绘图功能。要使用Turtle库中的函数，必须导入该库，其常用语句形式如下：import turtle或from turtle import *。

利用Turtle实现绘图，主要包含三个要素：位置、方向和画笔。

① 位置：指在进行绘图时，箭头在Turtle画布中的位置。默认情况下，画布按笛卡尔坐标系布置，以画布中心点为原点，向右为x轴正方向，向上为y轴正方向。

② 方向：指进行绘图时箭头的指向，即海龟前进的方向，可以使用函数实现箭头向左和向右旋转若干度数。

③ 画笔：指进行绘图时，应用相应参数控制线条的颜色和宽度。

Turtle库提供了丰富的函数用于图形的绘制，主要有画笔移动、画笔控制和其他函数。

1. 画笔移动

在进行绘图时，可以设置画笔的走向、路径、移动速度等，相应的函数见表10-17。

表10-17　画笔移动函数

函　数	说　明
speed()	设置画笔移动速度
forward(distance)\fd(distance)	画笔向前移动 distance 个像素
backward(distance)\bk(distance)\back(distance)	画笔后退 distance 个像素
right(degree)\rt(degree)	画笔顺时针移动 degree 度，例如 turtle.right(90)
left(degree)\lt(degree)	画笔逆时针移动 degree 度，例如 turtle.left(−90) 等价于 turtle.right(90)
home()	返回原点，朝 x 轴正方向。
goto(x, y)\setpos(x, y)\setposition(x, y)	移动到坐标为 x, y 的位置
setx()	将 x 轴移动到指定位置

续表

函　　数	说　　明
sety()	将 y 轴移动到指定位置
setheading(angle)\seth(angle)	画笔朝向为 angle 角度，0 为 x 轴正向，90 为 y 轴正向，负值表示相反方向
circle(radius, extent, steps)	根据半径 radius，绘制 extent 角度的圆弧，steps 为边数。radius 为正（负），表示圆心在画笔的左边（右边）
dot(size=None, *color)	绘制一个指定直径和颜色的圆点
undo()	撤销

2. 画笔控制

在进行绘图时，可以控制画笔的状态，相应的函数见表 10-18。

表 10-18　画笔控制函数

函　　数	说　　明
pendown()/pd()/down()	放下画笔
penup()/pu()/up()	抬起画笔
pensize()/width()	画笔宽度
color(color1, color2)/ pencolor(color2)	返回或设置画笔颜色（color1）和填充颜色（color2）
fillcolor()	填充颜色
filling()	返回画笔当前是否在填充状态
begin_fill()	画笔开始填充
end_fill()	画笔结束填充
write(text, move, align, font)	书写文本，text 为书写的文本，move 表示是否绘制，默认为 False，align 可取值 left、center 或 right，font 为字体

3. 其他命令

在使用 Turtle 库进行图形绘制时，还有一些其他辅助性的函数，见表 10-19。

表 10-19　其他函数

函　　数	说　　明
screensize(canwidth, canvheight, bg)	画布宽度和高度，bg 为画布的背景色
setup(width, height, startx, starty)	画布宽度和高度，整数表示像素；小数表示比例；(startx, starty) 表示左上角顶点的坐标，默认为屏幕中心
reset()/resetscreen()	重置初始状态
showturtle()/st()	显示画笔
hideturtle()/ht()	隐藏画笔
isvisible()	是否隐藏画笔的海龟形状
shape(name=None)	设置海龟形状为 name 指定的形状名，否则为默认值
done()	运行结束但不退出，程序中的最后一条语句
delay(delay=None)	设置或返回以毫秒为单位的绘图延迟时间
clear()/clearscreen()	清空 turtle 窗口，但是 turtle 的位置和状态不会改变
undo()	撤销

【例10.22】生成一个太极图，如图 10-20 所示。

分析：根据图 10-20 所示，该窗口的标题名为“太极图”，可用 title() 方法实现。太极图外表为一个圆，图案由阴鱼，阳鱼、阴鱼眼和阳鱼眼构成。先确定太极图的外圆半径，然后再确定阴阳分界线，由一部分圆弧构成，其半径为外圆半径的一半。阴鱼眼和阳鱼眼也是由圆生成，可确定位置和半径后画圆即可。利用Turtle中的circle()方法可画圆，goto()方法可以控制位移，实现定位。

根据分析，参考程序代码如下：

```
from turtle import *
title("太极图")
pensize(3)
radius = 150                                    # 太极半径
penup()
goto(0, -radius); pendown()
begin_fill()                                    # 画阴鱼
fillcolor('black')
circle(radius, extent = 180)
circle(radius / 2, extent = 180)
circle(-radius / 2, extent = 180)
end_fill()
circle(-radius, extent = 180)                   # 画阳鱼
penup()
goto(0, radius * 3 / 8); pendown()
begin_fill()                                    # 画阴鱼眼
fillcolor("white")
circle(radius / 5, extent = 360)
end_fill()
penup()
goto(0, -5 * radius / 8); pendown()
begin_fill()                                    # 画阳鱼眼
fillcolor("black")
circle(radius / 5, extent = 360)
end_fill()
hideturtle()
done()
```

图 10-20　例 10.22 太极图

10.9　应用实例

为了更好地掌握Python图形用户界面的设计技巧，本节综合前面所学的基本知识，以实例的方式进一步介绍图形界面的设计与应用。

【例10.23】设计一个“字符串倒置”界面，如图10-21（a）所示。单击“倒置”按钮将字符串倒置输出，如图22-21（b）所示。

分析：根据图10-21所示，该窗口的标题名为“字符串倒置”。窗口中包括两个标签，两个单行文本框以及一个按钮。按钮需关联相应的事件处理函数，用来将上面文本框中的字符倒置，并放置于下面文本框中。

（a）初始状态　　（b）倒置效果

图 10-21　例 10.23“字符串倒置”界面

根据分析，参考程序代码如下：

```
    from tkinter import *
    myroot = Tk()
    myroot.title("字符串倒置")
    Label(myroot, text = "请输入字符串：").grid(row = 0)
    Label(myroot, text = "倒置后的字符串：").grid(row = 1)
    v1 = StringVar(); v2 = StringVar()
    ety1 = Entry(myroot, textvariable = v1)
    ety2 = Entry(myroot, textvariable = v2)
    ety1.grid(row = 0, column = 1, padx = 3, pady = 5)
    ety2.grid(row = 1, column = 1, padx = 3, pady = 5)
    def str_inverse():
        str1 = v1.get(); str2 = str1[::-1]
        v2.set(str2)      # 等价于v2.set(v1.get()[::-1])
    Button(myroot, text = "倒  置", width = 10, command = str_inverse).grid(row
= 3, columnspan = 2, padx = 6, pady = 5)
    myroot.mainloop()
```

【例10.24】设计一个“多项选择题”界面，如图10-22所示。在复选框中选择正确答案，单击“确定”按钮。如果答案正确就弹出“恭喜，答对了！”的消息框，如图10-22（a）所示，否则弹出“答错了，请重试！”的消息框，如图10-22（b）所示。

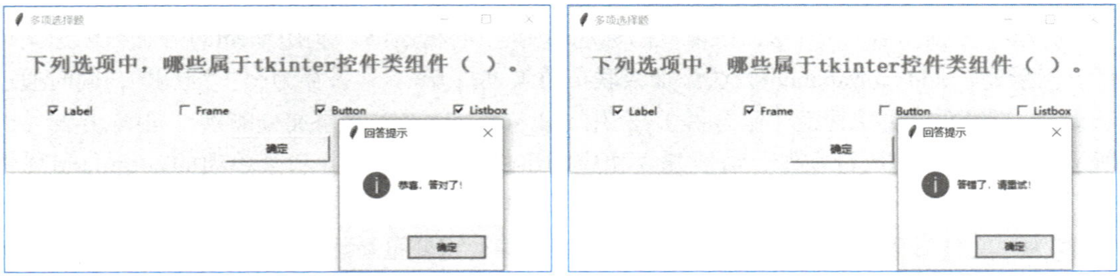

（a）答对效果　　　　（b）答错效果

图 10-22　例 10.24“多项选择题”界面

分析：根据图10-22所示，该窗口的标题名为“多项选择题”。窗口中包括一个标签（输入题目内容），四个复选框（待选项）以及一个按钮（用于判断结果是否正确），根据选择项是否正确，给出相应的提示信息。按钮需关联相应的事件处理函数，用来判断选择项是否正确。

根据分析，参考程序代码如下：

```
    from tkinter import *
    from tkinter.messagebox import *
    myroot = Tk()
    myroot.title("多项选择题")
    lb=Label(text = "下列选项中，哪些属于tkinter控件类组件（  ）。", fg = "red",
font = ("宋体", 18, "bold"))
    lb.grid(row = 0, column = 0, columnspan = 4, padx = 20, pady = 20)
    ckv1, ckv2 = IntVar(), IntVar()
    ckv3, ckv4 = IntVar(), IntVar()
    def select():
        if ckv1.get() == 1 and ckv2.get() == 0 and ckv3.get() == 1 and ckv4.
get() == 1:
            showinfo("回答提示", "恭喜，答对了！")
```

```
        else:
            showinfo("回答提示", "答错了，请重试！")
    ck1 = Checkbutton(myroot, text = "Label", variable = ckv1, onvalue = 1,
offvalue = 0)
    ck1.grid(row = 1, column = 0, padx = 5, pady = 5)
    ck2 = Checkbutton(myroot, text = "Frame", variable = ckv2, onvalue = 1,
offvalue = 0)
    ck2.grid(row = 1, column = 1, padx = 5, pady = 5)
    ck3 = Checkbutton(myroot, text = "Button", variable = ckv3, onvalue = 1,
offvalue = 0)
    ck3.grid(row = 1, column = 2, padx = 5, pady = 5)
    ck4 = Checkbutton(myroot, text = "Listbox", variable = ckv4, onvalue = 1,
offvalue = 0)
    ck4.grid(row = 1, column = 3, padx = 5, pady = 5)
    bt = Button(myroot, text = "确定", width = 15, command = select)
    bt.grid(row = 2, columnspan = 4, padx = 20, pady = 10)
    myroot.mainloop()
```

注意： 例 10.25 与前文中的例 10.16 相似，但增加了利用组合键方式实现菜单功能。

【例10.25】设计一个“文件操作”界面，如图10-23所示。界面由一个“文件”菜单及其级联菜单项“打开…”“另存为…”“退出”组成。要求单击“打开…”菜单项时弹出“打开”文件对话框，单击“另存为…”菜单项时弹出“另存为”文件对话框，单击“退出”菜单项时关闭窗口。而且，“打开…”和“另存为…”操作还可以通过按相应的组合键方式实现。

分析：根据图10-23所示，该窗口的标题名为“文件操作”。利用Menu()方法可创建菜单栏，然后通过add_command()方法添加级联菜单项“打开…”“另存为…”“退出”，同时通过accelerator属性设置快捷键（组合键），利用add_separator()方法添加分隔条，如图10-23（a）所示。要使菜单项执行操作，需要建立相应的事件处理函数，并和菜单项的command属性进行关联。事件处理函数分别用来实现弹出“打开”文件对话框，如图10-23（b）所示，和“另存为”文件对话框。由于快捷键是一种按键行为，需要重新建立事件处理函数来响应快捷键【Ctrl+O】（打开）和【Ctrl+S】（保存），分别用来弹出“打开”文件对话框和“另存为”文件对话框。

（a）“文件”菜单　　（b）“打开”文件对话框

图 10-23　例 10.25“文件操作”界面

根据分析，参考程序代码如下：

```
from tkinter import *
from tkinter.filedialog import *
```

```
    myroot = Tk()
    myroot.title("文件操作")
    def file_open1():
        askopenfilename(initialdir = "D:\\第10章", filetypes = [("Python
files", "*.py")])
    def file_save1():
       asksaveasfilename(initialdir = "D:\\第10章")
    def file_open2(event):
        askopenfilename(initialdir = "D:\\第10章", filetypes = [("Python
files", "*.py")])
    def file_save2(event):
        asksaveasfilename(initialdir = "D:\\第10章")
    menu = Menu(myroot)
    fmenu=Menu(menu, tearoff = False)
    fmenu.add_command(label = "打开…", command = file_open1, accelerator =
"Ctrl+O")
    fmenu.add_command(label = "另存为…", command = file_save1, accelerator
= "Ctrl+S")
    fmenu.add_separator()
    fmenu.add_command(label = "退出", command = myroot.destroy )
    menu.add_cascade(label = "文件", menu = fmenu)
    myroot["menu"] = menu
    myroot.bind ("<Control-o>", file_open2);
    myroot.bind ("<Control-O>", file_open2)
    myroot.bind ("<Control-s>", file_save2);
    myroot.bind ("<Control-S>", file_save2)
    myroot.mainloop()
```

【例10.26】绘制同心矩形，如图 10-24 所示，并由指定颜色（red、green、blue、white、black）从外到内进行填充。

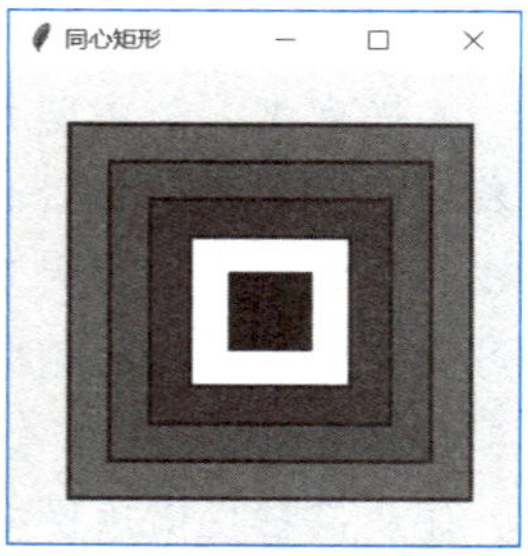

图 10-24　例 10.26 同心矩形

分析：根据图 10-24 所示，该窗口的标题名为“同心矩形”，共有五个矩形且各个矩形的填充颜色不相同。同心矩形意味着各个矩形的同一侧的顶点坐标在一条直线上，且各个矩形边的垂直距离相等，即从外到内其左上角坐标和右下角坐标按指定步长变化，因此可用 for 循环结构实现，矩形由 create_rectangle() 方法实现。五种颜色值可放在一个列表中并依序取值并填充到矩形。

根据分析，参考程序代码如下：

```
    from tkinter import *
    myroot = Tk()
    myroot.title("同心矩形")
    cv = Canvas(width = 250, height = 250)
    cv.pack()
    k = 20
    color = ["red", "green", "blue", "white", "black"]
    for i in range(0, 5):
        cv.create_rectangle(10 + k, 10 + k, 250 - k, 250 - k, width = 2, fill
= color[i])
        k + =20
    myroot.mainloop()
```

【例10.27】绘制太阳花形状，如图10-25所示，并由指定颜色“yellow”进行填充。

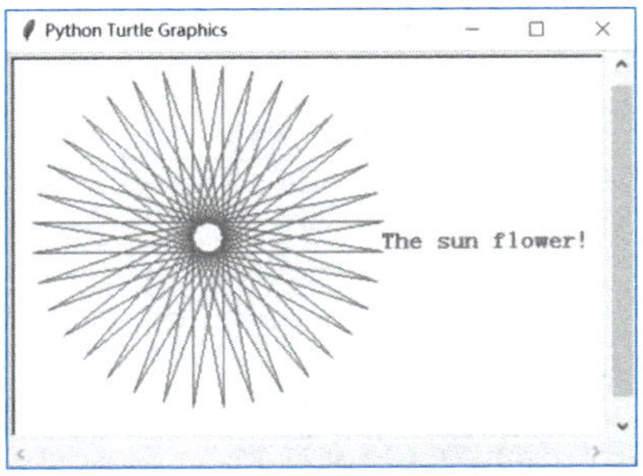

图 10-25　例 10.27 太阳花

分析：根据图10-25所示，可利用turtle进行绘制。太阳花瓣由若干条角度不同的直线交叉而成，直线的角度由left()方法或right()方法实现。由于是重复操作，可用循环结构实现，循环次数由偏移角度计算出来。如果采用left()方法实现，循环次数则为360/(180–偏移角度)，本题的偏移角度取值170。由于最后需要显示信息，为了控制在右侧书写，可将turtle移到右侧，因此，循环次数增加一次，共循环37次。

根据分析，参考程序代码如下：

```
from turtle import *
speed(20)                          # 设置绘画速度
penup()
goto(-200, 0)                      # 确定绘画位置
pendown()
color('red', 'yellow')             # 设置画笔颜色和填充色
begin_fill()
for i in range(37):
    forward(250)
    left(170)
end_fill()
hideturtle()                       # 隐藏画笔
write('The sun flower!', font = ("Aial", 13, "bold"))
```

拓展知识——红船与红船精神

PDF

红船与红船精神

嘉兴南湖，是中国共产党梦想启航之地。红船精神，是嘉兴红色文化的根基和灵魂，承载着中国共产党的初心和使命。走过百年光辉历程，中国共产党已从承载革命火种的小小红船成长为领航中国伟大复兴的巍巍巨轮。秀水泱泱，红船依旧；时代变迁，精神永恒。不断学习领会党的二十大精神，需要不忘初心、溯本追源，需要弘扬伟大建党精神，赓续红船精神、行稳奋进之舟。

让我们扫描侧边栏中的二维码，一起来感受红船与红船精神。

习　　题

一、选择题

1. 在Python中，正确打开Tkinter软件包的方法是（　　）。

   A. tkinter import　　B. from tkinter import

   C. tkinter from import　　D. from tkinter import *

2. 以下选项中，不属于Python的控件类组件的是（　　）。

   A. Listbox　　B. LabelFrame　　C. Checkbutton　　D. Scale

3. 下列选项中，关于Python的组件属性设置方法的描述，不正确的是（　　）。

A. 在创建组件对象时，利用构造函数中的“属性名=属性值”方式设置

B. 创建组件对象后，利用字典索引方式设置，形如“组件名[属性名]=属性值”

C. 使用 config() 方法或 configure() 方法修改或更新属性值

D. 使用 set() 方法修改或更新属性值

4. 在 Python 中，按下键盘上的回车键，该事件为（　　）。

A. <回车>　　B. <Return>　　C. <Enter>　　D. <PageDown>

5. 关于 Python 的组件在窗口的布局方式，以下选项中，不能用来控制组件的布局的是（　　）。

A. pack　　B. grid　　C. place　　D. set

6. 关于 Python 的组件 Entry 和 Text，下列选项中不正确的是（　　）。

A. Entry 通常用于单行文本的输入

B. Text 通常用于多行文本的输入

C. Entry 和 Text 中的文本都可以进行编辑

D. Text 中的文本不能按行进行选择

7. 关于 Python 的组件 Frame 和 LabelFrame，下列选项中正确的是（　　）。

A. 无区别，功能完全相同

B. Frame 为容器类组件，LabelFrame 为控件类组件

C. 功能完全不同

D. LableFrame 为带标题的框架，它们的功能相似，使用方法相同

8. 关于 Python 的组件 Listbox 和 Combobox，下列选项中不正确的是（　　）。

A. 组件 Listbox 和 Combobox 都可以出现滚动条

B. 默认情况下，Listbox 显示多项条目，Combobox 仅显示一项条目

C. 组件 Listbox 和 Combobox 都可以用来直接输入条目

D. Radiobutton 和 Checkbutton 都可以实现内容条目的增删改查

9. 有关 Python 的菜单（Menu）组件的叙述，下列选项中错误的是（　　）。

A. 通过 accelerator() 方法可以建立菜单项的分割条

B. 与菜单关联事件处理函数可以通过 command 属性建立

C. 通过 add_cascade() 方法，可以建立下拉式菜单

D. 菜单创建后，只有建立其关联的事件处理函数，选择菜单后才会作出相应的动作

10. 执行下列语句，运行结果为（　　）。

```
from turtle import *
for i in range(10, 120, 50):
    up()
    goto(0, -i)
    down()
    circle(i)
    hideturtle()
done()
```

A. 生成三个同心圆　　B. 在一行中生成并列的三个圆

C. 生成位于不同行的三个圆　　D. 只能生成一个圆

二、编程题

1. 设计一个“素数判定”界面，如图10-26所示，其功能为判断在文本框中输入的任一自然数是否为素数，若为素数则在标签上显示红色的“**是素数！”，否则显示红色的“**不是素数！”。

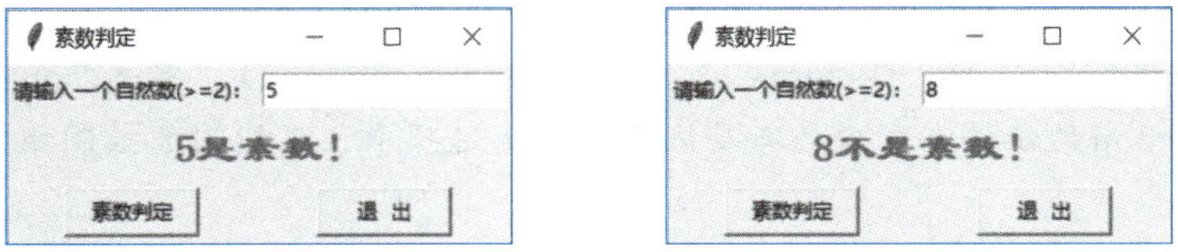

（a）是素数　　（b）不是素数

图 10-26　第 1 题“素数判定”界面

2. 社会主义核心价值观基本内容包括：富强、民主、文明、和谐、自由、平等、公正、法治、爱国、敬业、诚信、友善。请设计一个“选择关键词”界面，如图10-27所示，将这12个关键词录入，显示在左侧列表框中。通过中间的按钮，将选择的单个关键词移到右侧列表框中，或者将左侧的所有关键词一次性移到右侧列表中，反之亦然。

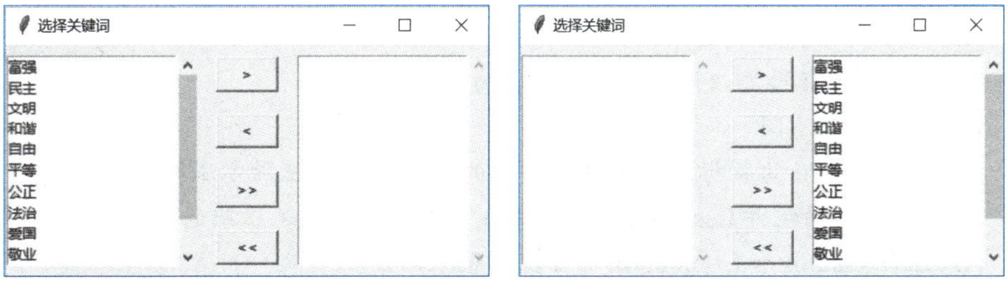

（a）初始状态　　（b）移右侧

图 10-27　第 2 题“选择关键词”界面

3. 设计一个罗列符合条件的素数的界面，如图10-28所示。在文本框中输入任一自然数，按回车键后，在下面的列表框中显示不大于该数的所有素数，并显示这些素数的和值。

4. 设计一个“着色器”界面，如图10-29所示，单击按钮“选择颜色”，弹出“颜色”对话框，选择一种颜色后，按钮上方的字体自动设置为相应颜色。

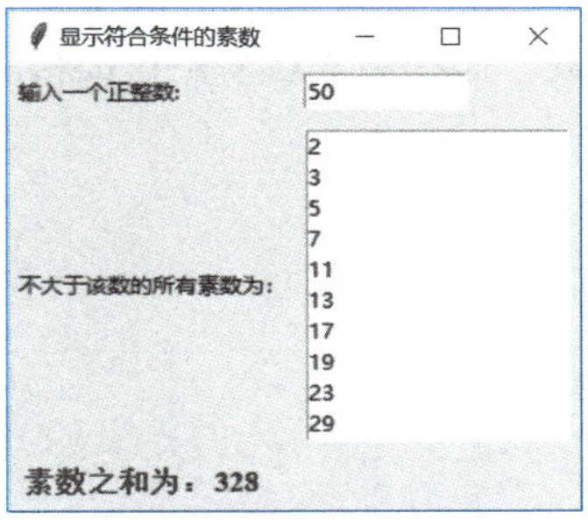

图 10-28　第 3 题“显示符合条件的素数”界面

图 10-29　第 4 题“着色器”界面

5. 设计一个“设置字符格式”界面，如图10-30所示。在文本框中输入一行文字，单击下面框中的格式按钮，文字的格式将被设置成相应的形式。单选按钮只能选择其中的一项，复选框可以同时多选。

6. 设计一个“显示系统日期”界面，如图 10-31 所示，蓝色字体，其值随系统日期自动更新。

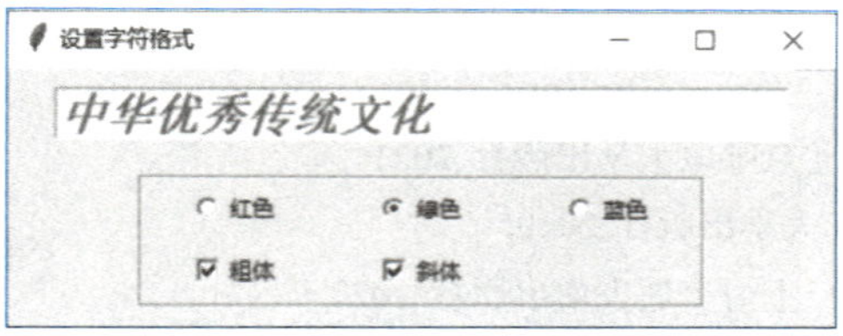

图 10-30 第 5 题“设置字符格式”界面

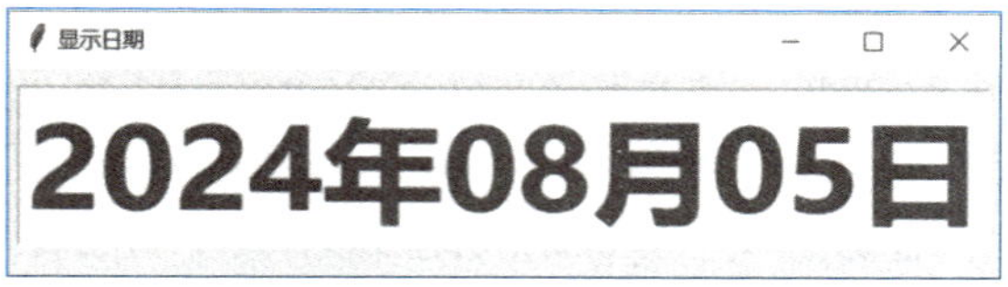

图 10-31 第 6 题“显示系统日期”界面

7. 绘制一个彩色同心圆，如图 10-32 所示。颜色由外到内分别为 red、orange、yellow、green、blue、cyan、purple、white。请采用至少两种方法实现。

8. 设计一个“时钟”界面，如图 10-33 所示。时钟上包括绿色的表盘，黑色的数字，根据系统时间自动跳动的秒针（红色）、分针（绿色）和时针（黑色）。

图 10-32 第 7 题彩色同心圆

图 10-33 第 8 题“时钟”界面

参 考 文 献

[1] 蒋加伏，孟爱国.Python程序设计基础[M].2版.北京：北京邮电大学出版社,2021.

[2] 陈春晖，翁恺，季江民.Python程序设计[M].杭州：浙江大学出版社,2019.

[3] 赵璐，李义丰.Python语言程序设计教程[M].2版.上海：上海交通大学出版社,2022.

[4] 刘卫国，王永红.Python程序设计教程[M].2版.北京：北京邮电大学出版社,2020.

[5] 吉根林，王必友.Python程序设计基础教程[M].北京：中国铁道出版社有限公司,2021.

[6] 夏敏捷，杨关，张西广.Python程序设计应用教程[M].2版.北京：中国铁道出版社有限公司,2020.

[7] 嵩天，礼欣，黄天羽.Python语言程序设计基础[M].2版.北京：高等教育出版社,2017.

[8] 董付国.Python程序设计基础与应用[M].北京：机械工业出版社,2022.

[9] 刘卫国，莫照.Python程序设计实践教程[M].北京：北京邮电大学出版社,2020.

[10] 尹波，蒋加伏，杨鼎强.Python程序设计实验教程[M].2版.北京：北京邮电大学出版社, 2021.

[11] 王必友，顾彦慧.Python程序设计基础实践教程[M].北京：中国铁道出版社有限公司,2022.

[12] 黑马程序员.Python程序开发案例教程[M].北京：中国铁道出版社有限公司,2019.